Technische Dynamik

Werner Schiehlen · Peter Eberhard

Technische Dynamik

Aktuelle Modellierungs- und Berechnungsmethoden auf einer gemeinsamen Basis

6., überarbeitete und aktualisierte Auflage

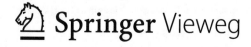 Springer Vieweg

Werner Schiehlen
Institut für Technische und
Numerische Mechanik
Universität Stuttgart
Stuttgart, Deutschland

Peter Eberhard
Institut für Technische und
Numerische Mechanik
Universität Stuttgart
Stuttgart, Deutschland

ISBN 978-3-658-31372-2   ISBN 978-3-658-31373-9   (eBook)
https://doi.org/10.1007/978-3-658-31373-9

Die Deutsche Nationalbibliothek verzeichnet diese Publikation in der Deutschen Nationalbibliografie; detaillierte bibliografische Daten sind im Internet über http://dnb.d-nb.de abrufbar.

Lektorat: Thomas Zipsner
Springer Vieweg ist ein Imprint der eingetragenen Gesellschaft Springer Fachmedien Wiesbaden GmbH und ist ein Teil von Springer Nature.
Die Anschrift der Gesellschaft ist: Abraham-Lincoln-Str. 46, 65189 Wiesbaden, Germany

Vorwort zur sechsten Auflage

Die Anregung des Springer Vieweg Verlags, die fünfte Auflage unseres Buches Technische Dynamik zu überarbeiten und zu aktualisieren, haben wir gerne aufgegriffen. Durch den intensiven Einsatz des Lehrbuchs im akademischen Unterricht erhalten wir immer wieder Anregungen zur verbesserten Darstellung der verschiedenen Modellierungsmethoden, die wir zusammen mit einigen Fehlerkorrekturen in die sechste Auflage aufgenommen haben.

Unverändert gilt, dass die Technische Dynamik in den letzten Jahren über ihre originären Anwendungen im Maschinenbau und im Fahrzeugbau hinaus Eingang in zahlreiche Gebiete gefunden hat. Andererseits erfordert der modellgestützte Entwurf von Regelungseinrichtungen niedrigdimensionale Systeme wie sie die Mehrkörperdynamik liefert. Große Modelle mit finiten Elementen lassen sich mit neuen Methoden der Modellreduktion bei gegebenen Fehlerschranken abbilden. Darüber hinaus sind effiziente Modelle für die sich rasch entwickelnde Simulationstechnologie unabdingbar. Im Besonderen führen stark interdisziplinäre Verknüpfungen auf neue Fachgebiete unter dem Dach der Technischen Dynamik, z.B. im Bereich der Mechatronik und Biomechanik. Eine wichtige gemeinsame Grundlage dieser Disziplinen bleibt aber die Technische Dynamik, wie in diesem Buch anwendungsübergreifend dargestellt.

Alle diese Herausforderungen und Verfahren erfordern umfangreiche Kenntnisse der Grundlagen der Technischen Dynamik, die für die akademische Ausbildung unverändert aktuell sind. Die Vorlesungen an den einzelnen Hochschulen und die Seminare von Weiterbildungseinrichtungen der Industrie auf diesem Gebiet haben die wesentliche Aufgabe einer axiomatischen, rechnergestützten Modellbildung mechanischer Systeme, wodurch sich die Entwicklungszeit innovativer Produkte verkürzt und die Kosten sinken. Der Aufbau und die Gliederung des Buches haben sich gut bewährt. Die Gelegenheit wurde genutzt, um Druckfehler zu korrigieren und viele kleinere und größere Änderungen vorzunehmen. Auch das Literaturverzeichnis wurde aktualisiert.

Die englische Übersetzung des Buches ist mit dem Titel 'Applied Dynamics' 2014 erschienen und auch international auf großes Interesse gestoßen. Eine russische Übersetzung ist 2018 erschienen und zur Zeit befindet sich eine chinesische Übersetzung kurz vor der Fertigstellung.

Vielen aufmerksamen Lesern, den Mitarbeiterinnen und Mitarbeitern des Institut für Technische und Numerische Mechanik sowie allen Studierenden danken wir für Hinweise und Anfragen, die in das überarbeitete Manuskript eingeflossen sind ebenso wie bei der Mithilfe zur Erstellung einiger überarbeiteter Zeichnungen. Unserem Lektor, Herrn Thomas Zipsner, danken wir für die stets freundliche Zusammenarbeit und die Ermutigung zu dieser neuen Auflage. Wir freuen uns weiterhin über die Mitteilung von Anmerkungen und eventuellen Fehlern, die sich auch bei sorgfältiger Durchsicht nie vollständig vermeiden lassen und die wir auf der Webseite des Buches www.itm.uni-stuttgart.de/buch_technische_dynamik fortlaufend dokumentieren. Wir hoffen, dass das Buch auch weiterhin in der Lehre und der praktischen Tätigkeit nützlich sein wird und wünschen den interessierten Leserinnen und Lesern viel Erfolg und Freude bei der Beschäftigung mit diesem für uns so faszinierenden Stoff.

Stuttgart, im Mai 2020   Werner Schiehlen und Peter Eberhard

Vorwort zur ersten Auflage

Das vorliegende Buch entstand auf die dankenswerte Anregung meines verehrten Lehrers, Herrn Prof. Dr. Kurt Magnus. Es geht zurück auf Vorlesungen über Technische Dynamik und Maschinendynamik an der Technischen Universität München und der Universität Stuttgart, sowie auf Arbeiten über Roboterdynamik während eines Forschungssemesters im Hause M.A.N. Neue Technologie, München.

Die Technische Dynamik, ein Teilgebiet der Technischen Mechanik, ist heute eine weit verzweigte Wissenschaft mit Anwendungen im Maschinen- und Fahrzeugbau, in der Raumfahrt und bis hinein in die Regelungstechnik. In einem einführenden Lehrbuch können deshalb nur die Grundlagen und einzelne Beispiele dargestellt werden. Es ist aber ein Anliegen dieses in erster Linie für Ingenieure geschriebenen Buches, die heute gebräuchlichen Berechnungsmethoden auf einer gemeinsamen Basis darzustellen. Zu diesem Zweck wird die analytische Mechanik herangezogen, wobei sich das d'Alembertsche Prinzip in der Lagrangeschen Fassung als besonders fruchtbar erweist. So ist es möglich, die Methode der Mehrkörpersysteme, die Methode der Finiten Elemente und die Methode der kontinuierlichen Systeme in einheitlicher Weise zu behandeln. Dadurch ist es dem Studierenden möglich, mit geringerem Aufwand ein tieferes Verständnis zu erreichen. Der Ingenieur in der Praxis wird darüber hinaus in die Lage versetzt, Berechnungsergebnisse besser beurteilen zu können.

Das Buch gliedert sich in neun Kapitel. In der Einleitung wird das Problem der Modellbildung angesprochen, das zweite Kapitel ist der Kinematik gewidmet. Die kinematischen Grundlagen sind sehr ausführlich dargestellt, da sie nicht nur in der Kinetik, sondern auch für die Prinzipien der analytischen Mechanik benötigt werden. Die kinetischen Grundlagen werden für den Massenpunkt, den starren Körper und das Kontinuum im dritten Kapitel zusammengestellt. Dann folgen im Kapitel 4 die Prinzipe der Mechanik, von denen aber nur die für technische Anwendungen wichtigen besprochen werden. Die Kapitel 5, 6 und 7 sind dann der Reihe nach den Mehrkörpersystemen, den Finite-Elemente-Systemen und den kontinuierlichen Systemen gewidmet. Die Bewegungsgleichungen werden im achten Kapitel in die für alle mechanischen Systeme einheitlichen Zustandsgleichungen übergeführt. Einige Fragen der numerischen Lösungsverfahren werden im neunten Kapitel aufgezeigt.

Die umfangreiche Literatur ist nur spärlich zitiert, wie es ein Lehrbuch verlangt. Durch die einheitliche Darstellung verschiedener Methoden war es nicht immer möglich, die gebräuchlichen Formelzeichen zu verwenden. Für Zweifelsfälle steht eine Liste der Formelzeichen im Anhang zur Verfügung. In der Schreibweise wird zwischen Vektoren, Matrizen und Tensoren nicht unterschieden, nach Möglichkeit wurden für Vektoren kleine Buchstaben, für Matrizen und Tensoren große Buchstaben benutzt. Zur leichteren Unterscheidung sind Vektoren, Matrizen und Tensoren fett gedruckt.

Meinen Mitarbeitern, Herrn Dr.-Ing. Edwin Kreuzer und Herrn Dipl.-Math. Dieter Schramm danke ich für die sorgfältige Durchsicht des Manuskripts. Die Schreibarbeiten hat Frau Brigitte Arnold auf dem von Herrn Dipl.-Ing. Jochen Rauh entwickelten Textsystem zu meiner vollen Zufriedenheit erledigt. Dem Verlag B.G. Teubner gebührt mein Dank für die Geduld und die stets freundliche Zusammenarbeit.

Stuttgart, im Herbst 1984   Werner Schiehlen

Inhaltsverzeichnis

1 Einleitung

Die Technische Dynamik beschäftigt sich mit dem Bewegungsverhalten und der Beanspruchung mechanischer Systeme, sie stützt sich dabei auf die Kinematik, die Kinetik und die Prinzipien der analytischen Mechanik. Die mechanischen Systeme sind in der Regel als technische Konstruktionen gegeben. Zu ihrer mathematischen Untersuchung ist die Beschreibung durch Ersatzsysteme oder Modelle erforderlich. Nach der Art der Modellbildung unterscheiden wir in diesem Buch Mehrkörpersysteme, Finite-Elemente-Systeme und kontinuierliche Systeme. Alle diese mechanischen Modelle führen über ihre Bewegungsgleichungen auf Zustandsgleichungen, die sich nach einheitlichen Gesichtspunkten numerisch lösen lassen.

Die Technische Dynamik hat sich aus der klassischen Maschinendynamik der Kraftmaschinen entwickelt. Sie umfasst heute aber auch die Biomechanik [52], die Mechatronik [16], die Baudynamik, die Fahrzeugdynamik, die Roboterdynamik, die Rotordynamik, die Satellitendynamik und große Teile der Systemdynamik. Eine gemeinsame Klammer all dieser eigenständigen Disziplinen stellen die mechanischen Systeme dar, deren Modellierung immer am Anfang ihrer technisch-wissenschaftlichen Untersuchung steht.

1.1 Aufgaben der Technischen Dynamik

Für die Aufgaben der Technischen Dynamik gilt auch heute noch unverändert, was Biezeno und Grammel [8] im Jahre 1939 im Vorwort ihres gleichnamigen Buches geschrieben haben

> 'Bei der Gliederung und Behandlung des Stoffes haben wir uns stets vor Augen gehalten, dass ein Problem für die Technik nur dann lösenswert ist, wenn es eine praktische Anwendungsmöglichkeit hat, und dass eine technische Aufgabe erst dann als gelöst betrachtet werden kann, wenn die Lösung sich auch zahlenmäßig mit erträglichem Rechenaufwand bis in alle Einzelheiten auswerten lässt.'

In diesem Sinne stellt die Technische Dynamik ein wichtiges Teilgebiet der Mechanik dar, das heute ohne den Einsatz von Computern nicht mehr auskommt und somit auch zum Fachgebiet 'Computational Mechanics' gehört.

Die Aufgaben der Technischen Dynamik ergeben sich unmittelbar aus den ingenieurmäßigen Forderungen der Praxis. Ein mechanisches System soll oft Bewegungen ausführen, den Beanspruchungen standhalten und die Umwelt nicht belasten. Am Beispiel eines Kolbenmotors sind mögliche Aufgaben in Bild 1.1 dargestellt.

Zur Lösung dieser Aufgaben werden zunächst die Bewegungsgleichungen und die Reaktionsgleichungen mechanischer Systeme benötigt, die mit Hilfe der analytischen Mechanik gewonnen werden können.

© Springer Fachmedien Wiesbaden GmbH, ein Teil von Springer Nature 2020
W. Schiehlen und P. Eberhard, *Technische Dynamik*,
https://doi.org/10.1007/978-3-658-31373-9_1

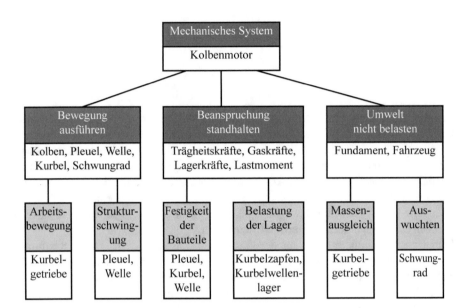

Bild 1.1: Aufgaben der Technischen Dynamik am Beispiel eines Kolbenmotors

1.2 Beiträge der analytischen Mechanik

Die Bewegungsgleichungen freier mechanischer Systeme sind bereits seit den Anfängen der Mechanik bekannt. Newton (1643-1727) veröffentlichte 1687 seine drei bekannten Grundgesetze: das Trägheitsgesetz, das Bewegungsgesetz und das Gegenwirkungsgesetz. Das Bewegungsgesetz liefert unmittelbar die Bewegungsgleichungen eines Massenpunktes. Euler (1707-1783) hat mit dem Impuls- und Drallsatz 1775 die Bewegungsgleichungen für einen starren Körper zur Verfügung gestellt. D'Alembert (1717-1783) veröffentlichte 1743 sein Prinzip für gebundene Punktsysteme, das Lagrange (1736-1813) im Jahre 1788 unter Verwendung des Prinzips der virtuellen Arbeit einfacher formulierte. Im Besonderen führte Lagrange die verallgemeinerten Koordinaten ein, die auch seinen 1811 erschienenen Bewegungsgleichungen zweiter Art zugrunde liegen. Verallgemeinerungen des d'Alembertschen Prinzips stellen das 1829 veröffentlichte Prinzip von Gauß (1777-1855) und das 1908 eingeführte Prinzip von Jourdain dar. Die Lagrangeschen Gleichungen zweiter Art wurden 1879 von Gibbs und 1900 von Appell auf nichtholonom gebundene Systeme erweitert. Neben den bisher genannten Differentialprinzipien sei noch das 1834 veröffentlichte Prinzip von Hamilton (1805-1865) als Integralprinzip erwähnt. Einzelheiten über die historische Entwicklung können bei Szabo [71] nachgelesen werden. Alle wichtigen Prinzipien der Mechanik hat Päsler [47] zusammengestellt. Ausführliche Darstellungen der analytischen Mechanik gehen auf Budo [13] und Hamel [27] zurück. Eine neuere Betrachtungsweise der klassischen Mechanik findet man bei Arnold [2] und Papastavridis [46].

1.3 Modellbildung mechanischer Systeme

Mechanische Systeme sind stets durch Bauteile mit Massenträgheit und Elastizität gekennzeichnet. Dazu kommen in der Regel noch Einflüsse der Dämpfung und die Erregung durch äußere Kräfte, Bild 1.2. Die Massenträgheit eines Bauteils wird durch sein Volumen und seine Dichte bestimmt. Die Masse kann durch die Abmessungen und die Dichte des Bauteils beeinflusst werden, sie ist stets positiv und wird als zeitlich unveränderlich vorausgesetzt. Die Elastizität eines Bauteils hängt von seiner geometrischen Gestalt und den Werkstoffeigenschaften ab. Durch eine geeignete konstruktive Gestaltung kann im Besonderen erreicht werden, dass die Elastizität im Verhältnis zur Masse groß wird. Man spricht dann von Federelementen, wie sie z. B. durch Blatt-, Schrauben- oder Torsionsfedern gegeben sind. Eine schöne Übersicht dazu findet man bei Irretier [32] oder Demeter [17]. Die Dämpfung kann entweder durch die Werkstoffdämpfung in den Bauteilen, durch Reiberscheinungen zwischen bewegten Bauteilen oder durch konstruktiv gestaltete Dämpferelemente hervorgerufen werden. Die äußeren Kräfte entstehen einerseits durch die Wirkung von Kraftfeldern, beispielsweise der Gravitation, und durch besondere Antriebselemente, beispielsweise durch Stellmotoren, sowie andererseits als Reaktion auf eine durch Lagestellglieder vorgegebene Bewegung, beispielsweise aufgrund von Lagerungen.

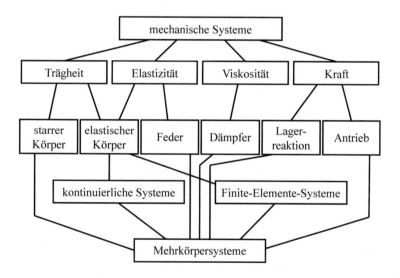

Bild 1.2: Eigenschaften mechanischer Systeme

Die Eigenschaften eines realen technischen Systems müssen nun durch idealisierte Modelle beschrieben werden. Dabei unterscheidet man Modelle mit verteilten und konzentrierten Parametern. Zu den Modellen mit verteilten Parametern gehört im Besonderen der elastische Körper der Kontinuumsmechanik. Modelle mit konzentrierten Parametern findet man in der Stereomechanik. Sie umfassen z. B. den starren Körper, die masselose Feder, den masselosen Dämpfer sowie Antriebs- und Reaktionskräfte. Aus diesen Modellen lassen sich nun wiederum die mechanischen Ersatzsysteme aufbauen.

1.3.1 Mehrkörpersysteme

Ein Mehrkörpersystem besteht aus massebehafteten starren Körpern, auf die an diskreten Punkten Einzelkräfte und Einzelmomente einwirken. Die Kräfte und Momente gehen auf masselose Federn, Dämpfer und Stellmotoren sowie auf unnachgiebige Gelenke und beliebige andere Lagerungen zurück. Daneben können eingeprägte Volumenkräfte und -momente auf die starren Körper wirken. Häufig verwendete Symbole für die Elemente eines Mehrkörpersystems sind in Bild 1.3 zusammengestellt.

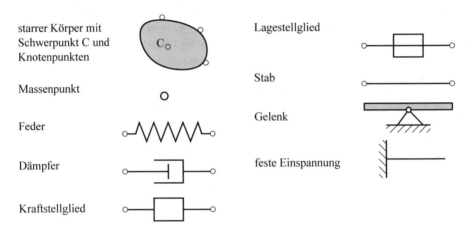

Bild 1.3: Elemente eines Mehrkörpersystems

Das Symbol des starren Körpers kennzeichnet seine Massenträgheit. Charakteristische Punkte des starren Körpers sind der Massenmittelpunkt C und eine endliche Anzahl von Knotenpunkten, in denen Einzelkräfte und Einzelmomente angreifen. Im Sonderfall des Massenpunktes fallen alle Knotenpunkte zusammen und die Massenträgheitsmomente verschwinden. Das Federsymbol erinnert an eine Schraubenfeder, ein Sonderfall der Feder ist aber auch der masselose Stab, wie er z. B. in Gestängen auftritt. Das Dämpfersymbol ist an einen hydraulischen Dämpfer angelehnt, doch es soll gleichbedeutend auch für elektrische und magnetische Dämpfer verwendet werden. Bei den Stellmotoren unterscheidet man Kraftstellglieder, die Kräfte entwickeln, und Lagestellglieder, die eine Bewegung erzwingen. Ein blockiertes Lagestellglied entspricht einem starren Stab, den man auch im Grenzfall aus einer unendlich steifen Feder erhält. Die Lagerungen werden als starr vorausgesetzt, d. h. ohne Verformungen in gesperrten Lagerrichtungen, ideale Lagerungen sind darüber hinaus noch reibungsfrei. Die masselosen Elemente kann man nach der Art der Kräfte auch in Koppelelemente (Federn, Dämpfer, Kraftstellglieder) und in Bindungselemente (Stäbe, Gelenke, Lagestellglieder) einteilen. Die ersteren rufen eingeprägte Kräfte, die letzteren Reaktionskräfte hervor.

Die Methode der Mehrkörpersysteme beruht darauf, dass die Eigenschaften Trägheit, Elastizität, Dämpfung und Kraft einzelnen diskreten Elementen zugeordnet werden. Die einzelnen, lokal beschriebenen Elemente werden dann unter Berücksichtigung der Lagerungen zu einem glokenbalen Gesamtsystem zusammengefasst. Durch die Diskretisierung erhält man vergleichsweise einfache globale Bewegungsgleichungen, die das mechanische System für die gewählten Idealisierungen und Näherungen beschreiben. Viele Details zu Fragestellungen der Mehrkörperdy-namik sind auch in Rill und Schaeffer [55], Bauchau [5], Woernle [75] oder auch in Popp und Schiehlen [50] oder Rill [54] zu finden.

Massenpunktsysteme stellen einen Sonderfall der Mehrkörpersysteme dar. Sie sind in der Mechanik schon sehr lange bekannt. Eine systematische Untersuchung der Massenpunktsysteme erfolgte durch die klassische analytische Mechanik, so dass darüber viele Erkenntnisse vorliegen, siehe z. B. Hiller [30]. Das Interesse an den Mehrkörpersystemen hat erst nach 1965 zugenommen, als die Raumfahrt entsprechende Anforderungen stellte. Seit dieser Zeit werden auch rechnergestützte Formalismen entwickelt. Mehrkörpersysteme erlauben im Gegensatz zu Massenpunktsystemen auch eine einfache Behandlung der Kreiselerscheinungen.

1.3.2 Finite-Elemente-Systeme

Ein Finite-Elemente-System besteht aus einer Zusammenstellung massebehafteter, verformbarer Elemente bzw. Teilkörper, auf die an diskreten Punkten, den so genannten Knotenpunkten, Einzelkräfte und Einzelmomente einwirken. Daneben sind eingeprägte Oberflächen- oder Volumenkräfte zugelassen. Die Lagerung von Finite-Elemente-Systemen erfolgt in den Knotenpunkten. Einige häufig verwendete Elemente sind in Bild 1.4 zu sehen. Der Stab bzw. der Balken sind eindimensionale Elemente, das Dreieck gehört zu den zweidimensionalen Elementen und der Quader ist ein Beispiel für ein dreidimensionales Volumenelement.

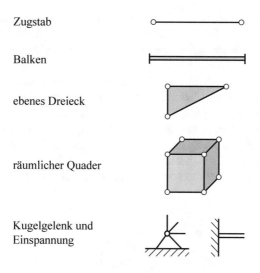

Zugstab

Balken

ebenes Dreieck

räumlicher Quader

Kugelgelenk und
Einspannung

Bild 1.4: Einige finite Elemente

Der Grundgedanke der Methode der Finiten Elemente besteht nun darin, dass in einem diskreten Element mit einfacher Geometrie die Eigenschaften Trägheit, Elastizität und Kraft berücksichtigt werden. Deshalb sind zunächst die lokalen Bewegungsgleichungen eines einzelnen finiten Elements zu ermitteln. Aus den einzelnen finiten Elementen wird dann durch Verknüpfung der

Knotenpunkte das Gesamtsystem aufgebaut. Damit erhält man aus den lokalen die globalen Bewegungsgleichungen des Gesamtsystems. Infolge der Einführung diskreter Elemente sowie der gewählten Ansatzfunktionen innerhalb eines Elementes stellt die Methode der finiten Elemente ebenso wie die Methode der Mehrkörpersysteme i.A. ein Näherungsverfahren dar.

elastisch Elastische Fachwerke, ein Sonderfall der Finite-Elemente-Systeme, sind in der Elastostatik in der Vergangenheit ausführlich untersucht worden. Die hohe Ordnung der auftretenden meist linearen Gleichungssysteme hat aber die technische Anwendung über viele Jahrzehnte hinweg erschwert. Der Durchbruch der Methode der finiten Elemente wurde erst Ende der 1950er Jahre erzielt, als die Entwicklung der Rechentechnik auch die Lösung umfangreicher Gleichungssysteme erlaubte. Heute stehen zahlreiche erprobte Programmsysteme zur Verfügung, welche die automatische Diskretisierung und Lösung von Kontinuumsproblemen der Strukturdynamik ermöglichen.

1.3.3 Kontinuierliche Systeme

Ein kontinuierlich kontinuierliches System besteht aus massebehafteten elastisch elastischen Körpern, in deren Volumen stetig verteilte eingeprägte Kräfte wirken und an deren Oberfläche stetig verteilte Kräfte (Spannungen) angreifen. Die Oberflächenspannungen gehen dabei entweder auf eingeprägte Spannungen oder Zwangsspannungen infolge einer vorgegebenen Lagerung zurück, Bild 1.5.

Die Modellierung mit kontinuierlichen Systemen beruht auf der stetigen Verteilung von Masse und Elastizität im Körper. Die Bewegungsgleichungen können deshalb nur lokal für ein infinitesimal kleines Volumenelement formuliert werden, sie stellen partielle, von Ort und Zeit abhängige Differentialgleichungen dar. Die Behandlung der kontinuierlichen Systeme ist im Gegensatz zu den Methoden der Mehrkörpersysteme und der finiten Elemente exakt im Sinne der Kontinuumsmechanik, da keine mechanische Diskretisierung vorgenommen wird. Eine strenge Lösung der lokalen Bewegungsgleichungen gelingt aber nur in einfachen Fällen, z. B. bei Stäben und Balken. Im allgemeinen Fall erfordert die numerische Lösung eine mathematische Diskretisierung, so dass auch die kontinuierlichen Systeme letztlich wieder Näherungsverfahren benötigen. Für die technische Praxis ist jedoch die mechanische Diskretisierung oft anschaulicher und einfacher, worauf der große Erfolg diskreter mechanischer Systeme zurückzuführen ist.

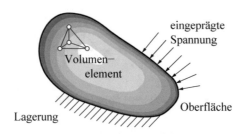

Bild 1.5: Elastischer Körper mit infinitesimalem Element

1.3.4 Flexible Mehrkörpersysteme

Von flexiblen Mehrkörpersystemen spricht man, wenn starre und elastische Körper gemeinsam zur Modellierung eines mechanischen Systems herangezogen werden. Dabei können an der Schnittstelle zwischen einem starren und einem elastischen Körper Modellierungsschwierigkeiten auftreten, die sich aber durch zusätzliche Voraussetzungen ingenieurmäßig beherrschen lassen. Anwendungen flexibler Mehrkörpersysteme sind u. a. in der Fahrzeug-, Roboter- und Satellitendynamik bekannt geworden. Auch die in Abschnitt 6.3 behandelten Balkensysteme gehören zu den flexiblen Mehrkörpersystemen. Eine ausführliche Beschreibung findet man bei Schwertassek und Wallrapp [60], Shabana [65] bzw. [66] oder Gerardin [24].

1.3.5 Auswahl eines mechanischen Ersatzsystems

Die Auswahl eines geeigneten mechanischen Ersatzsystems erfordert viel Erfahrung. Allgemeine Anhaltspunkte für die Modellbildung sind die elastische Steifigkeitsverteilung und die geometrische Gestalt des gegebenen technischen Systems, siehe Tabelle 1.1. Für die elastischen Freiheitsgrade liefert die Methode der Mehrkörpersysteme im Allgemeinen zu niedrige, die Methode der finiten Elemente dagegen zu hohe Eigenfrequenzen, siehe auch Abschnitt 9.3. Das Vorgehen bei der Auswahl wird für das einfache Beispiel eines Einzylindermotors, Beispiel 1.1, verdeutlicht.

Tabelle 1.1: Modelle mechanischer Systeme

Mechanisches Ersatzsystem	Geometrische Gestalt	Steifigkeitsverteilung
Mehrkörpersystem	kompliziert	inhomogen
Finite-Elemente-System	kompliziert	homogen
kontinuierliches System	einfach	homogen

1.3.6 Zahl der Freiheitsgrade

Die Zahl der Freiheitsgrade spielt unabhängig von der Art der Modellbildung bei allen mechanischen Systemen eine grundlegende Rolle. Mit der Zahl der Freiheitsgrade steigen die Genauigkeit der Modellbildung und die Kosten der Rechnung. Daraus folgt, dass die Festlegung der Zahl der Freiheitsgrade eine echte Ingenieuraufgabe ist, die meist nur durch einen technisch sinnvollen Kompromiss gelöst werden kann. Die untere Grenze für die Freiheitsgrade ist durch die Starrkörperfreiheitsgrade gegeben, die obere Grenze liegt beim elastischen Körper im Unendlichen. In der Regel wird man die Starrkörperfreiheitsgrade um endlich viele elastische Freiheitsgrade ergänzen und so den Kompromiss wählen. Einige Disziplinen kommen auch ohne einen solchen Kompromiss aus. In der klassischen Maschinendynamik werden hauptsächlich Starrkörperfreiheitsgrade betrachtet, in der Baudynamik entfallen die Starrkörperfreiheitsgrade und es werden sehr viele elastische Freiheitsgrade verwendet.

Die Zahl e der Freiheitsgrade eines freien mechanischen Systems mit p Elementen erhält man aus der Zahl e_i der Freiheitsgrade der einzelnen Elemente nach der Beziehung

$$e = \sum_{i=1}^{p} e_i. \tag{1.1}$$

Beispiel 1.1 Einzylindermotor

Für den in Bild 1.6 dargestellten Einzylindermotor sollen z. B. folgende Aufgaben untersucht werden:
1. Bewegung des Kurbelgetriebes,
2. Biegeschwingungen des Pleuels und
3. Torsionsschwingungen der Welle.

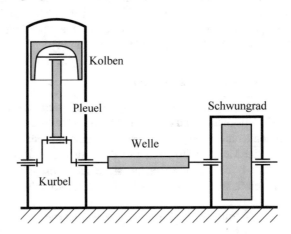

Bild 1.6: Einzylindermotor mit Schwungrad

Zur Lösung der ersten Aufgabe werden Kolben, Pleuel, Kurbel, Welle und Schwungrad gemeinsam als Mehrkörpersystem modelliert. Die zweite Aufgabe wird mit einem Finite-Elemente-System gelöst, da das Pleuel eine komplizierte geometrische Gestalt aufweist. Die dritte Aufgabe kann mit einem kontinuierlichen System untersucht werden.

Für ein-, zwei- und dreidimensionale Probleme gelten die in Tabelle 1.2 angegebenen Zahlen für e_i. Damit gilt z. B. $e = 6p$ für einen einzelnen freien räumlichen starren Körper ebenso wie für ein einzelnes ebenes Tetraederelement. Die Zahl der Elemente hängt wiederum von der Diskretisierung ab.

Beim Aufbau des globalen Gesamtsystems werden die p Elemente durch q unabhängige Bindungen oder Lagerungen verknüpft. Die Zahl f der Lagefreiheitsgrade eines gebundenen mechanischen Systems beträgt dann nur noch

$$f = e - q. \tag{1.2}$$

Die Technische Dynamik bietet auf der Grundlage der analytischen Mechanik die Möglichkeit, f Differentialgleichungen für die Bewegung und q algebraische Gleichungen für die Reaktionskräfte zu gewinnen. Davon wird in den folgenden Kapiteln ausgiebig Gebrauch gemacht werden. In dem zu einem Volumenelement gehörenden materiellen Punkt eines nichtpolaren Kontinuums können nur Verschiebungen auftreten, während bei polaren Kontinua zusätzlich Verdrehungen zu finden sind. In entsprechender Weise wirken bei nichtpolaren Kontinua nur Kräfte oder Spannungen, während bei polaren Kontinua auch Momentenspannungen zu berücksichtigen sind.

Tabelle 1.2: Freiheitsgrade e_i eines freien Elements

Art des Elements	linienförmig	eben	räumlich
Massenpunkt	1	2	3
starrer Körper	1	3	6
finites Balkenelement	$2 \cdot 1$	$2 \cdot 3$	$2 \cdot 6$
finites Tetraederelement	$2 \cdot 1$	$3 \cdot 2$	$4 \cdot 3$
finites Würfelelement	$2 \cdot 1$	$4 \cdot 2$	$8 \cdot 3$
materieller Punkt eines nichtpolaren Kontinuums	1	2	3
materieller Punkt eines polaren Kontinuums	1	3	6

Tabelle 1.2 zeigt eine methodisch sehr interessante Verwandtschaft. Die Zahl der Freiheitsgrade von Massenpunkten eines Punktsystems und den materiellen Punkten eines nichtpolaren Kontinuums einerseits und die Zahl der Freiheitsgrade von starren Körpern eines polaren Kontinuums stimmen überein. In Kapitel 4.1 wird dieser Zusammenhang wieder aufgegriffen, der auch von Schäfer [57] in einem ausführlichen Bericht über das Cosserat-Kontinuum dargestellt wird, von dem auch das Buch von Rubin [53] handelt.

2 Kinematische Grundlagen

In der Technischen Dynamik unterscheidet man freie Systeme mit Elementen, die sich uneingeschränkt bewegen können, und gebundene Systeme, deren Elemente miteinander oder mit ihrer Umgebung durch ideale Lagerungen verbunden sind. Während sich z. B. die Satellitendynamik überwiegend mit freien Systemen beschäftigt, findet man in der Maschinendynamik fast nur gebundene Systeme. Für Punktsysteme, Mehrkörpersysteme und kontinuierliche Systeme werden in diesem Kapitel die kinematischen Grundlagen zusammengestellt. Finite-Elemente-Systeme gehören vom kinematischen Standpunkt aus zu den kontinuierlichen Systemen, sie werden deshalb nicht gesondert betrachtet. Die Kinematik freier und gebundener Systeme wird sowohl in einem raumfesten Inertialsystem als auch in einem relativbewegten Koordinatensystem dargestellt. Die gebundenen Systeme werden in holonome und nichtholonome Systeme unterteilt.

2.1 Freie Systeme

Freie mechanische Systeme haben eine besonders einfache Kinematik, da ihre Bewegung keinerlei Einschränkungen durch Lager unterliegt. Die mathematische Beschreibung erfolgt zunächst gegenüber einem raumfesten Koordinatensystem, wobei neben den kartesischen Koordinaten auch häufig verallgemeinerte Koordinaten zum Einsatz kommen.

2.1.1 Kinematik des Punktes

Der materiell materielle Punkt ist das einfachste Modell der Mechanik. Ein einzelner freier Punkt hat jedoch keine wesentliche technische Bedeutung. Freie Punktsysteme sind dagegen bei den fliegenden elastischen Strukturen, z. B. in der Luft- und Raumfahrttechnik, anzutreffen, oder bei Systemen bei denen keine Lager, sondern nur Kraftelemente auftreten. Darüber hinaus kann jedes elastische Kontinuum als freies System unendlich vieler materieller Punkte aufgefasst werden. In freien Systemen sind alle Punkte kinematisch gleichwertig. Deshalb wird zunächst der einzelne freie Punkt ausführlich behandelt.

Die aktuell aktuelle Lage eines bewegten Punktes $P(t)$ zur Zeit t wird im Raum bezüglich des Ursprung O des raumfesten Koordinatensystems durch den Ortsvektor $\mathbf{r}(t)$ eindeutig beschrieben, Bild 2.1. Im Laufe der Zeit ändert der bewegte Punkt P seine Lage, er durchläuft die durch den Ortsvektor $\mathbf{r}(t)$ gekennzeichnete Bahnkurve. Seine Bewegung wird Verschiebung oder Translation genannt.

Jeder Ortsvektor kann in einem kartesischen Koordinatensystem $\{O; \mathbf{e}_\alpha\}$, $\alpha = 1(1)3$, mit dem Ursprung O und den Basisvektoren $\mathbf{e}_\alpha$ eindeutig in seine Komponenten zerlegt werden. Damit gilt für den Ortsvektor der aktuellen Lage

$$\mathbf{r}(t) = r_1(t)\,\mathbf{e}_1 + r_2(t)\,\mathbf{e}_2 + r_3(t)\,\mathbf{e}_3. \tag{2.1}$$

In einem gegebenen Koordinatensystem lässt sich nach (2.1) der Ortsvektor $\mathbf{r}(t)$ also durch den

© Springer Fachmedien Wiesbaden GmbH, ein Teil von Springer Nature 2020
W. Schiehlen und P. Eberhard, *Technische Dynamik*,
https://doi.org/10.1007/978-3-658-31373-9_2

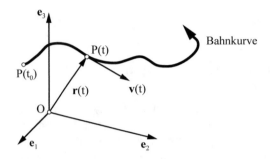

Bild 2.1: Freie Bewegung eines materiellen Punktes

3×1-Vektor seiner Koordinaten

$$\mathbf{r}(t) = \left[\begin{array}{ccc} r_1 & r_2 & r_3 \end{array} \right] \tag{2.2}$$

eindeutig darstellen. Dabei werden die Koordinaten im Allgemeinen ohne Argument angeschrieben und es wird kein Unterschied zwischen Zeilen- und Spaltenvektoren gemacht, siehe Anhang A.2 und (A.34).

Ein freier Punkt im Raum hat drei Freiheitsgrade, zu deren Beschreibung drei Koordinaten erforderlich sind. Neben den kartesischen Koordinaten $r_\alpha, \alpha = 1(1)3$, nach (2.2) können dazu auch verallgemeinerte, in der Regel krummlinige Koordinaten $x_\gamma, \gamma = 1(1)3$, herangezogen werden. Die verallgemeinerten Koordinaten lassen sich dann zu einem 3×1-Lagevektor

$$\mathbf{x}(t) = \left[\begin{array}{ccc} x_1 & x_2 & x_3 \end{array} \right] \tag{2.3}$$

zusammenfassen. Zwischen dem Ortsvektor $\mathbf{r}(t)$ und dem Lagevektor $\mathbf{x}(t)$ besteht im Allgemeinen ein nichtlinearer Zusammenhang,

$$\mathbf{r}(t) = \mathbf{r}(\mathbf{x}(t)) = \mathbf{r}(\mathbf{x}), \tag{2.4}$$

der gegebenenfalls die Beschreibung einer Punktbewegung erheblich vereinfacht. So lassen sich z. B. kreisförmige Bewegungen durch Zylinderkoordinaten übersichtlicher darstellen als durch kartesische Koordinaten. Als weiteres Beispiel seien die räumlichen Zentralkräfte genannt, die in Kugelkoordinaten nur eine nichtverschwindende Koordinate aufweisen. Einige Hinweise zu der in diesem Buch verwendeten Notation sind im Anhang zu finden.

Die Geschwindigkeit $\mathbf{v}(t)$ des Punktes P erhält man durch Differentiation von (2.2) nach der Zeit, ihre Richtung wird durch die Tangente an die Bahnkurve festgelegt, Bild 2.1. In einem raumfesten Koordinatensystem (Inertialsystem) lautet damit der 3×1-Vektor der absoluten Geschwindigkeit

$$\mathbf{v}(t) = \dot{\mathbf{r}}(t) = \left[\begin{array}{ccc} \dot{r}_1 & \dot{r}_2 & \dot{r}_3 \end{array} \right], \tag{2.5}$$

wobei $\dot{\mathbf{r}}$ die Ableitung von $\mathbf{r}$ nach der Zeit t bedeutet. Die Geschwindigkeit lässt sich auch in den verallgemeinerten Koordinaten ausdrücken. Aus (2.4) und (2.5) findet man nach der Kettenregel

$$\mathbf{v}(t) = \mathbf{v}(\mathbf{x}, \dot{\mathbf{x}}) = \frac{\partial \mathbf{r}}{\partial \mathbf{x}} \cdot \frac{d\mathbf{x}}{dt} = \mathbf{H}_T(\mathbf{x}) \cdot \dot{\mathbf{x}}(t), \tag{2.6}$$

wobei die 3×3-Jacobi-Matrix der Translation

$$\mathbf{H}_T(\mathbf{x}) = \begin{bmatrix} \dfrac{\partial r_1}{\partial x_1} & \dfrac{\partial r_1}{\partial x_2} & \dfrac{\partial r_1}{\partial x_3} \\[2mm] \dfrac{\partial r_2}{\partial x_1} & \dfrac{\partial r_2}{\partial x_2} & \dfrac{\partial r_2}{\partial x_3} \\[2mm] \dfrac{\partial r_3}{\partial x_1} & \dfrac{\partial r_3}{\partial x_2} & \dfrac{\partial r_3}{\partial x_3} \end{bmatrix} \tag{2.7}$$

auftritt, die einen Zusammenhang zwischen dem Ortsvektor und den verallgemeinerten Koordinaten herstellt. Die Geschwindigkeit ist somit eine lineare Funktion der ersten Zeitableitung $\dot{\mathbf{x}}(t)$ des gewählten Lagevektors.

Die Funktional- oder Jacobi-Matrizen haben in der Technischen Dynamik eine sehr große Bedeutung. Ihre mathematischen Grundlagen sind in der Differential- und Integralrechnung von Funktionen mehrerer Variablen zu finden, siehe z. B. Bronstein und Semendjajew [12]. Da die elementweise Definition der Jacobi-Matrizen durch skalare Differentialquotienten aufwendig ist, soll auf die Matrizenschreibweise zurückgegriffen werden. Die 3×3-Jacobi-Matrix (2.7) in der Form

$$\mathbf{H}_T(\mathbf{x}) = \frac{\partial \mathbf{r}(\mathbf{x})}{\partial \mathbf{x}} \tag{2.8}$$

folgt damit aus dem 3×1-Vektor $\mathbf{r}(\mathbf{x})$ der abhängigen Variablen und dem 3×1-Vektor $\mathbf{x}$ der unabhängigen Variablen, siehe (A.36). Allgemein gilt in dieser Schreibweise für einen $e \times 1$-Vektor $\mathbf{x}$ die Beziehung

$$\frac{\partial \mathbf{x}}{\partial \mathbf{x}} = \mathbf{E}, \tag{2.9}$$

wobei $\mathbf{E}$ die $e \times e$-Einheitsmatrix ist. Weiterhin findet man für die $e \times 1$-Vektoren $\mathbf{r}$ und $\mathbf{x}$ ein (2.9) entsprechendes Ergebnis

$$\frac{\partial \mathbf{r}(\mathbf{x}(\mathbf{r}))}{\partial \mathbf{r}} = \frac{\partial \mathbf{r}}{\partial \mathbf{x}} \cdot \frac{\partial \mathbf{x}}{\partial \mathbf{r}} = \mathbf{E}. \tag{2.10}$$

Darüber hinaus lautet die Kettenregel mit einem zusätzlichen $f \times 1$-Vektor $\mathbf{y}$ wie folgt,

$$\frac{\partial \mathbf{r}(\mathbf{x}(\mathbf{y}))}{\partial \mathbf{y}} = \frac{\partial \mathbf{r}}{\partial \mathbf{x}} \cdot \frac{\partial \mathbf{x}}{\partial \mathbf{y}}, \tag{2.11}$$

wobei man eine $e \times f$-Matrix erhält. Die hier eingeführte rechnergerechte Schreibweise der Differentialrechnung wird im Folgenden immer wieder verwendet werden. Sie enthält für $e = 3$ auch die Beziehungen der Vektoranalysis.

Die Beschleunigung $\mathbf{a}(t)$ des Punktes P ist ein Maß für die zeitliche Änderung seiner Geschwindigkeit, sie wird durch Differentiation von (2.5) nach der Zeit bestimmt. In einem raumfesten Koordinatensystem lautet somit der 3×1-Vektor der absoluten Beschleunigungskoordinaten

$$\mathbf{a}(t) = \dot{\mathbf{v}}(t) = \ddot{\mathbf{r}}(t) = \begin{bmatrix} \ddot{r}_1 & \ddot{r}_2 & \ddot{r}_3 \end{bmatrix}. \tag{2.12}$$

Die Beschleunigung kann nicht nur durch kartesische Koordinaten nach (2.12), sondern auch durch verallgemeinerte Koordinaten ausgedrückt werden. Mit der Produktregel folgt aus (2.6) die Beziehung

$$\mathbf{a}(t) = \mathbf{a}(\mathbf{x}, \dot{\mathbf{x}}, \ddot{\mathbf{x}}) = \mathbf{H}_T(\mathbf{x}) \cdot \ddot{\mathbf{x}}(t) + \frac{d\mathbf{H}_T(\mathbf{x})}{dt} \cdot \dot{\mathbf{x}}(t)$$

$$= \mathbf{H}_T(\mathbf{x}) \cdot \ddot{\mathbf{x}}(t) + \left(\frac{\partial \mathbf{H}_T(\mathbf{x})}{\partial \mathbf{x}} \cdot \dot{\mathbf{x}}(t) \right) \cdot \dot{\mathbf{x}}(t). \tag{2.13}$$

Die Beschleunigung ist damit eine lineare Funktion der zweiten Ableitung $\ddot{\mathbf{x}}(t)$ des Lagevektors. Darüber hinaus hängt sie im Allgemeinen noch quadratisch von der ersten Ableitung $\dot{\mathbf{x}}(t)$ des Lagevektors ab.

Damit sind alle für die Kinematik des Punktes wesentlichen Beziehungen aufgestellt.

Beispiel 2.1: Punktbewegung in Kugelkoordinaten

Für Probleme mit zentralsymmetrischen Kräften empfehlen sich häufig die Kugelkoordinaten ψ, ϑ, R, wie sie in Bild 2.2 dargestellt sind. Der 3×1-Lagevektor lautet dann

$$\mathbf{x}(t) = \begin{bmatrix} \psi & \vartheta & R \end{bmatrix}. \tag{2.14}$$

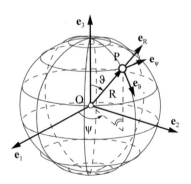

Bild 2.2: Kugelkoordinaten

Damit hat der 3×1-Ortsvektor die Form

$$\mathbf{r}(t) = \begin{bmatrix} \cos \psi \sin \vartheta \\ \sin \psi \sin \vartheta \\ \cos \vartheta \end{bmatrix} R \tag{2.15}$$

und die 3×3-Jacobi-Matrix der Translation findet man gemäß (2.7) bzw. (2.8) zu

$$\mathbf{H}_T(\mathbf{x}) = \begin{bmatrix} -R\sin\psi\sin\vartheta & R\cos\psi\cos\vartheta & \cos\psi\sin\vartheta \\ R\cos\psi\sin\vartheta & R\sin\psi\cos\vartheta & \sin\psi\sin\vartheta \\ 0 & -R\sin\vartheta & \cos\vartheta \end{bmatrix}. \tag{2.16}$$

Damit ist nach (2.6) auch der 3×1-Geschwindigkeitsvektor bestimmt,

$$\mathbf{v}(\mathbf{x}, \dot{\mathbf{x}}) = \begin{bmatrix} -R\dot\psi\sin\psi\sin\vartheta + R\dot\vartheta\cos\psi\cos\vartheta + \dot R\cos\psi\sin\vartheta \\ R\dot\psi\cos\psi\sin\vartheta + R\dot\vartheta\sin\psi\cos\vartheta + \dot R\sin\psi\sin\vartheta \\ -R\dot\vartheta\sin\vartheta + \dot R\cos\vartheta \end{bmatrix} \tag{2.17}$$

und man erhält den Beschleunigungsvektor

$$\mathbf{a}(\mathbf{x}, \dot{\mathbf{x}}, \ddot{\mathbf{x}}) = \begin{bmatrix} -R\ddot\psi\sin\psi\sin\vartheta + R\ddot\vartheta\cos\psi\cos\vartheta + \ddot R\cos\psi\sin\vartheta - R\dot\psi^2\cos\psi\sin\vartheta \\ -2R\dot\psi\dot\vartheta\sin\psi\cos\vartheta - 2\dot R\dot\psi\sin\psi\sin\vartheta - R\dot\vartheta^2\cos\psi\sin\vartheta + 2\dot R\dot\vartheta\cos\psi\cos\vartheta \\ \\ R\ddot\psi\cos\psi\sin\vartheta + R\ddot\vartheta\sin\psi\cos\vartheta + \ddot R\sin\psi\sin\vartheta - R\dot\psi^2\sin\psi\sin\vartheta \\ +2R\dot\psi\dot\vartheta\cos\psi\cos\vartheta + 2\dot R\dot\psi\cos\psi\sin\vartheta - R\dot\vartheta^2\sin\psi\sin\vartheta + 2\dot R\dot\vartheta\sin\psi\cos\vartheta \\ \\ -R\ddot\vartheta\sin\vartheta + \ddot R\cos\vartheta - R\dot\vartheta^2\cos\vartheta - 2\dot R\dot\vartheta\sin\vartheta \end{bmatrix}. \tag{2.18}$$

Der Beschleunigungsvektor hängt linear von den zweiten Ableitungen und quadratisch von den ersten Ableitungen der verallgemeinerten Koordinaten ab.

Mit der Einführung verallgemeinerter Koordinaten kann die Eindeutigkeit der kinematischen Beschreibung in singulären Punkten durch einen Verlust von Freiheitsgraden verloren gehen. Man muss deshalb stets den vollen Rang der Jacobi-Matrix oder

$$\det \mathbf{H}_T \neq 0 \tag{2.19}$$

fordern. In Beispiel 2.1 entsteht nach (2.16) für $R = 0$ ein zweifacher Rangabfall der Matrix $\mathbf{H}_T$, wodurch (2.19) sicher verletzt ist. Die Erklärung liegt darin, dass sich der Punkt P für $R \to 0$ nur noch in der Richtung

$$\mathbf{e}_R = \begin{bmatrix} \cos\psi\sin\vartheta & \sin\psi\sin\vartheta & \cos\vartheta \end{bmatrix} \tag{2.20}$$

bewegen kann, und somit nur noch einen Freiheitsgrad hat. Dieses Problem lässt sich durch die zusätzliche Einführung von komplementären Kugelkoordinaten $\overline{\psi}$, $\overline{\vartheta}$, $\overline{R}$ lösen, siehe Bild 2.3. Dann gilt in Erweiterung von (2.15)

$$\mathbf{r}(t) = \begin{bmatrix} R\cos\psi\sin\vartheta \\ R\sin\psi\sin\vartheta \\ R\cos\vartheta \end{bmatrix} = \begin{bmatrix} \overline{R}\cos\psi\sin\overline{\vartheta} \\ \overline{R}\sin\psi\sin\overline{\vartheta} \\ \overline{R}\cos\overline{\vartheta} + b \end{bmatrix}, \tag{2.21}$$

d. h. es treten zwei verschiedene singuläre Punkte $R = 0$ bzw. $\overline{R} = 0$ auf, wobei $b > 0$ ein beliebiger Abstand ist. Begrenzt man nun z. B. die kritischen verallgemeinerten Koordinaten durch die in Bild 2.3 dargestellten Bereiche

$$R \geq b/4, \qquad \overline{R} \geq b/4, \tag{2.22}$$

so ist mit den zueinander komplementären Lagevektoren $\mathbf{x}(t)$ und $\overline{\mathbf{x}}(t)$ stets eine eindeutige Lagebeschreibung möglich. Wird eine der Grenzen (2.22) verletzt, so erfolgt der Übergang zu den komplementären Kugelkoordinaten und umgekehrt. Dafür stehen nach (2.21) z. B. die Beziehung

$$\overline{R} = R \frac{\sin \vartheta}{\sin \overline{\vartheta}}, \qquad \cot \overline{\vartheta} = \cot \vartheta - \frac{b}{R \sin \vartheta} \tag{2.23}$$

zur Verfügung.

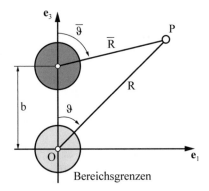

Bild 2.3: Definition komplementärer Kugelkoordinaten

Die singulären Punkte sind bei vielen Bewegungen unkritisch. So bewegen sich z. B. die Planeten stets in großer Entfernung vom singulären Punkt im Ursprung. Andererseits findet man bei den Drehbewegungen starrer Körper immer wieder singuläre Punkte, denen in der Kreiseltheorie auch zahlreiche Arbeiten gewidmet sind. Es ist deshalb zweckmäßig, diese Fragestellung bereits bei der Punktbewegung anzusprechen.

Ein freies System von p materiellen Punkten im Raum hat $3p$ Freiheitsgrade. Fasst man die $3p$ verallgemeinerten Koordinaten des Gesamtsystems zu einem $3p \times 1$-Lagevektor $\mathbf{x}(t)$ zusammen, so gilt entsprechend zu (2.4) für den i-ten Punkt

$$\mathbf{r}_i(t) = \mathbf{r}_i(\mathbf{x}), \qquad i = 1(1)p. \tag{2.24}$$

Ebenso gelten auch die Beziehungen (2.5), (2.6) und (2.12), (2.13) für Punktsysteme. Im Besonderen geht (2.8) in eine $3 \times 3p$-Jacobi-Matrix $\mathbf{H}_{Ti}(\mathbf{x}), i = 1(1)p$, über.

2.1.2 Kinematik des starren Körpers

Der starre Körper ist ein einfaches Modell der Kontinuumsmechanik. Er besteht, wie alle Kontinua, aus einer zusammenhängenden kompakten Menge materieller Punkte. Darüber hinaus sind beim starren Körper aber die Abstände zwischen beliebigen materiellen Punkten konstant. Vom

Standpunkt der Kontinuumsmechanik aus gesehen ist ein starrer Körper daher verzerrungsfrei. Er ist aber auch statisch unbestimmt, d. h. die in seinem Inneren auftretenden Kräfte und Spannungen können nicht berechnet werden, siehe Abschnitt 5.4.2. Trotzdem eignet sich der starre Körper hervorragend zur Untersuchung von Bewegungen bei vielen Aufgaben der Dynamik. Dies gilt im Besonderen für Systeme starrer Körper, die Mehrkörpersysteme.

Für die kinematische Beschreibung freier Mehrkörpersysteme, wie sie z. B. in der Rotordynamik auftreten, genügt wiederum die Betrachtung eines einzelnen starren Körpers. In einem freien System sind immer alle starren Körper kinematisch gleichwertig.

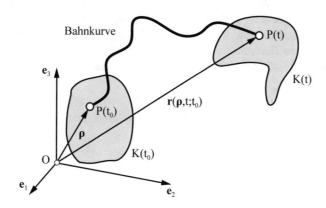

Bild 2.4: Bewegung eines freien Körpers

Ein beliebiger, auch nichtstarrer Körper K wird mathematisch durch seine Referenzkonfiguration, d. h. eine stetige und umkehrbar eindeutige Zuordnung von Ortsvektoren $\boldsymbol{\rho}$ zu den materiellen Punkten, beschrieben, siehe Bild 2.4. Dabei wird, wenn nichts anderes vereinbart ist, wieder ein raumfestes kartesisches Koordinatensystem $\{O, \mathbf{e}_\alpha\}$, $\alpha = 1(1)3$, und ein nichtpolares Kontinuum zugrunde gelegt. Die aktuelle Konfiguration eines bewegten Körpers $K(t)$ zur Zeit t im Raum,

$$\mathbf{r} = \mathbf{r}(\boldsymbol{\rho}, t; t_0), \tag{2.25}$$

bezieht man dabei auf die Referenzkonfiguration des Körpers $K(t_0)$ zur Referenzzeit t_0,

$$\boldsymbol{\rho} = \mathbf{r}(\boldsymbol{\rho}, t_0; t_0). \tag{2.26}$$

Andererseits sind aber die Ortsvektoren $\boldsymbol{\rho}$ auch durch die Umkehrfunktion von (2.25) festgelegt,

$$\boldsymbol{\rho} = \boldsymbol{\rho}(\mathbf{r}, t; t_0), \tag{2.27}$$

womit die eindeutige Zuordnung zu den materiellen Punkten erreicht wird. Den Beziehungen (2.25) bis (2.27) ist einheitlich die feste Referenzzeit t_0 zugrunde gelegt. Es ist aber auch möglich, als Referenzzeit die laufende Zeit $t_0 = t$ zu wählen. Dann gilt $\boldsymbol{\rho}(\mathbf{r}, t; t) = \mathbf{r}$, d. h. der durch $\boldsymbol{\rho}$ gekennzeichnete materielle Punkt P fällt momentan mit dem durch $\mathbf{r}$ beschriebenen Raumpunkt zusammen. Die laufende Referenzzeit t wird sich bei der Bestimmung des momentanen Drehgeschwindigkeitsvektors als nützlich erweisen.

Im folgenden werden die Variablen $\boldsymbol{\rho}$, t und t_0 nur bei Bedarf angeschrieben. Die explizite Abhängigkeit der betrachteten Größen von diesen Variablen bleibt davon unberührt. Die Koordinaten des Vektors $\boldsymbol{\rho}$ werden auch materielle Koordinaten genannt, während die Koordinaten des Vektors $\mathbf{r}$ räumliche Koordinaten heißen.

Die allgemeine Bewegung eines nichtstarren Körpers K setzt sich aus Drehungen und Verzerrungen zusammen, sie wird Deformation genannt. Da sich die Deformation innerhalb des Körpers jedoch von Punkt zu Punkt ändert, wird sie zweckmäßigerweise durch den Deformationsgradienten $\mathbf{F}(\boldsymbol{\rho},t;t_0) = \partial\mathbf{r}/\partial\boldsymbol{\rho}$ charakterisiert. Der Deformationsgradient beschreibt z. B. die Bewegung eines Tetraederelements aus der Referenzkonfiguration in die aktuelle Konfiguration, wie Bild 2.5 zeigt. Ein Tetraederelement umfasst vier infinitesimal benachbarte materielle Punkte P, P_1, P_2, P_3. Die Linienelemente zwischen dem Punkt P und den Punkten P_1, P_2, P_3 werden also aus ihrer jeweiligen Referenzkonfiguration $d\boldsymbol{\rho}$ in die jeweilige aktuelle Konfiguration $d\mathbf{r}$ transformiert. Diese Transformation vermittelt der Deformationsgradient $\mathbf{F}(\boldsymbol{\rho},t;t_0)$. Es gilt nach (2.25)

$$\mathbf{r}(\boldsymbol{\rho}+d\boldsymbol{\rho},t;t_0) - \mathbf{r}(\boldsymbol{\rho},t;t_0) = d\mathbf{r} = \frac{\partial\mathbf{r}}{\partial\boldsymbol{\rho}} \cdot d\boldsymbol{\rho} = \mathbf{F}(\boldsymbol{\rho},t;t_0) \cdot d\boldsymbol{\rho}. \tag{2.28}$$

Umgekehrt findet man mit (2.27) und (2.25)

$$d\boldsymbol{\rho} = \frac{\partial\boldsymbol{\rho}}{\partial\mathbf{r}} \cdot d\mathbf{r} = \mathbf{F}^{-1}(\boldsymbol{\rho},t;t_0) \cdot d\mathbf{r}. \tag{2.29}$$

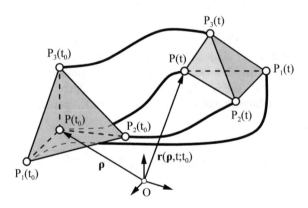

Bild 2.5: Bewegung eines freien Tetraederelements

Aus Gründen der Eindeutigkeit von (2.25) und (2.27) muss der Deformationsgradient in (2.28) bzw. (2.29) stets regulär sein, $\det\mathbf{F} \neq 0$. Wegen (2.26) folgt aus (2.28) weiterhin $\mathbf{F}(\rho,t_0;t_0) = \mathbf{E}$ und damit $\det\mathbf{F}(\rho,t_0;t_0) = +1$. Dabei ist $\mathbf{E}$ wieder der 3×3-Einheitstensor.

Beachtet man weiterhin die Stetigkeit der Deformation, so bleibt die Bedingung

$$\det\mathbf{F} > 0. \tag{2.30}$$

Die aktuelle Konfiguration des betrachteten Tetraederelements wird durch insgesamt zwölf Koordinaten entsprechend den zwölf Freiheitsgraden der vier materiellen Punkte bestimmt. Diese zwölf Koordinaten können auch als die drei Verschiebungskoordinaten des 3×1-Ortsvektors zum Punkt P und die neun Koordinaten des 3×3-Tensors des Deformationsgradienten interpretiert werden.

Bei einem starren Körper K bleiben nun die Abstände aller materiellen Punkte während der Deformation konstant,

$$d\mathbf{r} \cdot d\mathbf{r} = \mathbf{F} \cdot d\boldsymbol{\rho} \cdot \mathbf{F} \cdot d\boldsymbol{\rho} = d\boldsymbol{\rho} \cdot \mathbf{F}^T \cdot \mathbf{F} \cdot d\boldsymbol{\rho} \overset{!}{=} d\boldsymbol{\rho} \cdot d\boldsymbol{\rho}. \tag{2.31}$$

Für den Deformationsgradienten des starren Körpers findet man also

$$\mathbf{F}^T \cdot \mathbf{F} = \mathbf{E}. \tag{2.32}$$

Der Deformationsgradient $\mathbf{F}$ ist somit vom Ortsvektor $\boldsymbol{\rho}$ der materiellen Punkte des starren Körpers unabhängig, er kann deshalb nur noch eine Funktion der Zeit t sein. Der Deformationsgradient entspricht damit dem 3×3-Drehtensor $\mathbf{S}(t; t_0)$ des starren Körpers,

$$\mathbf{F}(\boldsymbol{\rho}, t; t_0) = \mathbf{S}(t; t_0). \tag{2.33}$$

Wegen (2.30) und (2.32) ist der Drehtensor $\mathbf{S}(t; t_0)$ ein eigentlich orthogonaler Tensor. Der Drehtensor wird im Folgenden grundsätzlich auf die Referenzkonfiguration bezogen, auf das Anschreiben der Referenzzeit t_0 kann deshalb verzichtet werden.

Zunächst sollen nun die Eigenschaften der Drehung oder Rotation eines starren Körpers im Einzelnen dargestellt werden. Dazu werden die verschiedenen Beschreibungsmöglichkeiten entweder durch neun Richtungskosinusse, vier Drehparameter oder über drei Drehwinkel herangezogen. In jedem Fall müssen drei verallgemeinerte Koordinaten entsprechend den drei Freiheitsgraden der Drehung eines starren Körpers verbleiben.

Jede kartesische Koordinate $S_{\alpha\beta}(t)$, $\alpha, \beta = 1(1)3$, des Drehtensors (2.33) kann als Richtungskosinus des Winkels $\sigma_{\alpha\beta}(t)$ zwischen dem Basisvektor $\mathbf{e}_{I\alpha}$ des raumfesten Inertialsystems I und dem Basisvektor $\mathbf{e}_{K\beta}(t)$ des entsprechenden körperfesten Koordinatensystems K aufgefasst werden, Bild 2.6. Das kartesische körperfeste Koordinatensystem $\{P(t); \mathbf{e}_{K\beta}(t)\}$, $\beta = 1(1)3$, fällt dabei zum Zeitpunkt $t = t_0$ mit dem Inertialsystem zusammen,

$$\{P(t_0); \mathbf{e}_{K\beta}(t_0)\} = \{0; \mathbf{e}_{I\alpha}\}. \tag{2.34}$$

Die neun Richtungskosinusse $S_{\alpha\beta}$, $\alpha, \beta = 1(1)3$, unterliegen den sechs Bindungen (2.32) der Orthogonalität, so dass nur drei verallgemeinerte Koordinaten verbleiben.

Der Drehtensor $\mathbf{S}$ nach (2.33) kann auch durch die vier Drehparameter, d.h. die drei Koordinaten des auf Länge Eins normierten Vektors $\mathbf{d}$ der Drehachse und den skalaren Drehwinkel $\varphi(t)$, ausgedrückt werden. Die Darstellung einer endlichen Drehung durch ihre Drehachse und einen Drehwinkel geht auf Euler zurück. Deshalb werden die vier Drehparameter auch als Euler-Parameter bezeichnet.

Nach Bild 2.7 gilt einerseits

$$\boldsymbol{\rho}_2(t) = \mathbf{S}(t) \cdot \boldsymbol{\rho}_2(t_0), \tag{2.35}$$

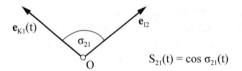

Bild 2.6: Richtungskosinus

während sich andererseits aus dem Vektorpolygon P_1MNP_2 die Beziehung

$$\boldsymbol{\rho}_2(t) = \mathbf{dd} \cdot \boldsymbol{\rho}_2(t_0) + (\boldsymbol{\rho}_2(t_0) - \mathbf{dd} \cdot \boldsymbol{\rho}_2(t_0)) \cos \varphi + \tilde{\mathbf{d}} \cdot \boldsymbol{\rho}_2(t_0) \sin \varphi \qquad (2.36)$$

errechnet. Durch Vergleich von (2.35) und (2.36) folgt unmittelbar

$$\mathbf{S}(t) = \mathbf{dd} + (\mathbf{E} - \mathbf{dd}) \cos \varphi + \tilde{\mathbf{d}} \sin \varphi. \qquad (2.37)$$

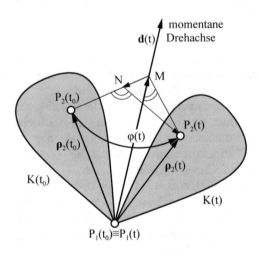

Bild 2.7: Endliche Drehung eines starren Körpers

In (2.36) ist der schiefsymmetrische 3×3-Tensor $\tilde{\mathbf{d}}$ zum 3×1-Vektor $\mathbf{d}$ und sein dyadisches Produkt $\mathbf{dd}$ eingeführt worden, siehe Anhang,

$$\mathbf{d} = \begin{bmatrix} d_1 \\ d_2 \\ d_3 \end{bmatrix}, \quad \tilde{\mathbf{d}} = -\tilde{\mathbf{d}}^T = \begin{bmatrix} 0 & -d_3 & d_2 \\ d_3 & 0 & -d_1 \\ -d_2 & d_1 & 0 \end{bmatrix}, \quad \mathbf{dd} = \begin{bmatrix} d_1d_1 & d_1d_2 & d_1d_3 \\ d_2d_1 & d_2d_2 & d_2d_3 \\ d_3d_1 & d_3d_2 & d_3d_3 \end{bmatrix}. \qquad (2.38)$$

Der schiefsymmetrische Tensor eines Vektors wird durch das Symbol $(\tilde{\ })$ gekennzeichnet. Er vermittelt das Kreuz- oder Vektorprodukt

$$\tilde{\mathbf{a}} \cdot \mathbf{b} = \mathbf{a} \times \mathbf{b}. \qquad (2.39)$$

Zwischen dem dyadischen Produkt $\mathbf{ab}$, dem skalaren Produkt $\mathbf{a} \cdot \mathbf{b} = \mathbf{b} \cdot \mathbf{a}$ und dem erweiterten Vektorprodukt $\tilde{\mathbf{a}} \cdot \tilde{\mathbf{b}}$ besteht darüber hinaus nach (A.30) die nützliche Beziehung

$$\mathbf{ab} = (\mathbf{b} \cdot \mathbf{a})\mathbf{E} + \tilde{\mathbf{b}} \cdot \tilde{\mathbf{a}}. \tag{2.40}$$

Beachtet man nun, dass der Vektor $\mathbf{d}$ der Drehachse ein Einsvektor ist,

$$\mathbf{d} \cdot \mathbf{d} = 1, \tag{2.41}$$

was genau einer Bindung zwischen den vier Drehparametern $d_\alpha, \alpha = 1(1)3$, und φ entspricht, so folgt aus (2.40) die Beziehung

$$\mathbf{dd} = \mathbf{E} + \tilde{\mathbf{d}} \cdot \tilde{\mathbf{d}}. \tag{2.42}$$

Damit lässt sich (2.37) umformen in

$$\mathbf{S}(t) = \mathbf{E} + \tilde{\mathbf{d}} \sin \varphi + \tilde{\mathbf{d}} \cdot \tilde{\mathbf{d}}(1 - \cos \varphi). \tag{2.43}$$

Man erkennt, dass für $t = t_0$ der Drehtensor wegen $\varphi(t_0) = 0$ in den Einheitstensor $\mathbf{E}$ übergeht. Eng verwandt mit den vier Drehparametern sind die vier Quaternionen $q_n(t), n = 0(1)3$, die man nach Übergang zum halben Drehwinkel erhält

$$q_0 = \cos \frac{\varphi}{2}, \qquad \mathbf{q} = \begin{bmatrix} q_1 \\ q_2 \\ q_3 \end{bmatrix} = \mathbf{d} \sin \frac{\varphi}{2}. \tag{2.44}$$

Damit nimmt (2.43) die Form

$$\mathbf{S}(t) = \mathbf{E} + 2q_0 \tilde{\mathbf{q}} + 2\tilde{\mathbf{q}} \cdot \tilde{\mathbf{q}} \tag{2.45}$$

an und die Bindung (2.41) geht in

$$q_0^2 + \mathbf{q} \cdot \mathbf{q} = 1 \tag{2.46}$$

über.

Die drei Rodrigues-Parameter $p_\alpha(t), \alpha = 1(1)3$, erhält man durch Normierung der Quaternionen. Sie lassen sich als 3×1-Vektor $\mathbf{p}$ darstellen

$$\mathbf{p} = \mathbf{d} \tan \frac{\varphi}{2} = \frac{1}{q_0}\mathbf{q}. \tag{2.47}$$

Der Drehtensor hat dann die Form

$$\mathbf{S}(t) = \mathbf{E} + 2\frac{\tilde{\mathbf{p}} + \tilde{\mathbf{p}} \cdot \tilde{\mathbf{p}}}{1 + \mathbf{p} \cdot \mathbf{p}} \tag{2.48}$$

und damit eine schöne und kompakte Darstellung.

Die vier Drehparameter können umgekehrt auch aus dem Drehtensor bestimmt werden. Dazu kann man z. B. die Tatsache ausnutzen, dass ein eigentlich orthogonaler 3×3-Tensor die Eigenwerte $\lambda_1 = 1$, $\lambda_{2,3} = e^{\pm i\varphi}$ aufweist. Der zum reellen Eigenwert gehörende Eigenvektor beschreibt die Drehachse, das Argument φ der imaginären Eigenwerte gibt den Drehwinkel an. Allerdings kann die Drehrichtung nicht durch Lösen der Eigenwertaufgabe gefunden werden. Dazu ist zusätzlich ein Vergleich mit dem Drehtensor (2.43) notwendig. Für $\varphi = 0,2\pi,4\pi,\ldots$ hat der Drehtensor den dreifachen Eigenwert $\lambda_{1,2,3} = 1$. Dann ist jeder Einsvektor auch Eigenvektor und damit auch Drehachse.

Beispiel 2.2: Drehachse und Drehwinkel eines starren Körpers

Ein Drehtensor $\mathbf{S}(t)$ sei gegeben durch

$$\mathbf{S}(t) = \begin{bmatrix} \cos\vartheta & 0 & -\sin\vartheta \\ 0 & 1 & 0 \\ \sin\vartheta & 0 & \cos\vartheta \end{bmatrix}. \tag{2.49}$$

Die Eigenwertaufgabe

$$(\lambda\mathbf{E} - \mathbf{S}) \cdot \mathbf{d} = \mathbf{0} \tag{2.50}$$

liefert die charakteristische Gleichung

$$(\lambda - 1)(\lambda^2 - 2\lambda\cos\vartheta + 1) = 0 \tag{2.51}$$

mit den Eigenwerten

$$\lambda_1 = 1, \qquad \lambda_{2,3} = e^{\pm i\vartheta}. \tag{2.52}$$

Der erste normierte Eigenvektor lautet

$$\mathbf{d} = \begin{bmatrix} 0 & -1 & 0 \end{bmatrix}, \tag{2.53}$$

wobei das Vorzeichen durch Einsetzen in (2.43) und Vergleich mit (2.49) bestimmt wurde. Für die Quaternionen findet man

$$q_0^2(t) = \frac{1}{2}(1 + \cos\vartheta) = \cos^2\frac{\vartheta}{2}, \qquad q_1^2(t) = 0,$$
$$q_2^2(t) = \frac{1}{2}(1 - \cos\vartheta) = \sin^2\frac{\vartheta}{2}, \qquad q_3^2(t) = 0. \tag{2.54}$$

Infolge der quadratischen Größen muss die Drehrichtung auch hier durch Vergleich mit (2.49) bestimmt werden.

Die vier Drehparameter $d_\alpha(t)$, $\alpha = 1(1)3$, und $\varphi(t)$ sowie die vier Quaternionen $q_n(t)$, $n = 0(1)3$, unterliegen genau einer Bindung, so dass auch hier nur drei verallgemeinerte Koordinaten verbleiben. Die drei Rodrigues-Parameter $p_\alpha(t)$ nach (2.47) können dagegen unmittelbar als verallgemeinerte Koordinaten verwendet werden. Ihrer technischen Anwendung stehen jedoch die unendlichen Werte der Tangensfunktion für $\varphi = \pi/2,3\pi/2,5\pi/2,\ldots$ entgegen.
Schließlich kann der Drehtensor (2.33) auch durch drei Drehwinkel mit Hilfe von Elementar-

drehungen ausgedrückt werden. Elementardrehungen liegen dann vor, wenn die Drehachse mit einer der Koordinatenachsen zusammenfällt. Sie sind durch den Namen des Drehwinkels und die Angabe der Drehachse definiert. Entsprechend den drei Basisvektoren eines kartesischen Koordinatensystems kennt man drei Elementardrehmatrizen.

Zum Aufbau eines eindeutigen Drehtensors macht man nun von der Eigenschaft Gebrauch, dass die Orthogonalität bei der Multiplikation orthogonaler Tensoren erhalten bleibt und man beschränkt sich zusätzlich auf drei unabhängige Winkel als verallgemeinerte Koordinaten

$$\boldsymbol{\alpha}_1(t) = \begin{bmatrix} 1 & 0 & 0 \\ 0 & \cos\alpha & -\sin\alpha \\ 0 & \sin\alpha & \cos\alpha \end{bmatrix}, \tag{2.55}$$

$$\boldsymbol{\beta}_2(t) = \begin{bmatrix} \cos\beta & 0 & \sin\beta \\ 0 & 1 & 0 \\ -\sin\beta & 0 & \cos\beta \end{bmatrix}, \tag{2.56}$$

$$\boldsymbol{\gamma}_3(t) = \begin{bmatrix} \cos\gamma & -\sin\gamma & 0 \\ \sin\gamma & \cos\gamma & 0 \\ 0 & 0 & 1 \end{bmatrix}. \tag{2.57}$$

Von den zahlreichen Möglichkeiten zur Beschreibung endlicher Drehungen durch drei verallgemeinerte Koordinaten sollen hier die Euler-Winkel

$$\mathbf{S}(t) = \boldsymbol{\psi}_3(t) \cdot \boldsymbol{\vartheta}_1(t) \cdot \boldsymbol{\varphi}_3(t) \tag{2.58}$$

und die Kardan-Winkel

$$\mathbf{S}(t) = \boldsymbol{\alpha}_1(t) \cdot \boldsymbol{\beta}_2(t) \cdot \boldsymbol{\gamma}_3(t) \tag{2.59}$$

erwähnt werden. Beim Aufbau von Drehtensoren aus Elementardrehungen ist noch zu beachten, dass das Tensorprodukt nicht kommutativ ist. Neben dem Winkelnamen und der Drehachse gehört deshalb auch noch die Reihenfolge der Elementardrehungen zur vollständigen Definition. Wertet man nun (2.59) mit (2.55) bis (2.57) aus, so ergibt sich der Drehtensor der Kardan-Winkel

$$\mathbf{S}(t) = \begin{bmatrix} \cos\beta\cos\gamma & -\cos\beta\sin\gamma & \sin\beta \\ \begin{array}{c}\cos\alpha\sin\gamma \\ +\sin\alpha\sin\beta\cos\gamma\end{array} & \begin{array}{c}\cos\alpha\cos\gamma \\ -\sin\alpha\sin\beta\sin\gamma\end{array} & -\sin\alpha\cos\beta \\ \begin{array}{c}\sin\alpha\sin\gamma \\ -\cos\alpha\sin\beta\cos\gamma\end{array} & \begin{array}{c}\sin\alpha\cos\gamma \\ +\cos\alpha\sin\beta\sin\gamma\end{array} & \cos\alpha\cos\beta \end{bmatrix}. \tag{2.60}$$

Die Kardan-Winkel können nun umgekehrt auch aus dem Drehtensor gefunden werden. Dazu verwendet man zweckmäßigerweise die schwach besetzten Koordinaten, also z. B.

$$\sin\beta = S_{13}, \qquad \cos\alpha = \frac{S_{33}}{\cos\beta}, \qquad \cos\gamma = \frac{S_{11}}{\cos\beta}. \tag{2.61}$$

Hier treten für $\cos\beta = 0$ singuläre Drehwinkel $\beta = \pi/2, 3\pi/2, 5\pi/2, \ldots$ auf. Sie entstehen dadurch, dass zwei Elementardrehachsen zusammenfallen und damit ein Freiheitsgrad der Drehung verloren geht. Man erkennt dies besonders deutlich, wenn man z. B. den Drehtensor (2.60) in der Umgebung einer Singularität betrachtet, $\alpha = \Delta\alpha$, $\beta = \pi/2 + \Delta\beta$, $\gamma = \Delta\gamma$ mit $\Delta\alpha, \Delta\beta, \Delta\gamma \ll 1$

$$\mathbf{S}(t) = \begin{bmatrix} -\Delta\beta & 0 & 1 \\ (\Delta\alpha + \Delta\gamma) & 1 & 0 \\ -1 & (\Delta\alpha + \Delta\gamma) & -\Delta\beta \end{bmatrix}. \tag{2.62}$$

Es verbleiben dann nur die Winkelsumme $(\Delta\alpha + \Delta\gamma)$ und der Einzelwinkel $\Delta\beta$ als verallgemeinerte Koordinaten.

Die Singularitäten der Drehwinkel lassen sich durch die Begrenzung des Winkels der zweiten Elementardrehung und die Einführung von komplementären Drehwinkeln vermeiden. Begrenzt man z. B. den zweiten Kardan-Winkel

$$-\pi/3 < \beta < \pi/3, \tag{2.63}$$

und ergänzt man (2.59) durch die komplementären Kardan-Winkel

$$\mathbf{S}(t) = \overline{\boldsymbol{\alpha}}_1(t) \cdot \overline{\boldsymbol{\beta}}_2(t) \cdot \overline{\boldsymbol{\gamma}}_3(t), \qquad |\overline{\beta}| > \pi/6, \tag{2.64}$$

so tritt keine Singularität mehr auf. Für $\overline{\alpha} = \Delta\overline{\alpha}$, $\overline{\beta} = \frac{\pi}{2} + \Delta\overline{\beta}$, $\overline{\gamma} = \Delta\overline{\gamma}$ mit $\Delta\overline{\alpha}, \Delta\overline{\beta}, \Delta\overline{\gamma} \ll 1$ erhält man aus (2.64) den Drehtensor

$$\mathbf{S}(t) = \begin{bmatrix} -\Delta\overline{\beta} & \Delta\overline{\gamma} & 1 \\ \Delta\overline{\alpha} & 1 & \Delta\overline{\gamma} \\ -1 & \Delta\overline{\alpha} & -\Delta\overline{\beta} \end{bmatrix}. \tag{2.65}$$

Damit sind drei unabhängige Koordinaten $\Delta\overline{\alpha}, \Delta\overline{\beta}, \Delta\overline{\gamma}$ gegeben. An den Bereichsgrenzen (2.63) und (2.64) erfolgt die Transformation der Winkel über die schwach besetzten Koordinaten der beiden Drehtensoren. Die sich überschneidenden Bereichsgrenzen gewährleisten aber eine geringe Zahl von Umschaltungen zwischen (2.59) und (2.64). Im Einzelnen gelten die folgenden Beziehungen

$$\beta = \arcsin(\sin\overline{\beta}\cos\overline{\gamma}), \tag{2.66}$$

$$\sin\alpha = \frac{1}{\cos\beta}(\cos\overline{\alpha}\sin\overline{\gamma} + \sin\overline{\alpha}\cos\overline{\beta}\cos\overline{\gamma}), \tag{2.67}$$

$$\cos\alpha = \frac{1}{\cos\beta}(-\sin\overline{\alpha}\sin\overline{\gamma} + \cos\overline{\alpha}\cos\overline{\beta}\cos\overline{\gamma}), \tag{2.68}$$

$$\sin\gamma = -\frac{1}{\cos\beta}(\sin\overline{\beta}\sin\overline{\gamma}), \tag{2.69}$$

$$\cos\gamma = \frac{1}{\cos\beta}\cos\overline{\beta} \tag{2.70}$$

und die komplementären Beziehungen

$$\overline{\beta} = \arccos(\cos\beta\cos\gamma), \tag{2.71}$$

$$\sin\overline{\alpha} = \frac{1}{\sin\overline{\beta}}(\cos\alpha\sin\gamma + \sin\alpha\sin\beta\cos\gamma), \tag{2.72}$$

$$\cos\overline{\alpha} = \frac{1}{\sin\overline{\beta}}(-\sin\alpha\sin\gamma + \cos\alpha\sin\beta\cos\gamma), \tag{2.73}$$

$$\sin\overline{\gamma} = -\frac{1}{\sin\overline{\beta}}(\cos\beta\sin\gamma), \tag{2.74}$$

$$\cos\overline{\gamma} = \frac{1}{\sin\overline{\beta}}\sin\beta. \tag{2.75}$$

Die Elementardrehungen erlauben es, durch die vielfältigen Kombinationsmöglichkeiten für jede technische Aufgabe einen geeigneten Drehtensor aufzubauen. Davon wird im Besonderen in der Flugmechanik und der Kreiseltheorie umfangreicher Gebrauch gemacht, siehe z. B. Magnus [41]. Die Möglichkeiten zur Beschreibung der Drehung eines starren Körpers sind in Tabelle 2.1 noch einmal zusammengestellt. Fasst man die verbleibenden verallgemeinerten Koordinaten der Drehung wieder in einem 3×1-Lagevektor

$$\mathbf{x}(t) = \begin{bmatrix} x_1 & x_2 & x_3 \end{bmatrix} \tag{2.76}$$

zusammen, so gilt ganz allgemein

$$\mathbf{S}(t) = \mathbf{S}(\mathbf{x}(t)) = \mathbf{S}(\mathbf{x}), \tag{2.77}$$

unabhängig von der speziellen Wahl der verallgemeinerten Koordinaten.

Tabelle 2.1: Beschreibungsmöglichkeiten der Drehung eines starren Körpers

Koordinaten des Drehtensors	Bindungen der Koordinaten	verallgemeinerte Koordinaten
9 Richtungskosinusse $\mathbf{S}(t)$	6 Bindungen $\mathbf{S}\cdot\mathbf{S}^T = \mathbf{E}$	z. B. $S_{11}(t), S_{12}(t), S_{23}(t)$
4 Drehparameter $\mathbf{d}(t), \varphi(t)$	1 Bindung $\mathbf{d}\cdot\mathbf{d} = 1$	z. B. $d_1(t), d_2(t), \varphi(t)$
4 Quaternionen $q_0(t)\ \mathbf{q}(t)$	1 Bindung $q_0^2 + \mathbf{q}\cdot\mathbf{q} = 1$	z. B. $q_0(t), q_1(t), q_2(t)$
3 Euler-Winkel $\psi(t), \vartheta(t), \varphi(t)$	-	$\psi(t), \vartheta(t), \varphi(t)$
3 Kardan-Winkel $\alpha(t), \beta(t), \gamma(t)$	-	$\alpha(t), \beta(t), \gamma(t)$

Die allgemeine Bewegung eines starren Körpers erhält man, wenn die Drehung durch die Verschiebung ergänzt wird. Nach Bild 2.8 lautet die aktuelle Konfiguration des starren Körpers K

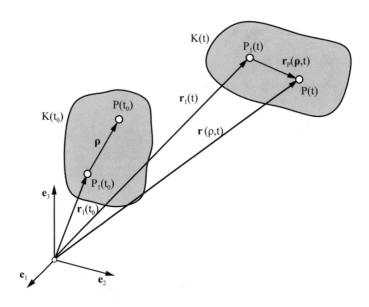

Bild 2.8: Bewegung eines freien starren Körpers

dann

$$\mathbf{r}(\boldsymbol{\rho},t) = \mathbf{r}_1(t) + \mathbf{r}_P(\boldsymbol{\rho},t) = \mathbf{r}_1(t) + \mathbf{S}(t) \cdot \boldsymbol{\rho}. \tag{2.78}$$

Diese zunächst anschaulich eingeführte Gleichung kann auch formal durch Integration von (2.28) bei fester Referenzzeit t_0 gefunden werden. Beim starren Körper ist diese Integration geschlossen möglich, da der Deformationsgradient gemäß (2.33) nicht von den materiellen Koordinaten abhängt.

In (2.78) ist $\mathbf{r}_1(t)$ der 3×1-Ortsvektor des Punktes $P_1(t)$. Er beschreibt die Translation des starren Körpers. Der 3×3-Drehtensor $\mathbf{S}(t)$ kennzeichnet die Rotation des starren Körpers. Die Translation leistet im Gegensatz zur Rotation keinen Beitrag zum Deformationsgradienten, wie aus (2.78), (2.28) folgt. Weiterhin gilt nach (2.29), (2.32) und (2.33) für die inverse Deformation

$$\boldsymbol{\rho} = \mathbf{S}^T(t) \cdot \mathbf{r}_P(\boldsymbol{\rho},t). \tag{2.79}$$

Eingesetzt in (2.78) bleibt das Ergebnis

$$
\begin{aligned}
\mathbf{r}(\boldsymbol{\rho},t) &= \mathbf{r}_1(t) + \mathbf{S}(t;t_0) \cdot \mathbf{S}^T(t;t_0) \cdot \mathbf{r}_P(\boldsymbol{\rho},t) \\
&= \mathbf{r}_1(t) + \mathbf{S}(t;t_0) \cdot \mathbf{S}(t_0;t) \cdot \mathbf{r}_P(\boldsymbol{\rho},t) \\
&= \mathbf{r}_1(t) + \mathbf{S}(t;t) \cdot \mathbf{r}_P(\boldsymbol{\rho},t) \\
&= \mathbf{r}_1(t) + \mathbf{r}_P(\boldsymbol{\rho},t).
\end{aligned}
\tag{2.80}
$$

Der momentane Drehtensor $\mathbf{S}(t,t) = \mathbf{E}$ ist von der Referenzzeit t_0 unabhängig. Er hat damit die Feldeigenschaft im Sinne der Kontinuumsmechanik.

Ein freier starrer Körper verfügt über sechs Freiheitsgrade. Für die drei Freiheitsgrade der Translation gelten alle Beziehungen der Punktkinematik, siehe Abschnitt 2.1.1. Die drei Freiheitsgrade der Rotation erfordern nach Tabelle 2.1 ebenfalls drei verallgemeinerte Koordinaten, so dass insgesamt der 6×1-Lagevektor

$$\mathbf{x}(t) = \begin{bmatrix} x_1 & x_2 & x_3 & x_4 & x_5 & x_6 \end{bmatrix}$$ (2.81)

die allgemeine Bewegung des starren Körpers beschreibt. Damit lauten Ortsvektor und Drehtensor des starren Körpers

$$\mathbf{r}(t) = \mathbf{r}(\mathbf{x}), \qquad \mathbf{S}(t) = \mathbf{S}(\mathbf{x}).$$ (2.82)

In den Sonderfällen der reinen Translation bzw. Rotation geht (2.82) in (2.4) bzw. (2.77) über, wobei sich gleichzeitig die Zahl der Freiheitsgrade auf jeweils drei verringert.
Die aktuelle Geschwindigkeit eines Punktes des starren Körpers K erhält man durch die materielle Ableitung von (2.78) in der Form

$$\mathbf{v}(\boldsymbol{\rho}, t) = \frac{d}{dt} \mathbf{r}(\boldsymbol{\rho}, t) = \dot{\mathbf{r}}_1(t) + \dot{\mathbf{S}}(t) \cdot \boldsymbol{\rho}$$ (2.83)

da $\boldsymbol{\rho}$ nicht von der Zeit abhängt. Berücksichtigt man noch (2.79), so kann man auch schreiben

$$\mathbf{v}(\boldsymbol{\rho}, t) = \dot{\mathbf{r}}_1(t) + \dot{\mathbf{S}}(t) \cdot \mathbf{S}^T(t) \cdot \mathbf{r}_P(\boldsymbol{\rho}, t).$$ (2.84)

Der erste Term auf der rechten Seite entspricht der Translationsgeschwindigkeit des Bezugspunktes P_1 nach (2.5). Der zweite Term geht offensichtlich auf die Rotation zurück und soll hier näher untersucht werden. Aus (2.84) folgt mit einer Taylorschen Reihenentwicklung nach dt unter Berücksichtigung der Orthogonalität von $\mathbf{S}$ nach(2.80) als Ergebnis

$$\begin{aligned} \dot{\mathbf{S}}(t) \cdot \mathbf{S}^T(t) &= \frac{\mathbf{S}(t+dt; t_0) - \mathbf{S}(t; t_0)}{dt} \cdot \mathbf{S}^T(t; t_0) \\ &= \frac{\mathbf{S}(t+dt; t) - \mathbf{E}}{dt} = \tilde{\mathbf{d}}(t; t) \frac{d\varphi(t; t)}{dt} = \frac{d\tilde{\mathbf{s}}(t)}{dt} = \tilde{\boldsymbol{\omega}}(t). \end{aligned}$$ (2.85)

Dabei kennzeichnet $\tilde{\mathbf{d}}(t; t)$ die Drehachse und $\dot{\varphi}(t; t)$ die Geschwindigkeit der momentanen Drehung. Weiterhin wird $d\tilde{\mathbf{s}}(t) = \tilde{\mathbf{d}}(t; t) d\varphi(t; t)$ als 3×3-Tensor der infinitesimalen momentanen Drehung und $\tilde{\boldsymbol{\omega}}(t)$ als 3×3-Tensor der Drehgeschwindigkeit bezeichnet. Gemäß (2.38) ist diesem Tensor der 3×1-Vektor $\boldsymbol{\omega}(t)$ der Drehgeschwindigkeit zugeordnet.
Die infinitesimale Drehung $d\mathbf{s}(t)$ hat also im Gegensatz zur endlichen Drehung die Vektoreigenschaft. Sie hängt darüber hinaus auch nicht mehr von der Referenzzeit ab und hat daher die Feldeigenschaft im Sinne der Kontinuumsmechanik. Damit lässt sich (2.84) auch schreiben als

$$\mathbf{v}(\boldsymbol{\rho}, t) = \mathbf{v}_1(t) + \tilde{\boldsymbol{\omega}}(t) \cdot \mathbf{r}_P(\boldsymbol{\rho}, t) = \mathbf{v}_1(t) + \boldsymbol{\omega}(t) \times \mathbf{r}_P(\boldsymbol{\rho}, t),$$ (2.86)

was der bekannten Formel für das Geschwindigkeitsfeld des starren Körpers entspricht. Die 3×1 Vektoren $\mathbf{v}_1(t)$ und $\boldsymbol{\omega}(t)$ beschreiben eindeutig den Geschwindigkeitszustand des starren Körpers. Sie lassen sich auch zum 6×1 Bewegungswinder $(\mathbf{v}_1(t), \boldsymbol{\omega}(t))$ zusammenfassen, siehe Abschnitt 5.7.2.

Zur Berechnung des Drehgeschwindigkeitsvektors $\boldsymbol{\omega}(t)$ steht also zunächst Beziehung (2.85) zur Verfügung, was auf die formale zeitliche Differentiation des Drehtensors hinausläuft.

Beispiel 2.3: Drehgeschwindigkeit eines starren Körpers

Mit dem Drehtensor (2.49) aus Beispiel 2.2 findet man den Drehgeschwindigkeitstensor

$$\tilde{\boldsymbol{\omega}}(t) = \dot{\vartheta} \begin{bmatrix} -\sin\vartheta & 0 & -\cos\vartheta \\ 0 & 0 & 0 \\ \cos\vartheta & 0 & -\sin\vartheta \end{bmatrix} \cdot \begin{bmatrix} \cos\vartheta & 0 & \sin\vartheta \\ 0 & 1 & 0 \\ -\sin\vartheta & 0 & \cos\vartheta \end{bmatrix}$$

$$= \dot{\vartheta} \begin{bmatrix} 0 & 0 & -1 \\ 0 & 0 & 0 \\ 1 & 0 & 0 \end{bmatrix} \tag{2.87}$$

und damit den Drehgeschwindigkeitsvektor

$$\boldsymbol{\omega}(t) = \begin{bmatrix} 0 & -\dot{\vartheta} & 0 \end{bmatrix}. \tag{2.88}$$

Der starre Körper führt damit im Beispiel eine ebene Drehung um die 2-Achse mit negativem Drehsinn aus, siehe auch (2.53).

Wendet man weiterhin (2.85) auf (2.43) an, so erhält man nach längerer Rechnung den 3×1-Drehgeschwindigkeitsvektor in Abhängigkeit von den Drehparametern

$$\boldsymbol{\omega}(t) = \mathbf{d}\dot{\varphi} + \dot{\mathbf{d}}\sin\varphi + \tilde{\mathbf{d}} \cdot \dot{\mathbf{d}}(1 - \cos\varphi). \tag{2.89}$$

Es ist offensichtlich, dass die Drehgeschwindigkeit nicht nur von der zeitlichen Änderung $\dot{\varphi}(t)$ des Drehwinkels, sondern auch von der zeitlichen Änderung $\dot{\mathbf{d}}(t)$ der Richtung der Drehachse abhängt. Damit wird besonders deutlich, dass die endliche Drehung und die momentane Drehung verschiedene Eigenschaften aufweisen.

Führt man in (2.89) den halben Drehwinkel ein, so ergibt sich mit den Quaternionen (2.44) die vereinfachte Beziehung

$$\boldsymbol{\omega}(t) = 2(q_0\dot{\mathbf{q}} - \dot{q}_0\mathbf{q} + \tilde{\mathbf{q}} \cdot \dot{\mathbf{q}}). \tag{2.90}$$

Ergänzt man (2.90) durch die zeitliche Ableitung von (2.46)

$$q_0\dot{q}_0 + \mathbf{q} \cdot \dot{\mathbf{q}} = 0, \tag{2.91}$$

so kann man beide Gleichungen zu einer 4×1-Vektordifferentialgleichung zusammenfassen

$$\begin{bmatrix} 0 \\ ---- \\ \boldsymbol{\omega}(t) \end{bmatrix} = 2\mathbf{Q}(q_0, \mathbf{q}) \cdot \begin{bmatrix} \dot{q}_0 \\ -- \\ \dot{\mathbf{q}} \end{bmatrix} = 2 \begin{bmatrix} q_0 & | & \mathbf{q} \\ -- & | & ------ \\ -\mathbf{q} & | & q_0\mathbf{E} + \tilde{\mathbf{q}} \end{bmatrix} \cdot \begin{bmatrix} \dot{q}_0 \\ -- \\ \dot{\mathbf{q}} \end{bmatrix}, \tag{2.92}$$

die einen Zusammenhang zwischen der Drehgeschwindigkeit und den Quaternionen darstellt. Es sei im Besonderen darauf hingewiesen, dass die 4×4-Koeffizientenmatrix $\mathbf{Q}$ orthogonal und damit nichtsingulär ist, so dass die Umkehraufgabe leicht zu lösen ist, siehe Tabelle 2.2.

Eine weitere, anschauliche Berechnungsmöglichkeit für den Drehgeschwindigkeitsvektor bieten die Elementardrehungen. Zu jeder Elementardrehung gehört eine Elementardrehgeschwindigkeit. Gemäß (2.57) findet man

$$\boldsymbol{\omega}_{\alpha 1}(t) = \dot{\boldsymbol{\alpha}}_1(t) = [\dot{\alpha} \quad 0 \quad 0],$$ (2.93)

$$\boldsymbol{\omega}_{\beta 2}(t) = \dot{\boldsymbol{\beta}}_2(t) = [0 \quad \dot{\beta} \quad 0],$$ (2.94)

$$\boldsymbol{\omega}_{\gamma 3}(t) = \dot{\boldsymbol{\gamma}}_3(t) = [0 \quad 0 \quad \dot{\gamma}].$$ (2.95)

Diese Elementardrehgeschwindigkeiten können vektoriell addiert werden, wobei die Reihenfolge der Drehungen und die Transformationen der Koordinatenachsen durch die vorhergehenden Drehungen zu beachten sind. So erhält man für die Euler-Winkel

$$\boldsymbol{\omega}(t) = \dot{\boldsymbol{\psi}}_3(t) + \boldsymbol{\psi}_3(t) \cdot \dot{\boldsymbol{\vartheta}}_1(t) + \boldsymbol{\psi}_3(t) \cdot \boldsymbol{\vartheta}_1(t) \cdot \dot{\boldsymbol{\phi}}_3(t)$$ (2.96)

und für die Kardan-Winkel

$$\boldsymbol{\omega}(t) = \dot{\boldsymbol{\alpha}}_1(t) + \boldsymbol{\alpha}_1(t) \cdot \dot{\boldsymbol{\beta}}_2(t) + \boldsymbol{\alpha}_1(t) \cdot \boldsymbol{\beta}_2(t) \cdot \dot{\boldsymbol{\gamma}}_3(t).$$ (2.97)

Ebenso kann man auch die Drehgeschwindigkeitsvektoren im körperfesten Koordinatensystem darstellen, z. B. mit den Kardan-Winkeln als

$$\boldsymbol{\omega}(t) = \boldsymbol{\gamma}_3^T(t) \cdot \boldsymbol{\beta}_2^T(t) \cdot \dot{\boldsymbol{\alpha}}_1(t) + \boldsymbol{\gamma}_3^T(t) \cdot \dot{\boldsymbol{\beta}}_2(t) + \dot{\boldsymbol{\gamma}}_3(t).$$ (2.98)

Wertet man nun (2.97) aus, so findet man mit den Kardan-Winkeln als verallgemeinerten Koordinaten

$$\mathbf{x}(t) = \begin{bmatrix} \alpha & \beta & \gamma \end{bmatrix}$$ (2.99)

die Beziehung

$$\boldsymbol{\omega}(t) = \mathbf{H}_R(\mathbf{x}) \cdot \dot{\mathbf{x}}(t) = \begin{bmatrix} 1 & 0 & \sin\beta \\ 0 & \cos\alpha & -\sin\alpha\cos\beta \\ 0 & \sin\alpha & \cos\alpha\cos\beta \end{bmatrix} \cdot \begin{bmatrix} \dot{\alpha} \\ \dot{\beta} \\ \dot{\gamma} \end{bmatrix},$$ (2.100)

wobei die 3×3 Jacobi-Matrix $\mathbf{H}_R(\mathbf{x})$ der Rotation eingeführt wurde.

In der Dynamik kommt der Berechnung der Lage bzw. der Konfiguration aus der Drehgeschwindigkeit eine große Bedeutung zu. Dies kann durch Integration der entsprechenden Differentialgleichungen erfolgen. Dabei ist die Drehgeschwindigkeit entweder im körperfesten oder im raumfesten Koordinatensystem gegeben, siehe Tabelle 2.2. Die kinematischen Differentialgleichungen der Richtungskosinusse und der Quaternionen sind überbestimmt. Die in Tabelle 2.1 angegebenen Bindungen sind in differenzierter Form in den Differentialgleichungen enthalten, obwohl ein erstes Integral bekannt ist, nämlich die Bindungen selbst. Dies kann zu numerischen Schwierigkeiten führen, d. h. die Bindungen können bei längerer Integration verletzt werden. Es empfiehlt sich deshalb, ein Korrekturverfahren vorzusehen, das nach jedem Integrationsschritt gemäß (2.32) bzw. (2.46) eine Normierung vornimmt. Diese Normierung erfolgt bei der Differentialgleichung der Kardan-Winkel, ebenso wie bei sämtlichen anderen Elementardrehungen,

Tabelle 2.2: Kinematische Differentialgleichungen

gesuchte Koordinaten	Drehgeschwindigkeit im raumfesten System
9 Richtungskosinusse $\mathbf{S}$	$\dot{\mathbf{S}} = \tilde{\boldsymbol{\omega}} \cdot \mathbf{S}$
4 Quaternionen $[q_0\ \mathbf{q}]$	$\begin{bmatrix} \dot{q}_0 \\ \dot{\mathbf{q}} \end{bmatrix} = \frac{1}{2}\mathbf{Q}^T(q_0,\mathbf{q}) \cdot [0 \mid \boldsymbol{\omega}]$ $\begin{bmatrix} \dot{q}_0 \\ \dot{\mathbf{q}} \end{bmatrix} = \frac{1}{2}\begin{bmatrix} 0 & \mid & -\boldsymbol{\omega} \\ -- & \mid & --- \\ \boldsymbol{\omega} & \mid & \tilde{\boldsymbol{\omega}} \end{bmatrix} \cdot \begin{bmatrix} q_0 \\ \mathbf{q} \end{bmatrix}$
3 Kardan-Winkel $\alpha(t),\beta(t),\gamma(t)$	$\dot{\mathbf{x}} = \mathbf{H}_R^{-1}(\mathbf{x}) \cdot \boldsymbol{\omega}$ $\mathbf{H}_R^{-1} = \begin{bmatrix} 1 & \sin\alpha\tan\beta & -\cos\alpha\tan\beta \\ 0 & \cos\alpha & \sin\alpha \\ 0 & -\dfrac{\sin\alpha}{\cos\beta} & \dfrac{\cos\alpha}{\cos\beta} \end{bmatrix}$
	Drehgeschwindigkeit im körperfesten System 1
9 Richtungskosinusse $\mathbf{S}$	$\dot{\mathbf{S}} = \mathbf{S} \cdot_1\tilde{\boldsymbol{\omega}}$
4 Quaternionen $[q_0\ \mathbf{q}]$	$\begin{bmatrix} \dot{q}_0 \\ \dot{\mathbf{q}} \end{bmatrix} = \frac{1}{2}\,{}_1\mathbf{Q}^T(q_0,\mathbf{q}) \cdot [0 \mid {}_1\boldsymbol{\omega}]$ $\begin{bmatrix} \dot{q}_0 \\ \dot{\mathbf{q}} \end{bmatrix} = \frac{1}{2}\begin{bmatrix} 0 & \mid & \neg_1\boldsymbol{\omega} \\ -- & \mid & --- \\ {}_1\boldsymbol{\omega} & \mid & \neg_1\tilde{\boldsymbol{\omega}} \end{bmatrix} \cdot \begin{bmatrix} q_0 \\ \mathbf{q} \end{bmatrix}$
3 Kardan-Winkel $\alpha(t),\beta(t),\gamma(t)$	$\dot{\mathbf{x}} = {}_1\mathbf{H}_R^{-1}(\mathbf{x}) \cdot_1\boldsymbol{\omega}$ ${}_1\mathbf{H}_R^{-1} = \begin{bmatrix} \dfrac{\cos\gamma}{\cos\beta} & -\dfrac{\sin\gamma}{\cos\beta} & 0 \\ \sin\gamma & \cos\gamma & 0 \\ -\cos\gamma\tan\beta & \sin\gamma\tan\beta & 1 \end{bmatrix}$

automatisch. Dafür ist aber die Funktionalmatrix $\mathbf{H}_R$ in den singulären Konfigurationen nicht mehr regulär. Diese Singularitäten lassen sich jedoch durch den Einsatz komplementärer Drehwinkel vermeiden, es muss dann ein höherer Programmieraufwand für das Umschalten getrieben werden.

Beispiel 2.4: Integration der Richtungskosinusse

Es sei der Drehgeschwindigkeitsvektor (2.88) der Drehung um die negative 2-Achse gegeben und die Anfangsbedingung sei $\mathbf{S}(t = t_0) = \mathbf{S}_0$. Dann lauten die Differentialgleichungen der Richtungskosinusse nach Tabelle 2.2 $\dot{\mathbf{S}} = \tilde{\boldsymbol{\omega}} \cdot \mathbf{S}$ oder

$$\dot{S}_{11} = \omega_2 S_{31}, \qquad \dot{S}_{12} = \omega_2 S_{32}, \qquad \dot{S}_{13} = \omega_2 S_{33},$$

$$\dot{S}_{21} = 0, \qquad\qquad \dot{S}_{22} = 0, \qquad\qquad \dot{S}_{23} = 0, \qquad\qquad (2.101)$$

$$\dot{S}_{31} = -\omega_2 S_{11}, \qquad \dot{S}_{32} = -\omega_2 S_{12}, \qquad \dot{S}_{33} = -\omega_2 S_{13}.$$

Beachtet man nun, dass lineare zeitvariante Differentialgleichungssysteme der Form

$$\begin{bmatrix} \dot{x}_1(t) \\ \dot{x}_2(t) \end{bmatrix} = \begin{bmatrix} 0 & \omega(t) \\ -\omega(t) & 0 \end{bmatrix} \cdot \begin{bmatrix} x_1(t) \\ x_2(t) \end{bmatrix}, \qquad (2.102)$$

$$\begin{bmatrix} x_1(t = t_0) \\ x_2(t = t_0) \end{bmatrix} = \begin{bmatrix} x_{10} \\ x_{20} \end{bmatrix} \qquad (2.103)$$

die allgemeine Lösung

$$\begin{bmatrix} x_1(t) \\ x_2(t) \end{bmatrix} = \begin{bmatrix} \cos\left(\int_{t_0}^{t} \omega\, dt\right) & \sin\left(\int_{t_0}^{t} \omega\, dt\right) \\ -\sin\left(\int_{t_0}^{t} \omega\, dt\right) & \cos\left(\int_{t_0}^{t} \omega\, dt\right) \end{bmatrix} \cdot \begin{bmatrix} x_{10} \\ x_{20} \end{bmatrix} \qquad (2.104)$$

aufweisen, so folgt mit $\omega_2 = -\dot{\vartheta}$ aus (2.101)

$$\mathbf{S}(t) = \begin{bmatrix} \cos\vartheta & 0 & -\sin\vartheta \\ 0 & 1 & 0 \\ \sin\vartheta & 0 & \cos\vartheta \end{bmatrix} \cdot \begin{bmatrix} S_{110} & S_{120} & S_{130} \\ S_{210} & S_{220} & S_{230} \\ S_{310} & S_{320} & S_{330} \end{bmatrix}. \qquad (2.105)$$

Ist im Besonderen $\mathbf{S}_0 = \mathbf{E}$, so erhält man wiederum den Drehtensor (2.49).

Wenn die Differentialgleichungen (2.101) nicht analytisch, sondern numerisch gelöst werden, so können Integrationsfehler die Orthogonalität zerstören. Lässt man z. B. in einer Lösung der Differentialgleichungen (2.101) einen Integrationsfehler ε zu,

$$S_{11} = \cos\vartheta + \varepsilon, \qquad (2.106)$$

so ist die entsprechende Orthogonalitätsbedingung nicht mehr erfüllt. Für $\mathbf{S}_0 = \mathbf{E}$ erhält man zum Beispiel

$$S_{11}^2 + S_{21}^2 + S_{31}^2 = 1 + 2\varepsilon\cos\vartheta \neq 1. \qquad (2.107)$$

Ein nichtorthogonaler Drehtensor entspricht aber dem Deformationsgradienten eines nichtstarren Körpers. Deshalb muss die Orthogonalität stets überprüft werden.

Beispiel 2.5: Integration der Kardan-Winkel

Die in Beispiel 2.4 gegebene Drehung soll nun mit Kardan-Winkeln beschrieben werden. Nach Tabelle 2.2 findet man

$$\dot{\alpha} = \omega_2 \sin\alpha \tan\beta, \qquad \dot{\beta} = \omega_2 \cos\alpha, \qquad \dot{\gamma} = -\omega_2 \frac{\sin\alpha}{\cos\beta}. \qquad (2.108)$$

Dieses nichtlineare Differentialgleichungssystem lässt sich nun mit der Anfangsbedingung $\alpha_0 = 0$, $\beta_0 = 0$, $\gamma_0 = 0$ geschlossen lösen

$$\alpha(t) = 0, \qquad \beta(t) = \int \omega_2 dt = -\vartheta, \qquad \gamma(t) = 0. \tag{2.109}$$

Damit ist wieder der Drehtensor (2.49) bestimmt, wobei die Orthogonalität definitionsgemäß immer gegeben ist.

Andererseits liegt für $\alpha_0 = -\gamma_0 = 0$ und $\beta_0 = \pi/2$ eine Singularität vor. Diese kann durch den Einsatz der komplementären Kardan-Winkel (2.64) behoben werden. Nach (2.71), (2.72) und (2.74) lauten die entsprechenden Anfangsbedingungen $\overline{\alpha}_0 = 0$, $\overline{\beta}_0 = \pi/2$ und $\overline{\gamma}_0 = 0$ und das nichtlineare zeitvariante Differentialgleichungssystem hat die Form

$$\dot{\overline{\alpha}} = -\omega_2 \sin\overline{\alpha} \cot\overline{\beta}, \qquad \dot{\overline{\beta}} = \omega_2 \cos\overline{\alpha}, \qquad \dot{\overline{\gamma}} = \omega_2 \frac{\sin\overline{\alpha}}{\sin\overline{\beta}} \tag{2.110}$$

mit der Lösung

$$\overline{\alpha}(t) = 0, \qquad \overline{\beta}(t) = \frac{\pi}{2} + \int \omega_2 dt, \qquad \overline{\gamma}(t) = 0. \tag{2.111}$$

Man erkennt, dass der Übergang von den Kardan-Winkeln zu den komplementären Kardan-Winkeln sogar in einer singulären Lage möglich ist. Doch sollte dies aus numerischen Gründen vermieden werden.

Damit ist die Behandlung der Drehgeschwindigkeit abgeschlossen. Die Geschwindigkeit des starren Körpers ist nach (2.86) durch die Translationsgeschwindigkeit $\mathbf{v}(t)$ eines materiellen Punktes $P(t)$ und durch die überall gleiche Dreh- oder Rotationsgeschwindigkeit $\boldsymbol{\omega}(t)$ des Körpers vollständig gegeben. Diese Geschwindigkeiten lassen sich aber gemäß (2.6) und (2.100) auch durch die verallgemeinerten Koordinaten des 6×1-Lagevektors ausdrücken. Dann gilt

$$\mathbf{v}(t) = \mathbf{v}(\mathbf{x}, \dot{\mathbf{x}}) = [\mathbf{H}_T(\mathbf{x}) \quad \mathbf{0}] \cdot \dot{\mathbf{x}}(t) = \overline{\mathbf{H}}_T(\mathbf{x}) \cdot \dot{\mathbf{x}}(t),$$

$$\boldsymbol{\omega}(t) = \boldsymbol{\omega}(\mathbf{x}, \dot{\mathbf{x}}) = [\mathbf{0} \quad \mathbf{H}_R(\mathbf{x})] \cdot \dot{\mathbf{x}}(t) = \overline{\mathbf{H}}_R(\mathbf{x}) \cdot \dot{\mathbf{x}}(t), \tag{2.112}$$

wobei die nun auftretenden 3×6-Funktionalmatrizen aus (2.6) und (2.100) durch Hinzufügen von Nullmatrizen gewonnen werden können. Formal gelten entsprechend zu (2.7) die Beziehungen

$$\overline{\mathbf{H}}_T(\mathbf{x}) = \frac{\partial \mathbf{r}(\mathbf{x})}{\partial \mathbf{x}}, \qquad \overline{\mathbf{H}}_R(\mathbf{x}) = \frac{\partial \mathbf{s}(\mathbf{x})}{\partial \mathbf{x}}. \tag{2.113}$$

Dabei ist zu beachten, dass in der zweiten Formel von (2.113) die infinitesimale momentane Drehung gemäß (2.85) verwendet werden muss. Der Übergang von (2.82) nach (2.113) ist also etwas umständlich und muss über den schiefsymmetrischen Tensor des infinitesimalen momentanen Drehvektors erfolgen

$$\frac{\partial \tilde{s}_{\alpha\beta}}{\partial x_\delta} = \frac{\partial S_{\alpha\gamma}}{\partial x_\delta} S_{\beta\gamma}, \qquad \alpha, \beta, \gamma = 1(1)3, \quad \delta = 1(1)6. \tag{2.114}$$

Die Gleichung (2.114) wertet man analytisch am besten mit einem Formelmanipulationsprogramm aus. Die Jacobi-Matrix $\overline{\mathbf{H}}_R(\mathbf{x})$ in (2.113) kann aber auch anschaulich mit Hilfe der Elementardrehungen nach (2.100) gewonnen werden.

Die aktuelle Beschleunigung des starren Körpers ist durch eine weitere materielle Ableitung von (2.83) gegeben

$$\mathbf{a}(\boldsymbol{\rho},t) = \frac{d}{dt}\mathbf{v}(\boldsymbol{\rho},t) = \ddot{\mathbf{r}}_1(t) + \ddot{\mathbf{S}}(t)\cdot\boldsymbol{\rho}. \tag{2.115}$$

Berücksichtigt man wiederum (2.79), so bleibt

$$\mathbf{a}(\boldsymbol{\rho},t) = \ddot{\mathbf{r}}_1(t) + \ddot{\mathbf{S}}(t)\cdot\mathbf{S}^T(t)\cdot\mathbf{r}_P(\boldsymbol{\rho},t). \tag{2.116}$$

Dabei erkennt man als ersten Term die Translationsbeschleunigung (2.12) wieder, während der zweite Term die Rotationsbeschleunigung kennzeichnet. Es gilt nun

$$\ddot{\mathbf{S}}\cdot\mathbf{S}^T = \ddot{\mathbf{S}}\cdot\mathbf{S}^T + \dot{\mathbf{S}}\cdot\dot{\mathbf{S}}^T - \dot{\mathbf{S}}\cdot\dot{\mathbf{S}}^T = \ddot{\mathbf{S}}\cdot\mathbf{S}^T + \dot{\mathbf{S}}\cdot\dot{\mathbf{S}}^T - \dot{\mathbf{S}}\cdot\mathbf{S}^T\cdot\mathbf{S}\cdot\dot{\mathbf{S}}^T$$

$$= \dot{\tilde{\boldsymbol{\omega}}}(t) + \tilde{\boldsymbol{\omega}}(t)\cdot\tilde{\boldsymbol{\omega}}(t), \tag{2.117}$$

wobei die Definition (2.85) der Winkelgeschwindigkeit und deren Ableitungen $\dot{\tilde{\boldsymbol{\omega}}} = \ddot{\mathbf{S}}\cdot\mathbf{S}^T + \dot{\mathbf{S}}\cdot\dot{\mathbf{S}}^T$ verwendet werden. Führt man jetzt den 3×1-Drehbeschleunigungsvektor

$$\boldsymbol{\alpha}(t) = \dot{\boldsymbol{\omega}}(t) \tag{2.118}$$

ein, so bleibt

$$\mathbf{a}(\boldsymbol{\rho},t) = \ddot{\mathbf{r}}_1(t) + \left[\ \tilde{\boldsymbol{\alpha}}(t) + \tilde{\boldsymbol{\omega}}(t)\cdot\tilde{\boldsymbol{\omega}}(t)\ \right]\cdot\mathbf{r}_p(\boldsymbol{\rho},t). \tag{2.119}$$

Die Beschleunigung des starren Körpers ist also durch die Translationsbeschleunigung $\mathbf{a}_1(t)$ des materiellen Punktes P_1, seine Dreh- oder Rotationsbeschleunigung $\boldsymbol{\alpha}(t)$ und das Quadrat seiner Rotationsgeschwindigkeit $\boldsymbol{\omega}(t)$ gegeben.

Die Beschleunigungen können ebenso wie in (2.13) durch verallgemeinerte Koordinaten ausgedrückt werden

$$\mathbf{a}(t) = \mathbf{a}(\mathbf{x},\dot{\mathbf{x}},\ddot{\mathbf{x}}) = \overline{\mathbf{H}}_T(\mathbf{x})\cdot\ddot{\mathbf{x}}(t) + \left(\frac{\partial\overline{\mathbf{H}}_T(\mathbf{x})}{\partial\mathbf{x}}\cdot\dot{\mathbf{x}}(t)\right)\cdot\dot{\mathbf{x}}(t), \tag{2.120}$$

$$\boldsymbol{\alpha}(t) = \boldsymbol{\alpha}(\mathbf{x},\ddot{\mathbf{x}},\dot{\mathbf{x}}) = \overline{\mathbf{H}}_R(\mathbf{x})\cdot\ddot{\mathbf{x}}(t) + \left(\frac{\partial\overline{\mathbf{H}}_R(\mathbf{x})}{\partial\mathbf{x}}\cdot\dot{\mathbf{x}}(t)\right)\cdot\dot{\mathbf{x}}(t). \tag{2.121}$$

Dabei treten entsprechend (2.112) die 3×6-Funktionalmatrizen $\overline{\mathbf{H}}_T$ und $\overline{\mathbf{H}}_R$ sowie deren Ableitungen auf. Die Gleichung (2.121) zeigt deutlich, dass aufgrund der Vektoreigenschaft der Drehgeschwindigkeit keine formalen Unterschiede mehr zwischen der Translation und der Rotation bestehen.

Ein freies System von p starren Körpern verfügt über $6p$ Freiheitsgrade, die durch den $6p\times 1$-Lagevektor $\mathbf{x}(t)$ der verallgemeinerten Koordinaten des Gesamtsystems beschrieben werden.

Entsprechend (2.82) gilt dann für den i-ten Körper

$$\mathbf{r}_i(t) = \mathbf{r}_i(\mathbf{x}), \qquad \mathbf{S}_i(t) = \mathbf{S}_i(\mathbf{x}). \tag{2.122}$$

Ebenso kann man (2.112) bis (2.114) und (2.121) auf den i-ten Körper übertragen.

2.1.3 Kinematik des Kontinuums

Das Kontinuum ist ebenso wie der starre Körper ein Modell der Mechanik. Die Abstände zwischen den materiellen Punkten des Kontinuums sind aber im Gegensatz zum starren Körper nicht konstant. Das Kontinuum unterliegt deshalb bei einer Deformation nicht nur einer Translation und einer Rotation, sondern zusätzlich auch einer Verzerrung. Bei elastischen Materialien ist jedoch die Verzerrung im Allgemeinen klein, so dass meist mit linearen Beziehungen gearbeitet werden kann. Flüssigkeiten, die große Verzerrungen aufweisen, oder plastische Materialien werden in diesem Buch nicht betrachtet. Die im Kontinuum auftretenden Verzerrungen erlauben auch die Berechnung der inneren Kräfte und Spannungen , die für die Festigkeitsuntersuchungen von ausschlaggebender Bedeutung sind. Trotzdem ist der Einsatz des Kontinuummodells in der Dynamik nicht immer erforderlich. Häufig werden die Bewegungen mit dem Starrkörpermodell berechnet und die Festigkeitsuntersuchungen - unter Berücksichtigung der Trägheitskräfte - nach statischen Methoden durchgeführt. Für die kinematische Beschreibung freier Kontinua genügt wiederum die Betrachtung eines einzelnen Körpers, wie dies auch in den vorhergehenden Abschnitten der Fall war.

Zur mathematischen Beschreibung der Konfiguration eines Kontinuums K können Bild 2.4 und die Gleichungen (2.25) bis (2.30) unverändert übernommen werden. Der Deformationsgradient $\mathbf{F}(\boldsymbol{\rho}, t)$ ist jetzt jedoch nicht mehr orthogonal. Er kann aber, wie jeder Tensor zweiter Stufe, polar zerlegt werden

$$\mathbf{F}(\boldsymbol{\rho}, t) = \overline{\mathbf{S}}(\boldsymbol{\rho}, t) \cdot \mathbf{U}(\boldsymbol{\rho}, t), \tag{2.123}$$

wobei neben dem nun ortsabhängigen eigentlich orthogonalen 3×3-Drehtensor

$$\overline{\mathbf{S}}^T(\boldsymbol{\rho}, t) = \overline{\mathbf{S}}^{-1}(\boldsymbol{\rho}, t) \tag{2.124}$$

auch der ebenfalls ortsabhängige, symmetrische und positiv definite 3×3-Rechts-Streck-Tensor

$$\mathbf{U}^T(\boldsymbol{\rho}, t) = \mathbf{U}(\boldsymbol{\rho}, t) \tag{2.125}$$

auftritt, der ein Maß für die Verzerrung darstellt. Der Beweis der genannten Eigenschaften ist z. B. bei Becker und Bürger [7] oder Lai, Rubin, Krempl [37] zu finden und soll hier nicht wiederholt werden. Einige Hinweise sind auch im Anhang zu finden. Aus dem 3×3-Rechts-Streck-Tensor erhält man den Greenschen Verzerrungstensor

$$\mathbf{G} = \frac{1}{2}(\mathbf{U} \cdot \mathbf{U} - \mathbf{E}) = \frac{1}{2}(\mathbf{F}^T \cdot \mathbf{F} - \mathbf{E}), \tag{2.126}$$

der ebenfalls symmetrisch ist. Mit (2.123) und (2.126) lässt sich der Deformationsgradient auch darstellen als

$$\mathbf{F} = \overline{\mathbf{S}} \cdot (\mathbf{E} + 2\mathbf{G})^{\frac{1}{2}}. \tag{2.127}$$

Nähere Informationen zur Berechnung der Wurzel einer Matrix findet man in Zurmühl und Falk [78]. Beim starren Körper verschwindet der Greensche Verzerrungstensor, aus $\mathbf{U} = \mathbf{E}$ folgt $\mathbf{G} = \mathbf{0}$, womit (2.127) wieder in (2.33) übergeht.

Beispiel 2.6: Verzerrung eines verdrehten Rundstabes

Die aktuelle Konfiguration eines tordierten Rundstabes, Bild 2.9, wird durch den Punkt P mit dem 3×1-Ortsvektor

$$\mathbf{r}(\boldsymbol{\rho}, t) = \begin{bmatrix} \rho_1 \\ \rho_2 - \alpha\rho_3 \\ \rho_3 + \alpha\rho_2 \end{bmatrix}, \qquad \alpha(\rho_1, t) \ll 1 \tag{2.128}$$

beschrieben, wobei der 3×1-Ortsvektor $\boldsymbol{\rho}$ die materiellen Punkte in der Referenzkonfiguration kennzeichnet. Der kleine Winkel α ist eine Funktion des Orts und der Zeit, die Ortsabhängigkeit ist auf die Stablängsrichtung beschränkt.

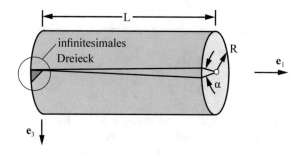

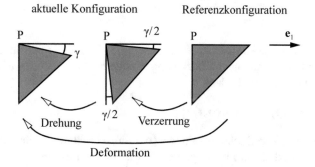

Bild 2.9: Deformation eines Rundstabes

Nach (2.28) lautet der Deformationsgradient

$$\mathbf{F} = \begin{bmatrix} 1 & 0 & 0 \\ -\alpha'\rho_3 & 1 & -\alpha \\ \alpha'\rho_2 & \alpha & 1 \end{bmatrix}, \qquad \alpha' = \frac{\partial\alpha}{\partial\rho_1} \ll 1 \tag{2.129}$$

und das Quadrat des Recht-Streck-Tensors folgt unter Vernachlässigung quadratisch kleiner Größen zu

$$\mathbf{U} \cdot \mathbf{U} = \mathbf{F}^T \cdot \mathbf{F} = \begin{bmatrix} 1 & -\alpha'\rho_3 & \alpha'\rho_2 \\ -\alpha'\rho_3 & 1 & 0 \\ \alpha'\rho_2 & 0 & 1 \end{bmatrix}. \tag{2.130}$$

Wenn $\alpha \ll 1$ ist, kann $\mathbf{U}$ aus (2.130) geschlossen angeschrieben werden

$$\mathbf{U} = \begin{bmatrix} 1 & -\frac{1}{2}\alpha'\rho_3 & \frac{1}{2}\alpha'\rho_2 \\ -\frac{1}{2}\alpha'\rho_3 & 1 & 0 \\ \frac{1}{2}\alpha'\rho_2 & 0 & 1 \end{bmatrix}. \tag{2.131}$$

Mit (2.123) findet man nun den Drehtensor

$$\overline{\mathbf{S}} = \begin{bmatrix} 1 & \frac{1}{2}\alpha'\rho_3 & -\frac{1}{2}\alpha'\rho_2 \\ -\frac{1}{2}\alpha'\rho_3 & 1 & -\alpha \\ \frac{1}{2}\alpha'\rho_2 & \alpha & 1 \end{bmatrix} \tag{2.132}$$

und mit (2.126) bleibt für den linearisierten Greenschen Verzerrungstensor

$$\mathbf{G}_{lin} = \frac{\alpha'}{2} \begin{bmatrix} 0 & -\rho_3 & \rho_2 \\ -\rho_3 & 0 & 0 \\ \rho_2 & 0 & 0 \end{bmatrix}. \tag{2.133}$$

Bei einer statischen Belastung gilt $R\alpha(\rho_1) = \gamma\rho_1$, Bild 2.9. Betrachtet man die Deformation eines infinitesimalen Dreiecks im materiellen Punkt $\boldsymbol{\rho} = [0\ R\ 0]$, so stellt man mit Bild 2.9 fest, dass neben einer Verzerrung, gekennzeichnet durch eine reine Winkeländerung, eine Drehung des infinitesimalen Dreiecks erfolgt. Dies bestätigt die Aussage von (2.127) über gleichzeitig mögliche Rotationen und Verzerrungen in nichtstarren Körpern.

Beachtet man nun, dass die elastischen Verzerrungen im Verhältnis zur Starrkörperbewegung meist klein sind, so können die obigen Beziehungen allgemein linearisiert werden, Bild 2.10. Für die aktuelle Konfiguration gilt dann

$$\mathbf{r}(\boldsymbol{\rho},t) = \mathbf{r}_1(t) + \mathbf{S}(t) \cdot [\ \boldsymbol{\rho} + \mathbf{w}(\boldsymbol{\rho},t)\ ], \tag{2.134}$$

wobei der relative 3×1-Verschiebungsvektor $\mathbf{w}(\boldsymbol{\rho},t)$ im Verhältnis zu einer charakteristischen Länge des Kontinuums klein ist. Im Übrigen gilt in (2.134) die Beziehung

$$\mathbf{w}(\mathbf{0},t) = \mathbf{0}, \tag{2.135}$$

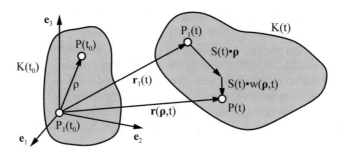

Bild 2.10: Freie Bewegung eines linearelastischen Körpers

wodurch der Ortsvektor $\mathbf{r}_1(t)$ des Bezugspunktes P_1 festgelegt wird. Mit dem dazugehörenden 3×3-Verschiebungsgradienten

$$\mathbf{F}_w(\boldsymbol{\rho},t) = \frac{\partial \mathbf{w}}{\partial \boldsymbol{\rho}} \tag{2.136}$$

lautet der linearisierte Deformationsgradient

$$\mathbf{F}_{lin} = \overline{\mathbf{S}} \cdot (\mathbf{E} + \mathbf{G}_{lin}), \tag{2.137}$$

wobei die Beziehungen

$$\mathbf{G}_{lin} = \frac{1}{2}(\mathbf{F}_w + \mathbf{F}_w^T), \tag{2.138}$$

$$\overline{\mathbf{S}} = \mathbf{S}_r(t) \cdot \mathbf{S}_w(\boldsymbol{\rho},t), \qquad \mathbf{S}_w = \mathbf{E} + \frac{1}{2}(\mathbf{F}_w - \mathbf{F}_w^T), \qquad \mathbf{S}_w(\mathbf{0},t) = \mathbf{E}, \tag{2.139}$$

zu berücksichtigen sind. Im linearen Fall erhält man also den linearen Greenschen 3×3-Verzerrungstensor $\mathbf{G}_{lin}$ und den 3×3-Tensor $\mathbf{S}_w$ der relativen Drehung durch eine einfache Zerlegung des Verschiebungsgradienten $\mathbf{F}_w$ in seinen symmetrischen und schiefsymmetrischen Anteil, siehe (2.138) und (2.139). Im Besonderen sei erwähnt, dass der Tensor $\mathbf{S}_w(\boldsymbol{\rho},t)$ der relativen Drehung im Gegensatz zum Drehtensor $\mathbf{S}_r(t)$ orts- und zeitabhängig ist. Nach (2.139) setzt sich die Gesamtdrehung $\overline{\mathbf{S}}(\boldsymbol{\rho},t)$ aus der Starrkörperdrehung $\mathbf{S}_r(t)$ und der relativen Drehung $\mathbf{S}_w(\boldsymbol{\rho},t)$ zusammen.

Der linearisierte Greensche Verzerrungstensor hat aus Symmetriegründen nur sechs wesentliche Elemente

$$\mathbf{G}_{lin} = \begin{bmatrix} \varepsilon_{11} & \varepsilon_{12} & \varepsilon_{31} \\ \varepsilon_{12} & \varepsilon_{22} & \varepsilon_{23} \\ \varepsilon_{31} & \varepsilon_{23} & \varepsilon_{33} \end{bmatrix}, \tag{2.140}$$

die auch zu einem 6×1-Verzerrungsvektor

$$\mathbf{e} = \begin{bmatrix} \varepsilon_{11} & \varepsilon_{22} & \varepsilon_{33} & \gamma_{12} & \gamma_{23} & \gamma_{31} \end{bmatrix} \tag{2.141}$$

zusammengefasst werden können. Man nennt dabei $\varepsilon_{\alpha\alpha}$, $\alpha = 1(1)3$, die Normalverzerrungen oder Dehnungen. Die Nebendiagonalelemente $\varepsilon_{12}, \varepsilon_{23}, \varepsilon_{31}$ heißen Schubverzerrungen. Im Verzerrungsvektor treten $\gamma_{12} = 2\varepsilon_{12}$, $\gamma_{23} = 2\varepsilon_{23}$, $\gamma_{31} = 2\varepsilon_{31}$ auf, die Gleitungen genannt werden und die Änderungen eines in der Referenzkonfiguration rechten Winkels beschreiben. Die Dehnungen und Gleitungen sind jedoch nicht unabhängig voneinander, da sie aus den drei Koordinaten des Verschiebungsvektors $\mathbf{w}$ berechnet werden. Die Verträglichkeits- oder Kompatibilitätsbedingungen sind jetzt aber nicht mehr durch algebraische Gleichungen, sondern durch Differentialgleichungen gekennzeichnet. Führt man nun noch die 6×3-Differentialoperatorenmatrix der Verzerrung ein,

$$\mathscr{V} = \begin{bmatrix} \partial/\partial\rho_1 & 0 & 0 \\ 0 & \partial/\partial\rho_2 & 0 \\ 0 & 0 & \partial/\partial\rho_3 \\ \partial/\partial\rho_2 & \partial/\partial\rho_1 & 0 \\ 0 & \partial/\partial\rho_3 & \partial/\partial\rho_2 \\ \partial/\partial\rho_3 & 0 & \partial/\partial\rho_1 \end{bmatrix}, \tag{2.142}$$

so kann man den Verzerrungsvektor auch unmittelbar aus dem Verschiebungsvektor berechnen,

$$\mathbf{e} = \mathscr{V} \cdot \mathbf{w}. \tag{2.143}$$

Für die Differentialoperatorenmatrix $\mathscr{V}$ gelten die Rechenregeln der Matrizenmultiplikation, wie im Anhang gezeigt wird.

Der Drehtensor (2.139) hat infolge der Linearisierung nur drei wesentliche Elemente,

$$\mathbf{S}_w = \begin{bmatrix} 1 & -\gamma & \beta \\ \gamma & 1 & -\alpha \\ -\beta & \alpha & 1 \end{bmatrix}, \tag{2.144}$$

die den kleinen Kardan-Winkeln α, β, γ entsprechen. Die wesentlichen Elemente von (2.144) lassen sich im 3×1-Drehvektor

$$\mathbf{s} = \begin{bmatrix} \alpha & \beta & \gamma \end{bmatrix} \tag{2.145}$$

zusammenfassen und mit der 3×3-Differentialoperatorenmatrix der elastischen Drehung,

$$\mathscr{D} = \frac{1}{2} \begin{bmatrix} 0 & -\partial/\partial\rho_3 & \partial/\partial\rho_2 \\ \partial/\partial\rho_3 & 0 & -\partial/\partial\rho_1 \\ -\partial/\partial\rho_2 & \partial/\partial\rho_1 & 0 \end{bmatrix}, \tag{2.146}$$

aus dem Verschiebungsvektor bestimmen,

$$\mathbf{s} = \mathscr{D} \cdot \mathbf{w}. \tag{2.147}$$

Der Drehvektor (2.145) spielt in der Mechanik der polaren Kontinua, zu denen man auch den Bernoulli-Balken rechnen kann, eine wichtige Rolle. Ein polares Kontinuum ist aus materiellen

Punkten aufgebaut, die neben Verschiebungen auch Drehungen ausführen können und ist auch unter dem Namen Cosserat-Kontinuum bekannt.

Ein nichtstarres Kontinuum verfügt über unendlich viele Freiheitsgrade, da es aus unendlich vielen freien materiellen Punkten aufgebaut ist. Dies kommt auch dadurch zum Ausdruck, dass der Deformationsgradient nicht nur von der Zeit, sondern auch von den materiellen Koordinaten abhängt. Ein häufig verwendeter Lösungsansatz der linearen Kontinuumsmechanik nutzt diese Betrachtungsweise in Verbindung mit dem Separations- und Superpositionsprinzip. Dann gilt

$$\mathbf{w}(\boldsymbol{\rho},t) = \mathbf{A}(\boldsymbol{\rho}) \cdot \mathbf{x}(t), \tag{2.148}$$

wobei die $3 \times f$-Matrix $\mathbf{A}(\boldsymbol{\rho})$ der relativen Ansatzfunktionen und der $f \times 1$-Lagevektor $\mathbf{x}(t)$ der verallgemeinerten Koordinaten mit $f \to \infty$ auftreten. Der Lösungsansatz (2.148), der allerdings nicht in jedem Fall zum Ziel führt, kennzeichnet also im Besonderen die unendlich vielen Freiheitsgrade des Kontinuums. Ebenso findet man mit (2.143) für den Verzerrungsvektor

$$\mathbf{e}(\boldsymbol{\rho},t) = \mathbf{B}(\boldsymbol{\rho}) \cdot \mathbf{x}(t) \tag{2.149}$$

mit der $6 \times f$-Matrix $\mathbf{B}(\boldsymbol{\rho})$ der Verzerrungsfunktionen,

$$\mathbf{B}(\boldsymbol{\rho}) = \mathscr{V} \cdot \mathbf{A}(\boldsymbol{\rho}). \tag{2.150}$$

Für kleine Elemente eines Kontinuums genügt näherungsweise auch eine endliche Anzahl von verallgemeinerten Koordinaten, wie die Methode der finiten Elemente zeigt, siehe Kapitel 6. Setzt man weiterhin eine lineare Kinematik der Starrkörperbewegung bezüglich des Punktes P_1 voraus, so folgt aus (2.134) und (2.148) für den Verschiebungsvektor

$$\mathbf{r}(\boldsymbol{\rho},t) = \boldsymbol{\rho} + \mathbf{C}(\boldsymbol{\rho}) \cdot \mathbf{x}(t), \tag{2.151}$$

wobei die $3 \times f$-Matrix $\mathbf{C}(\boldsymbol{\rho})$ der absoluten Ansatzfunktionen und ein entsprechender $f \times 1$-Lagevektor $\mathbf{x}(t)$ auftreten. Nach der Methode der finiten Elemente wird der $f \times 1$-Lagevektor $\mathbf{x}(t)$ durch die kartesischen Koordinaten einzelner materieller Punkte P_j, $j = 1,2,3,\ldots$, bestimmt,

$$\mathbf{x}(t) = \begin{bmatrix} \mathbf{r}(\boldsymbol{\rho}_1,t) & \mathbf{r}(\boldsymbol{\rho}_2,t) & \mathbf{r}(\boldsymbol{\rho}_3,t) \ldots \end{bmatrix}. \tag{2.152}$$

Bei kontinuierlichen Systemen werden dagegen häufig die zu den Eigenformen gehörenden verallgemeinerten Koordinaten im Lagevektor zusammengefasst, siehe Kapitel 7.

Die aktuelle Geschwindigkeit eines Punktes des Kontinuums wird durch die materielle Ableitung von (2.25) bestimmt

$$\mathbf{v}(\boldsymbol{\rho},t) = \frac{d}{dt}\mathbf{r}(\boldsymbol{\rho},t). \tag{2.153}$$

Zusätzliche Informationen erhält man, wenn die Deformation gemäß (2.28), (2.29) beachtet wird. Dann gilt

$$\mathbf{v}(\boldsymbol{\rho}+d\boldsymbol{\rho}) = \mathbf{v}(\boldsymbol{\rho}) + \dot{\mathbf{F}}(\boldsymbol{\rho}) \cdot \mathbf{F}^{-1}(\boldsymbol{\rho}) \cdot d\mathbf{r}(\boldsymbol{\rho}). \tag{2.154}$$

Damit ist der 3×3-Tensor des räumlichen Geschwindigkeitsgradienten gefunden,

$$\mathbf{L} = \dot{\mathbf{F}} \cdot \mathbf{F}^{-1} = \frac{\partial \mathbf{v}(\mathbf{r})}{\partial \mathbf{r}}, \tag{2.155}$$

der in seinen symmetrischen und schiefsymmetrischen Anteil zerlegt werden kann

$$\mathbf{L} = \mathbf{D} + \mathbf{W}, \qquad \mathbf{D} = \frac{1}{2}(\mathbf{L} + \mathbf{L}^T), \qquad \mathbf{W} = \frac{1}{2}(\mathbf{L} - \mathbf{L}^T). \tag{2.156}$$

Dabei kennzeichnet $\mathbf{D}$ den symmetrischen 3×3-Verzerrungsgeschwindigkeitstensor, während $\mathbf{W}$ den schiefsymmetrischen 3×3-Drehgeschwindigkeitstensor beschreibt. Durch Vergleich von (2.84) und (2.154) erkennt man wegen (2.33) unmittelbar, dass der Verzerrungsgeschwindigkeitstensor beim starren Körper erwartungsgemäß verschwindet. Im linearen Fall folgt aus (2.137)-(2.139) mit (2.155) und (2.156) bei Vernachlässigung der quadratisch kleinen Glieder

$$\mathbf{D} = \overline{\mathbf{S}} \cdot \dot{\mathbf{G}}_w \cdot \overline{\mathbf{S}}^T, \qquad \mathbf{W} = \dot{\overline{\mathbf{S}}} \cdot \overline{\mathbf{S}}^T. \tag{2.157}$$

Legt man schließlich den Ansatz (2.151) der Untersuchung zugrunde, so erhält man

$$\mathbf{v}(\boldsymbol{\rho}, t) = \mathbf{C}(\boldsymbol{\rho}) \cdot \dot{\mathbf{x}}(t) \tag{2.158}$$

für die aktuelle Geschwindigkeit.
Die aktuelle Beschleunigung eines Punktes des Kontinuums folgt aus (2.153) durch materielle Ableitung der Geschwindigkeit zu

$$\mathbf{a}(\boldsymbol{\rho}, t) = \frac{d}{dt} \mathbf{v}(\boldsymbol{\rho}, t) = \frac{\partial}{\partial t} \mathbf{v}(\mathbf{r}, t) = \frac{\partial \mathbf{v}(\mathbf{r}, t)}{\partial \mathbf{r}} \cdot \mathbf{v} + \frac{\partial \mathbf{v}(\mathbf{r}, t)}{\partial t}. \tag{2.159}$$

Dabei wurde zunächst die Umkehrfunktion (2.27) benützt, und dann die Aufspaltung der Beschleunigung in einen konvektiven Anteil (räumlicher Geschwindigkeitsgradient) und in einen lokalen Anteil vorgenommen. Weiterhin erhält man aus (2.158) für die lineare Kinematik

$$\mathbf{a}(\boldsymbol{\rho}, t) = \mathbf{C}(\boldsymbol{\rho}) \cdot \ddot{\mathbf{x}}(t). \tag{2.160}$$

Damit ist auch die Kinematik des freien Kontinuums abgeschlossen.

Beispiel 2.7: Geschwindigkeit und Beschleunigung eines Rundstabes

Aus der aktuellen Konfiguration (2.128) findet man durch die materielle Ableitung, die im folgenden durch einen Punkt $(\cdot)$ gekennzeichnet wird, die Vektoren

$$\mathbf{v}(\boldsymbol{\rho}, t) = \begin{bmatrix} 0 \\ \dot{\alpha}\rho_3 \\ -\dot{\alpha}\rho_2 \end{bmatrix}, \qquad \dot{\alpha} = \frac{d\alpha(\rho_1, t)}{dt}, \tag{2.161}$$

$$\mathbf{a}(\boldsymbol{\rho}, t) = \begin{bmatrix} 0 \\ \ddot{\alpha}\rho_3 \\ -\ddot{\alpha}\rho_2 \end{bmatrix}, \qquad \ddot{\alpha} = \frac{d^2\alpha(\rho_1, t)}{dt^2}. \tag{2.162}$$

Beachtet man nun die Umkehrfunktion von (2.128) oder die materiellen Koordinaten

$$\boldsymbol{\rho}(\mathbf{r},t) = \begin{bmatrix} r_1 \\ r_2 - \alpha r_3 \\ r_3 + \alpha r_2 \end{bmatrix}, \tag{2.163}$$

so erkennt man, dass (2.161) und (2.162) auch in räumlichen Koordinaten gelten. Dies ist eine Folge der linearen Betrachtung. Im Übrigen lässt sich ganz allgemein zeigen, dass in der linearen Kinematik keine Unterschiede zwischen der Darstellung in materiellen und räumlichen Koordinaten bestehen.

2.2 Holonome Systeme

Gebundene Systeme unterscheiden sich von freien Systemen dadurch, dass die Bewegungsfreiheit einer oder mehrerer Lagegrößen durch mechanische Bindungen eingeschränkt ist. In der Technik werden   holonome Bindungen durch ideale, d. h. unnachgiebige Führungen, Gelenke, Hebel, Lagerungen, Stäbe und sonstige Verbindungen verwirklicht. Die Bindungen zwischen einzelnen Maschinenelementen erlauben dem Ingenieur eine bestimmte Gesamtbewegung zur Lösung einer technischen Aufgabe zu erzwingen. Andererseits dienen Bindungen auch dazu, eine komplizierte Gesamtbewegung in einfache Teilbewegungen zu zerlegen, die dann z. B. unabhängig voneinander gesteuert werden können. Bei einem Industrieroboter, Bild 2.11, wird in der Regel jedem Freiheitsgrad ein starrer Körper und ein Antriebsmotor zugeordnet.
Bei der Definition holonomer Systeme ist es sinnvoll, die freien Systeme als Sonderfall zuzulassen. Dadurch werden für die mathematische Beschreibung freier Systeme zusätzliche Möglichkeiten geschaffen. Die Darstellung eines freien Systems in der Form eines holonomen Systems bedeutet nichts anderes als eine zusätzliche Koordinatentransformation. Die Zahl der Freiheitsgrade bleibt davon unberührt, ebenso wie der mechanische Sachverhalt fehlender Bindungen.

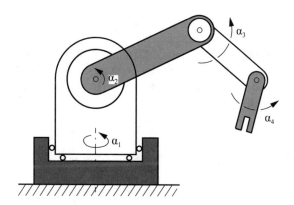

Bild 2.11: Knickarm-Industrieroboter mit 4 Freiheitsgraden

2.2.1 Punktsysteme

Die Bindungen, oft auch Zwangsbedingungen genannt, werden zunächst wieder am Beispiel eines einzelnen Punktes erläutert. Die Bewegung eines materiellen Punktes $P(t)$ kann durch die Fesselung an eine Fläche oder an eine Kurve eingeschränkt werden. Die Verschiebung auf einer im Laufe der Zeit veränderlichen Fläche, Bild 2.12, lässt sich entsprechend den zwei Freiheitsgraden durch zwei verallgemeinerte Koordinaten $y_1(t)$, $y_2(t)$ eindeutig darstellen,

$$\mathbf{r}(t) = \mathbf{r}(\mathbf{x}) = \mathbf{r}(y_1, y_2, t). \tag{2.164}$$

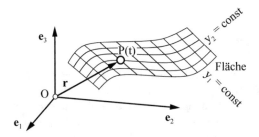

Bild 2.12: Bewegung eines Punktes auf einer Fläche

Eine Fläche im Raum wird durch eine skalare, algebraische und im Allgemeinen nichtlineare Gleichung beschrieben,

$$\phi(\mathbf{x}, t) = 0, \tag{2.165}$$

wobei $\mathbf{x}(t)$ den 3×1-Lagevektor des freien Punktes darstellt. Damit ist eine Bindung an eine Fläche in impliziter Form gegeben. Mit (2.164) kann die Bindung auch in expliziter Form dargestellt werden,

$$\mathbf{x} = \mathbf{x}(y_1, y_2, t). \tag{2.166}$$

Beide Formen der Darstellung sind gleichwertig. Durch (2.166) wird im Besonderen die Verringerung der Ordnung des Lagevektors infolge der Bindung verdeutlicht. Die Translation entlang einer zeitveränderlichen Kurve, Bild 2.13, hat nur einen Freiheitsgrad mit einer verallgemeinerten Koordinate $y(t)$. Es gilt also

$$\mathbf{r}(t) = \mathbf{r}(\mathbf{x}) = \mathbf{r}(y, t). \tag{2.167}$$

Eine Kurve im Raum ist durch zwei skalare Gleichungen gegeben,

$$\phi_1(\mathbf{x}, t) = 0, \qquad \phi_2(\mathbf{x}, t) = 0. \tag{2.168}$$

Diese beiden Bindungen lauten in expliziter Darstellung

$$\mathbf{x} = \mathbf{x}(y, t). \tag{2.169}$$

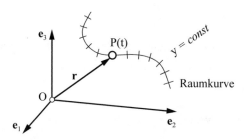

Bild 2.13: Bewegung eines Punktes entlang einer Raumkurve

Die Zahl der Freiheitsgrade eines gebundenen einzelnen Punktes wird durch die Zahl der Bindungen eindeutig festgelegt. Für den an die Raumkurve gefesselten Punkt findet man $f = 3 - 2 = 1$ Freiheitsgrad.

Beispiel 2.8: Raumpendel

Ein Raumpendel mit der zeitveränderlichen Länge $L(t)$ kann sich auf einer Kugelfläche mit veränderlichem Radius bewegen. Damit ist eine Zwangsbedingung gegeben, die in kartesischen Koordinaten als

$$\phi = r_1^2 + r_2^2 + r_3^2 - L^2(t) = 0 \tag{2.170}$$

oder nach (2.14), (2.15) und Bild 2.2 in Kugelkoordinaten als

$$\phi = |\mathbf{r}| - L(t) = 0 \tag{2.171}$$

angeschrieben werden kann. Die Zwangsbedingung mit den kartesischen Koordinaten r_1, r_2 als verallgemeinerten Koordinaten lauten in expliziter Darstellung

$$\mathbf{r}(r_1, r_2, t) = \begin{bmatrix} r_1 \\ r_2 \\ \pm\sqrt{L^2(t) - r_1^2 - r_2^2} \end{bmatrix} \tag{2.172}$$

oder mit den Kugelkoordinaten ψ, ϑ als verallgemeinerten Koordinaten

$$\mathbf{r}(\psi, \vartheta, t) = \begin{bmatrix} \cos\psi\sin\vartheta \\ \sin\psi\sin\vartheta \\ \cos\vartheta \end{bmatrix} L(t). \tag{2.173}$$

Oft eignen sich krummlinige Koordinaten besser zur Einführung von Bindungen als kartesische Koordinaten.

Die Bindungen beschränken nicht nur die Bewegung einzelner Punkte im Raum, sondern im Besonderen auch die Bewegungsfreiheit zwischen mehreren materiellen Punkten eines Punktsystems. Die Zahl der Freiheitsgrade beträgt bei einem System von p Punkten mit q Bindungen

$$f = 3p - q. \tag{2.174}$$

Die q Bindungen können implizit durch eine algebraische, im Allgemeinen nichtlineare, $q \times 1$-Vektorgleichung

$$\boldsymbol{\phi}(\mathbf{x}, t) = \mathbf{0} \tag{2.175}$$

oder explizit durch die $3p \times 1$-Vektorgleichung

$$\mathbf{x} = \mathbf{x}(\mathbf{y}, t) \tag{2.176}$$

beschrieben werden, wobei der $f \times 1$-Lagevektor des gebundenen Punktsystems

$$\mathbf{y}(t) = \begin{bmatrix} y_1 & y_2 & \cdots & y_f \end{bmatrix} \tag{2.177}$$

herangezogen wird.

Bindungen der Form (2.175) bzw. (2.176), welche gleichzeitig die Lage und Geschwindigkeit des Systems beschränken, nennt man geometrische Bindungen. Daneben kennt man die integrierbaren kinematischen Bindungen der Form

$$\boldsymbol{\phi}(\mathbf{x}, \dot{\mathbf{x}}, t) = \mathbf{0}, \tag{2.178}$$

die zwar formal von den Geschwindigkeitsgrößen abhängen, aber durch Integration auf die Form (2.175) gebracht werden können. Die holonomen Bindungen umfassen die geometrischen und die integrierbaren kinematischen Bindungen und können stets in der Form (2.175) angeschrieben werden.

Zeitinvariante Bindungen heißen skleronome Bindungen, während zeitvariante Bindungen als rheonome Bindungen bezeichnet werden. Neben den durch die Gleichung (2.175) gekennzeichneten zweiseitigen Bindungen gibt es auch einseitige Bindungen, die auf Ungleichungen führen. In der Form (2.176) führen einseitige Bindungen auf eine veränderliche Zahl von Freiheitsgraden, wie sie z. B. bei Kontaktproblemen auftritt. Eine ausführliche Darstellung findet man bei Pfeiffer und Glocker [48].

Beispiel 2.9: Ebenes Doppelpendel

Das Doppelpendel, Bild 2.14, ist ein Zweipunktsystem mit vier Bindungen (beide Punkte in der Ebene, beide Stangenlängen sind konstant) und daher zwei Freiheitsgraden, $p = 2, q = 4, f = 3p - q = 3 \cdot 2 - 4 = 2$. Für die kartesischen Koordinaten

$$\mathbf{x}(t) = \begin{bmatrix} r_{11} & r_{12} & r_{13} & r_{21} & r_{22} & r_{23} \end{bmatrix} \tag{2.179}$$

und die Winkelkoordinaten

$$\mathbf{y}(t) = \begin{bmatrix} \alpha_1 & \alpha_2 \end{bmatrix} \tag{2.180}$$

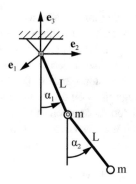

Bild 2.14: Ebenes Doppelpendel

lauten die skleronomen Bindungen in impliziter Form

$$\boldsymbol{\phi} = \begin{bmatrix} r_{11} \\ r_{12}^2 + r_{13}^2 - L^2 \\ r_{21} \\ (r_{22} - r_{12})^2 + (r_{23} - r_{13})^2 - L^2 \end{bmatrix} = \mathbf{0} \tag{2.181}$$

und in expliziter Form

$$\mathbf{x} = \begin{bmatrix} 0 \\ L\sin\alpha_1 \\ -L\cos\alpha_1 \\ 0 \\ L\sin\alpha_1 + L\sin\alpha_2 \\ -L\cos\alpha_1 - L\cos\alpha_2 \end{bmatrix}. \tag{2.182}$$

Man kann durch Einsetzen von (2.182) in (2.181) die Gleichwertigkeit beider Darstellungen bestätigen.

Die Translation eines holonomen Punktsystems folgt aus (2.24) und (2.176) zu

$$\mathbf{r}_i(t) = \mathbf{r}_i(\mathbf{y}, t), \qquad i = 1(1)p. \tag{2.183}$$

Für die Geschwindigkeit erhält man

$$\mathbf{v}_i(t) = \frac{\partial \mathbf{r}_i}{\partial \mathbf{y}} \cdot \dot{\mathbf{y}}(t) + \frac{\partial \mathbf{r}_i}{\partial t} = \mathbf{J}_{Ti}(\mathbf{y}, t) \cdot \dot{\mathbf{y}}(t) + \bar{\mathbf{v}}_i(\mathbf{y}, t), \qquad i = 1(1)p, \tag{2.184}$$

wobei neben der $3 \times f$ Jacobi-Matrix $\mathbf{J}_{Ti}$ der Translation bei rheonomen Bindungen der lokale 3×1-Geschwindigkeitsvektor $\bar{\mathbf{v}}_i$ auftreten kann. Für die Beschleunigung findet man ebenso

$$\begin{aligned} \mathbf{a}_i(t) &= \mathbf{J}_{Ti}(\mathbf{y}, t) \cdot \ddot{\mathbf{y}}(t) + \dot{\mathbf{J}}_{Ti}(\mathbf{y}, t) \cdot \dot{\mathbf{y}}(t) + \frac{d\bar{\mathbf{v}}_i}{dt} \\ &= \mathbf{J}_{Ti}(\mathbf{y}, t) \cdot \ddot{\mathbf{y}}(t) + \bar{\mathbf{a}}_i(\mathbf{y}, \dot{\mathbf{y}}, t), \qquad i = 1(1)p. \end{aligned} \tag{2.185}$$

Im skleronomen Fall ist der 3×1-Beschleunigungsvektor $\bar{\mathbf{a}}_i$ quadratisch von der ersten Ableitung des Lagevektors abhängig. Bei rheonomen Bindungen können dagegen auch Terme auftreten, die in rein mechanischen Systemen linear oder überhaupt nicht von der ersten Ableitung $\dot{\mathbf{y}}(t)$ des Lagevektors abhängen. Die Berechnung dieser Terme erfolgt nach (2.185).

Neben den realen Bewegungen eines Systems sind in der Dynamik die virtuellen Bewegungen von Bedeutung. Eine virtuelle Bewegung ist eine willkürliche, infinitesimale Bewegung des Systems, die mit den skleronomen und den rheonomen (aber zum gegebenen Zeitpunkt 'erstarrten') Bindungen verträglich ist. Das Symbol δ der virtuellen Größen hat die Eigenschaften von Variationen in der Mathematik. Für holonome Bindungen gilt

$$\begin{aligned}
&\delta\mathbf{r} \neq \mathbf{0} \quad \text{für bewegliche Lagerungen,} \\
&\delta\mathbf{r} = \mathbf{0} \quad \text{für feste Einspannungen,} \\
&\delta t = 0.
\end{aligned} \qquad (2.186)$$

Die virtuelle Bewegung eines Punktes wird also durch die virtuelle Verschiebung $\delta\mathbf{r}$ bestimmt, während die Zeit nicht variiert wird. Man rechnet mit den virtuellen Bewegungen wie mit Differentialen

$$\delta(c\mathbf{r}) = c\delta\mathbf{r}, \qquad \delta(\mathbf{r}_1 + \mathbf{r}_2) = \delta\mathbf{r}_1 + \delta\mathbf{r}_2, \qquad \delta\mathbf{r}(\mathbf{y}) = \frac{\partial\mathbf{r}}{\partial\mathbf{y}} \cdot \delta\mathbf{y}. \qquad (2.187)$$

Im Besonderen gilt für die virtuelle Bewegung des i-ten Punktes

$$\delta\mathbf{r}_i = \mathbf{J}_{Ti} \cdot \delta\mathbf{y}, \qquad i = 1(1)p. \qquad (2.188)$$

Die virtuelle Lageänderung $\delta\mathbf{y}$ bestimmt über die Jacobi-Matrizen $\mathbf{J}_{Ti}$ die gesamte virtuelle Bewegung des Systems. Nach der Kettenregel (2.11) besteht ein enger Zusammenhang zwischen den Jacobi-Matrizen $\mathbf{H}_{Ti}$ des freien Systems und $\mathbf{J}_{Ti}$ des gebunden Systems. Im Einzelnen gilt mit (2.8), (2.176) und (2.183) die Beziehung

$$\mathbf{J}_{Ti} = \frac{\partial\mathbf{r}_i}{\partial\mathbf{y}} = \frac{\partial\mathbf{r}_i}{\partial\mathbf{x}} \cdot \frac{\partial\mathbf{x}}{\partial\mathbf{y}} = \mathbf{H}_{Ti}(\mathbf{y}, t) \cdot \mathbf{I}(\mathbf{y}, t) \qquad (2.189)$$

mit der $3p \times f$-Matrix $\mathbf{I}(\mathbf{y}, t)$. Dadurch lässt sich die praktische Berechnung der Jacobi-Matrizen oft erheblich vereinfachen.

Beispiel 2.10: Schwerependel

Das Schwerependel ist ein ebenes Pendel mit einem Freiheitsgrad, Bild 2.15. Mit den Kugelkoordinaten als verallgemeinerten Koordinaten, siehe (2.14), lautet die Bindungsgleichung

$$\mathbf{x} = \left[\begin{array}{ccc} \dfrac{\pi}{2} & (\pi - \alpha) & L \end{array} \right]. \qquad (2.190)$$

Damit findet man

$$\frac{\partial\mathbf{x}}{\partial\alpha} = \left[\begin{array}{ccc} 0 & -1 & 0 \end{array} \right]. \qquad (2.191)$$

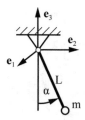

Bild 2.15: Schwerependel

Aus (2.189) folgt unter Berücksichtigung von (2.16) somit die 3×1-Jacobi-Matrix

$$\mathbf{J}_T = \frac{\partial \mathbf{r}}{\partial \mathbf{x}} \cdot \frac{\partial \mathbf{x}}{\partial \alpha} = \begin{bmatrix} 0 \\ L\cos\alpha \\ L\sin\alpha \end{bmatrix}. \tag{2.192}$$

Dieses Ergebnis kann durch direkte partielle Differentiation des Ortsvektors

$$\mathbf{r}(\alpha) = \begin{bmatrix} 0 \\ L\sin\alpha \\ -L\cos\alpha \end{bmatrix} \tag{2.193}$$

überprüft werden.

2.2.2 Mehrkörpersysteme

Ebenso wie die Translation eines Punktes kann auch die Rotation eines starren Körpers einge-schränkt werden. Die Drehung eines starren Körpers K in einem Kardan-Gelenk, Bild 2.16, wird durch zwei Freiheitsgrade mit den Kardan-Winkeln $\alpha(t), \beta(t)$ als verallgemeinerten Koordinaten eindeutig beschrieben,

$$\mathbf{S}(t) = \mathbf{S}(\alpha, \beta). \tag{2.194}$$

Die entsprechende Bindung lautet mit (2.99) implizit

$$\phi(\mathbf{x}) = \gamma - \gamma_0 = 0 \tag{2.195}$$

und explizit

$$\mathbf{x} = \mathbf{x}(\alpha, \beta) = \begin{bmatrix} \alpha & \beta & \gamma_0 \end{bmatrix}. \tag{2.196}$$

Man erkennt, dass die für die Translation eines Punktes gefundenen Beziehungen (2.165) und (2.166) unmittelbar auf die Rotation eines Körpers übertragen werden können.
Die Zahl der Freiheitsgrade beträgt in einem System von p starren Körpern mit q Bindungen

$$f = 6p - q. \tag{2.197}$$

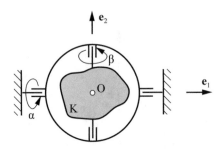

Bild 2.16: Drehung eines starren Körper im Kardan-Gelenk

Für die q Bindungen gelten wiederum (2.175) bis (2.177), wobei (2.176) bei einem Mehrkörpersystem eine $6p \times 1$-Vektorgleichung darstellt.
Die Lage und Orientierung eines holonomen Mehrkörpersystems wird durch

$$\mathbf{r}_i(t) = \mathbf{r}_i(\mathbf{y},t), \qquad \mathbf{S}_i(t) = \mathbf{S}_i(\mathbf{y},t), \qquad i = 1(1)p. \tag{2.198}$$

nach (2.122) und (2.176) beschrieben. Für die Rotation gilt in Ergänzung von (2.184) und (2.185)

$$\boldsymbol{\omega}_i(t) = \frac{\partial \mathbf{s}_i}{\partial \mathbf{y}} \cdot \dot{\mathbf{y}}(t) + \frac{\partial \mathbf{s}_i}{\partial t} = \mathbf{J}_{Ri}(\mathbf{y},t) \cdot \dot{\mathbf{y}}(t) + \overline{\boldsymbol{\omega}}_i(\mathbf{y},t), \qquad i = 1(1)p, \tag{2.199}$$

$$\begin{aligned} \boldsymbol{\alpha}_i(t) &= \mathbf{J}_{Ri}(\mathbf{y},t) \cdot \ddot{\mathbf{y}}(t) + \dot{\mathbf{J}}_{Ri}(\mathbf{y},t) \cdot \dot{\mathbf{y}} + \dot{\overline{\boldsymbol{\omega}}}_i(\mathbf{y},t) \\ &= \mathbf{J}_{Ri}(\mathbf{y},t) \cdot \ddot{\mathbf{y}}(t) + \overline{\boldsymbol{\alpha}}_i(\mathbf{y},\dot{\mathbf{y}},t), \qquad i = 1(1)p. \end{aligned} \tag{2.200}$$

Dabei ist wieder der momentane infinitesimale 3×1-Drehvektor $\mathbf{s}_i$ gemäß (2.85) verwendet worden, und für die Berechnung der $3 \times f$-Jacobi-Matrix $\mathbf{J}_{Ri}$ der Rotation gelten nach wie vor die Bemerkungen zu (2.113) und (2.114). Weiterhin ist $\overline{\boldsymbol{\omega}}_i$ der lokale 3×1-Drehgeschwindigkeitsvektor und $\overline{\boldsymbol{\alpha}}_i$ ist ein gemäß (2.185) definierter 3×1 lokaler Drehbeschleunigungsvektor.
Für die virtuelle Bewegung des Mehrkörpersystems findet man

$$\delta \mathbf{r}_i = \mathbf{J}_{Ti} \cdot \delta \mathbf{y}, \qquad \delta \mathbf{s}_i = \mathbf{J}_{Ri} \cdot \delta \mathbf{y}, \qquad i = 1(1)p, \tag{2.201}$$

in Ergänzung zu (2.188). Weiterhin gilt entsprechend (2.189)

$$\mathbf{J}_{Ri} = \mathbf{H}_{Ri}(\mathbf{y},t) \cdot \mathbf{I}(\mathbf{y},t), \tag{2.202}$$

eine Beziehung, die für die Berechnung der Jacobi-Matrix der Rotation sehr wertvoll ist.

Beispiel 2.11: Kardan-Lagerung

Die Kardan-Lagerung, Bild 2.16, ist ein Zweikörpersystem mit zehn Bindungen und zwei Freiheitsgraden, $p = 2, q = 10, f = 6p - q = 6 \cdot 2 - 10 = 2$. Für den 12×1-Lagevektor des freien Systems

$$\mathbf{x}(t) = [r_{11} \ r_{12} \ r_{13} \ r_{21} \ r_{22} \ r_{23} \ \alpha_1 \ \beta_1 \ \gamma_1 \ \alpha_2 \ \beta_2 \ \gamma_2] \tag{2.203}$$

und den 2×1-Lagevektor

$$\mathbf{y}(t) = \begin{bmatrix} \alpha & \beta \end{bmatrix} \tag{2.204}$$

lauten die expliziten Zwangsbedingungen

$$\mathbf{x} = \begin{bmatrix} 0 & 0 & 0 & 0 & 0 & 0 & \alpha & \beta & 0 & \alpha & 0 & 0 \end{bmatrix}. \tag{2.205}$$

Dabei wurde beachtet, dass der Ursprung O des Koordinatensystems ein Fixpunkt beider Körper ist. Für die Jacobi-Matrizen findet man unter Berücksichtigung von (2.100) und (2.202)

$$\mathbf{J}_{T1} = \mathbf{J}_{T2} = \mathbf{0}, \quad \mathbf{J}_{R1} = \begin{bmatrix} 1 & 0 \\ 0 & \cos\alpha \\ 0 & \sin\alpha \end{bmatrix}, \quad \mathbf{J}_{R2} = \begin{bmatrix} 1 & 0 \\ 0 & 0 \\ 0 & 0 \end{bmatrix} \tag{2.206}$$

und die Beschleunigungen lauten

$$\mathbf{a}_1(t) = \mathbf{a}_2(t) = \mathbf{0}, \tag{2.207}$$

$$\boldsymbol{\alpha}_1(t) = \begin{bmatrix} \ddot{\alpha} \\ \ddot{\beta}\cos\alpha - \dot{\alpha}\dot{\beta}\sin\alpha \\ \ddot{\beta}\sin\alpha + \dot{\alpha}\dot{\beta}\cos\alpha \end{bmatrix}, \quad \boldsymbol{\alpha}_2(t) = \begin{bmatrix} \ddot{\alpha} \\ 0 \\ 0 \end{bmatrix}. \tag{2.208}$$

In der Praxis verzichtet man bei großen Mehrkörpersystemen auf das Anschreiben des $6p \times 1$-Lagevektors $\mathbf{x}(t)$ des freien Systems, da dies, wie (2.203) zeigt, zu langen Ausdrücken führt. Mit dem $f \times 1$-Lagevektor $\mathbf{y}(t)$ werden dann die Beziehungen (2.198) direkt ausgewertet.

Die holonomen Systeme schließen definitionsgemäß als Sonderfall auch die freien Systeme mit ein. Im Einzelnen gilt dann $q = 0$, $f = 6p$, $\mathbf{x} = \mathbf{y}$, $\mathbf{H}_{Ti} = \mathbf{J}_{Ti}$, $\mathbf{H}_{Ri} = \mathbf{J}_{Ri}$, $\mathbf{I} = \mathbf{E}$, d. h. die Funktionalmatrix $\mathbf{I}$ geht in die $6p \times 6p$-Einheitsmatrix über.

2.2.3 Kontinuum

Die Bindungen in einem Kontinuum haben mehr theoretischen Charakter, da sie konstruktiv nicht beeinflusst werden können. Trotzdem kann man auch stark unterschiedliche Steifigkeitseigenschaften mit guter Näherung durch Bindungen bequem modellieren. Damit ist es dann möglich, vom allgemeinen dreidimensionalen Problem auf eine einfachere zwei- oder eindimensionale Aufgabenstellung überzugehen. Ein typisches Beispiel für eine holonome Bindung in einem Kontinuum ist die Bernoullische Hypothese der Balkenbiegung, die ebene Querschnittsflächen - auch bei Belastung - fordert.

Die Deformation eines Kontinuums ist im Allgemeinen ortsabhängig, so dass auch die Bindungen lokal formuliert werden müssen. Die Bindungen werden dann als Funktionen des Deformationsgradienten angegeben

$$\boldsymbol{\phi}(\mathbf{F}(\boldsymbol{\rho}, t)) = \mathbf{0}. \tag{2.209}$$

Eine für ein Kontinuum typische Bindung stellt die Starrheit dar. Mit (2.32) kann man schreiben

$$\boldsymbol{\phi} = \mathbf{F}^T \cdot \mathbf{F} - \mathbf{E} = \mathbf{0}, \tag{2.210}$$

wodurch die neun Koordinaten des Deformationsgradienten sechs Bindungen unterworfen werden, so dass die drei Freiheitsgrade der Drehung verbleiben. Neben den durch (2.209) gegebenen inneren Bindungen kann ein Kontinuum auch mit seiner Umgebung verbunden sein. Dann treten zusätzliche äußere Bindungen auf,

$$\boldsymbol{\phi}(\mathbf{r}(\boldsymbol{\rho}, t)) = \mathbf{0} \qquad \text{auf } A^r, \tag{2.211}$$

die den Randbedingungen an der Oberfläche A^r entsprechen. Die Randbedingungen beschränken die Deformation auf einem Flächen- oder Linienstück oder an diskreten Einzelpunkten der Oberfläche.

Beispiel 2.12: Torsion eines Rundstabes

Ein tordierter Rundstab mit der aktuellen Konfiguration (2.128) stellt ein Kontinuum dar, das durch sechs Freiheitsgrade der Starrkörperbewegung und unendlich viele Freiheitsgrade der Torsion gekennzeichnet ist. Im Einzelnen findet man aus (2.130) die Beziehungen

$$\phi_1 = U_{11}^2 - 1 = 0, \tag{2.212}$$

$$\phi_2 = U_{22}^2 - 1 = 0, \tag{2.213}$$

$$\phi_3 = U_{33}^2 - 1 = 0, \tag{2.214}$$

$$\phi_4 = U_{23}^2 = 0, \tag{2.215}$$

$$\phi_5 = \rho_2 U_{12}^2 + \rho_3 U_{13}^2 = 0. \tag{2.216}$$

Durch diese Zwangsbedingungen wird ausgedrückt, dass die Querschnittsflächen bei Belastung eben und unverzerrt bleiben. Weiterhin kann der Rundstab an drei Punkten an seinem linken Ende gelagert werden. Dann lauten die äußeren Bindungen

$$r_1 - \rho_1 = 0, \ r_2 - \rho_2 = 0, \ r_3 - \rho_3 = 0, \text{für } \boldsymbol{\rho} = [0 \ 0 \ \frac{R}{2}],$$

$$r_1 - \rho_1 = 0, \ r_2 - \rho_2 = 0, \qquad \text{für } \boldsymbol{\rho} = [0 \ 0 \ -\frac{R}{2}],$$

$$r_1 - \rho_1 = 0, \qquad \text{für } \boldsymbol{\rho} = [0 \ \frac{R}{2} \ 0]. \tag{2.217}$$

Die Zahl der Freiheitsgrade beträgt $f \to \infty$ für das eindimensionale Problem der Torsion.

2.3 Nichtholonome Systeme

Während durch holonome Bindungen gleichzeitig die Bewegungsfreiheit von Lagegrößen und damit auch der Geschwindigkeitsgrößen eingeschränkt wird, führen nichtholonome Bindungen nur zu einer Einschränkung der Geschwindigkeitsgrößen, nicht aber zu einer Einschränkung der Lagegrößen. Nichtholonome Bindungen findet man in der Technik vergleichsweise selten. Die linearen nichtholonomen Bindungen können rein mechanisch verwirklicht werden, z. B. durch rollende starre Räder, während nichtlineare nichtholonome Bindungen den Einsatz regelungstechnischer Mittel erfordern. Allerdings können mit nichtholonomen Bindungen verknüpfte verallgemeinerte Geschwindigkeiten auch für eine vereinfachte Beschreibung holonomer Systeme herangezogen werden.

Die Zahl f der Freiheitsgrade der Lage eines holonomen Systems wird durch r nichtholonome Bindungen auf die Zahl g der Freiheitsgrade der Geschwindigkeit reduziert. Für ein System von p starren Körpern gilt also

$$g = f - r = 6p - q - r, \tag{2.218}$$

wobei (2.197) berücksichtigt wurde. Die r nichtholonomen Bindungen lassen sich implizit durch die nicht integrierbare $r \times 1$-Vektorgleichung

$$\boldsymbol{\psi}(\mathbf{y}, \dot{\mathbf{y}}, t) = \mathbf{0} \tag{2.219}$$

oder explizit durch die $f \times 1$-Vektordifferentialgleichung

$$\dot{\mathbf{y}} = \dot{\mathbf{y}}(\mathbf{y}, \mathbf{z}, t) \tag{2.220}$$

darstellen, wobei der $g \times 1$-Vektor der verallgemeinerten Geschwindigkeitskoordinaten

$$\mathbf{z}(t) = \begin{bmatrix} z_1 & z_2 & \cdots & z_g \end{bmatrix} \tag{2.221}$$

auftritt. Die nichtholonomen Bindungen gehören zu den kinematischen Bindungen, sie können skleronom oder rheonom sein. Wesentliche Voraussetzung ist jedoch, dass (2.219) nicht integriert werden kann. Sonst sind holonome Bindungen gegeben, siehe (2.175).

Beispiel 2.13: Rollende Kugel

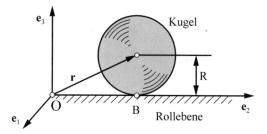

Bild 2.17: Rollende Kugel

Eine auf der Ebene rollende Kugel (Radius R), Bild 2.17, ist ein starrer Körper mit einer holonomen (Bewegung in der Ebene) und zwei nichtholonomen Bindungen (Rollen ohne Gleiten), $p = 1, q = 1, r = 2, f = 5, g = 3$. Mit den verallgemeinerten Koordinaten der freien Kugel

$$\mathbf{x}(t) = \begin{bmatrix} r_1 & r_2 & r_3 & \alpha & \beta & \gamma \end{bmatrix}, \tag{2.222}$$

den verallgemeinerten Koordinaten der an die Ebene gebundenen Kugel

$$\mathbf{y}(t) = \begin{bmatrix} r_1 & r_2 & \alpha & \beta & \gamma \end{bmatrix} \tag{2.223}$$

und den verallgemeinerten Geschwindigkeiten

$$\mathbf{z}(t) = \begin{bmatrix} \omega_1 & \omega_2 & \omega_3 \end{bmatrix} \tag{2.224}$$

lautet die holonome, skleronome Bindung

$$\phi = r_3 - R = 0 \quad \text{oder} \quad \mathbf{x} = \begin{bmatrix} r_1 & r_2 & R & \alpha & \beta & \gamma \end{bmatrix}. \tag{2.225}$$

Die nichtholonomen, skleronomen Bindungen folgen aus der Rollbedingung implizit zu

$$\boldsymbol{\psi} = \begin{bmatrix} \dot{r}_1 - R(\dot{\beta}\cos\alpha - \dot{\gamma}\sin\alpha\cos\beta) \\ \dot{r}_2 + R(\dot{\alpha} + \dot{\gamma}\sin\beta) \end{bmatrix} = \mathbf{0} \tag{2.226}$$

und explizit zu

$$\dot{\mathbf{y}} = \begin{bmatrix} \omega_2 R \\ -\omega_1 R \\ \omega_1 + \omega_2\sin\alpha\tan\beta - \omega_3\cos\alpha\tan\beta \\ \omega_2\cos\alpha + \omega_3\sin\alpha \\ -\omega_2\frac{\sin\alpha}{\cos\beta} + \omega_3\frac{\cos\alpha}{\cos\beta} \end{bmatrix}. \tag{2.227}$$

Dabei wurde beachtet, dass die absolute Geschwindigkeit des Berührpunktes B verschwindet, und es wurden (2.100) und Tabelle 2.2 berücksichtigt.

Die Konfiguration eines nichtholonomen Mehrkörpersystems ist unverändert durch (2.198) gegeben. Der Geschwindigkeitszustand folgt dagegen aus (2.184), (2.199) und (2.220) zu

$$\mathbf{v}_i = \mathbf{v}_i(\mathbf{y}, \mathbf{z}, t), \qquad \boldsymbol{\omega}_i = \boldsymbol{\omega}_i(\mathbf{y}, \mathbf{z}, t), \qquad i = 1(1)p. \tag{2.228}$$

Damit erhält man für den Beschleunigungszustand

$$\mathbf{a}_i(t) = \frac{\partial \mathbf{v}_i}{\partial \mathbf{z}} \cdot \dot{\mathbf{z}}(t) + \frac{\partial \mathbf{v}_i}{\partial \mathbf{y}} \cdot \dot{\mathbf{y}}(t) + \frac{\partial \mathbf{v}_i}{\partial t} = \mathbf{L}_{Ti}(\mathbf{y}, \mathbf{z}, t) \cdot \dot{\mathbf{z}}(t) + \bar{\mathbf{a}}_i(\mathbf{y}, \mathbf{z}, t) \tag{2.229}$$

und ebenso

$$\boldsymbol{\alpha}_i(t) = \frac{\partial \boldsymbol{\omega}_i}{\partial \mathbf{z}} \cdot \dot{\mathbf{z}}(t) + \frac{\partial \boldsymbol{\omega}_i}{\partial \mathbf{y}} \cdot \dot{\mathbf{y}}(t) + \frac{\partial \boldsymbol{\omega}_i}{\partial t} = \mathbf{L}_{Ri}(\mathbf{y}, \mathbf{z}, t) \cdot \dot{\mathbf{z}}(t) + \bar{\boldsymbol{\alpha}}_i(\mathbf{y}, \mathbf{z}, t). \tag{2.230}$$

Zur Abkürzung wurden hier analog zum holonomen Fall die $3 \times g$-Jacobi-Matrizen $\mathbf{L}_{Ti}$ und $\mathbf{L}_{Ri}$ und die lokalen 3×1-Beschleunigungsvektoren $\bar{\mathbf{a}}_i$ und $\bar{\boldsymbol{\alpha}}_i$ eingeführt.
Entsprechend der virtuellen Bewegung holonomer Systeme kann man auch die virtuelle Geschwindigkeit nichtholonomer Systeme einführen. Eine virtuelle Geschwindigkeit ist eine willkürliche, infinitesimale Geschwindigkeitsänderung, die stets mit den Bindungen verträglich ist.

Das Symbol δ' der virtuellen Geschwindigkeit hat die Eigenschaften

$$\delta' \mathbf{r}_i = \delta' \mathbf{s}_i = \mathbf{0}, \qquad \delta' \mathbf{v}_i \neq \mathbf{0}, \qquad \delta' \boldsymbol{\omega}_i \neq \mathbf{0}, \qquad \delta' t = 0. \tag{2.231}$$

Bei der Bestimmung der virtuellen Geschwindigkeit werden also die Lage und die Zeit nicht variiert. Im Besonderen gilt für die virtuelle Geschwindigkeit eines Mehrkörpersystems

$$\delta' \mathbf{v}_i = \mathbf{L}_{Ti} \cdot \delta' \mathbf{z}, \qquad \delta' \boldsymbol{\omega}_i = \mathbf{L}_{Ri} \cdot \delta' \mathbf{z}, \qquad i = 1(1)p. \tag{2.232}$$

Die virtuelle Geschwindigkeitsänderung $\delta' \mathbf{z}$ bestimmt über die Funktionalmatrizen $\mathbf{L}_{Ti}$, $\mathbf{L}_{Ri}$ die gesamte virtuelle Geschwindigkeit des Systems.
Weiterhin besteht ein enger Zusammenhang zwischen den verschiedenen Jacobi-Matrizen, wie bereits durch (2.202) verdeutlicht wurde. Es gilt

$$\mathbf{L}_{Ti}(\mathbf{y}, \mathbf{z}, t) = \mathbf{J}_{Ti}(\mathbf{y}, t) \cdot \mathbf{K}(\mathbf{y}, \mathbf{z}, t) \tag{2.233}$$

$$\mathbf{L}_{Ri}(\mathbf{y}, \mathbf{z}, t) = \mathbf{J}_{Ri}(\mathbf{y}, t) \cdot \mathbf{K}(\mathbf{y}, \mathbf{z}, t) \tag{2.234}$$

mit der $f \times g$-Matrix

$$\mathbf{K}(\mathbf{y}, \mathbf{z}, t) = \frac{\partial \dot{\mathbf{y}}(\mathbf{y}, \mathbf{z}, t)}{\partial \mathbf{z}}. \tag{2.235}$$

Damit lässt sich die Berechnung der Jacobi-Matrizen häufig vereinfachen.

Beispiel 2.14: Transportkarren

Ein Transportkarren mit zwei masselosen Rädern, Bild 2.18, ist dadurch gekennzeichnet, dass sich der materielle Punkt P infolge der Haftreibungskräfte der Räder nicht in der körperfesten 2-Richtung bewegen kann. Unter der Voraussetzung einer ebenen Bewegung ist ein Körper mit drei holonomen und einer nichtholonomen Bindung gegeben, $p = 1, q = 3, r = 1, f = 3, g = 2$. Mit dem 6×1-Lagevektor des freien Körpers

$$\mathbf{x}(t) = \begin{bmatrix} r_1 & r_2 & r_3 & \alpha & \beta & \gamma \end{bmatrix}, \tag{2.236}$$

dem 3×1-Lagevektor

$$\mathbf{y}(t) = \begin{bmatrix} r_1 & r_2 & \gamma \end{bmatrix} \tag{2.237}$$

und dem 2×1-Geschwindigkeitsvektor

$$\mathbf{z}(t) = \begin{bmatrix} v & \dot{\gamma} \end{bmatrix} \tag{2.238}$$

lautet die nichtholonome Bindung in expliziter Form

$$\dot{\mathbf{y}} = \begin{bmatrix} v \cos \gamma \\ v \sin \gamma \\ \dot{\gamma} \end{bmatrix}. \tag{2.239}$$

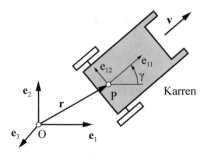

Bild 2.18: Bewegung eines Karrens mit starren Rädern

Für die 3×3-Jacobi-Matrizen findet man

$$
\mathbf{J}_T = \begin{bmatrix} 1 & 0 & 0 \\ 0 & 1 & 0 \\ 0 & 0 & 0 \end{bmatrix}, \qquad \mathbf{J}_R = \begin{bmatrix} 0 & 0 & 0 \\ 0 & 0 & 0 \\ 0 & 0 & 1 \end{bmatrix}, \tag{2.240}
$$

die 3×2-Funktionalmatrix lautet

$$
\mathbf{K}(\mathbf{y}) = \begin{bmatrix} \cos \gamma & 0 \\ \sin \gamma & 0 \\ 0 & 1 \end{bmatrix}, \tag{2.241}
$$

womit nach (2.233), (2.234) auch die 3×2-Funktionalmatrizen $\mathbf{L}_T$, $\mathbf{L}_R$ bestimmt sind

$$
\mathbf{L}_T = \begin{bmatrix} \cos \gamma & 0 \\ \sin \gamma & 0 \\ 0 & 0 \end{bmatrix}, \qquad \mathbf{L}_R = \begin{bmatrix} 0 & 0 \\ 0 & 0 \\ 0 & 1 \end{bmatrix}. \tag{2.242}
$$

Weiterhin findet man

$$
\overline{\mathbf{a}} = \begin{bmatrix} -v\dot{\gamma}\sin \gamma \\ v\dot{\gamma}\cos \gamma \\ 0 \end{bmatrix}, \qquad \overline{\boldsymbol{\alpha}} = \mathbf{0}. \tag{2.243}
$$

Damit ist nach (2.229), (2.230) auch der Beschleunigungszustand bekannt.

Die nichtholonomen Bindungen (2.219) bzw. (2.220) werden manchmal auch als nichtholonome Bindungen erster Klasse bezeichnet, um sie von den nichtholonomen Bindungen zweiter Klasse unterscheiden zu können, siehe z. B. Hamel [27]. Die nichtholonomen Bindungen zweiter Klasse beschränken die Beschleunigungen, was jedoch nur von theoretischem Interesse ist.
Die nichtholonomen Systeme umfassen als Sonderfall auch alle holonomen Systeme. Da der Begriff der verallgemeinerten Geschwindigkeiten bei den holonomen Systemen fehlt, ist dieser Sonderfall nicht trivial. Es gilt dann nämlich $r = 0$, $g = f$, $\dot{\mathbf{y}} = \dot{\mathbf{y}}(\mathbf{y}, \mathbf{z})$, $\mathbf{K} = \mathbf{K}(\mathbf{y}, \mathbf{z})$. Es sei noch erwähnt, dass im vorliegenden Fall (2.220) stets skleronom und die $f \times f$-Matrix $\mathbf{K}$ im allgemeinen regulär und damit invertierbar ist. Die verallgemeinerten Geschwindigkeiten bieten

gerade bei großen holonomen Mehrkörpersystemen entscheidende Vorteile, die auf der damit verbundenen Trennung von Kinematik und Kinetik beruhen.

Beispiel 2.15: Punktbewegung in Kugelkoordinaten

Bereits bei der Untersuchung einer einfachen Punktbewegung bietet die Berücksichtigung verallgemeinerter Geschwindigkeiten Vorteile. Die Jacobi-Matrix $\mathbf{H}_T$ kann durch eine geeignete Wahl von verallgemeinerten Geschwindigkeiten auf eine einfachere Funktionalmatrix $\mathbf{L}_T$ zurückgeführt werden. Mit den verallgemeinerten Geschwindigkeiten

$$\mathbf{z}(t) = \begin{bmatrix} R\dot{\psi} & R\dot{\vartheta} & \dot{R} \end{bmatrix} \tag{2.244}$$

findet man

$$\dot{\mathbf{y}}(\mathbf{y}, \mathbf{z}) = \begin{bmatrix} \frac{1}{R}(R\dot{\psi}) & \frac{1}{R}(R\dot{\vartheta}) & \dot{R} \end{bmatrix} \tag{2.245}$$

und die 3×3-Matrix

$$\mathbf{K}(\mathbf{y}) = \begin{bmatrix} \frac{1}{R} & 0 & 0 \\ 0 & \frac{1}{R} & 0 \\ 0 & 0 & 1 \end{bmatrix}, \tag{2.246}$$

die zusammen mit (2.16) und (2.233) auf eine dimensionslose reguläre 3×3-Matrix $\mathbf{L}_T$ führt. Die Singularität für $R = 0$ ist dabei auf (2.246) übergegangen, sie kann auch durch verallgemeinerte Geschwindigkeiten nicht vermieden werden.

2.4 Relativbewegung des Koordinatensystems

Den bisherigen Betrachtungen wurde stets ein raumfestes, nicht bewegtes Koordinatensystem zugrunde gelegt. Diese Voraussetzung war im Besonderen bei der Berechnung der Geschwindigkeit und der Beschleunigung wesentlich, siehe z. B. (2.5) und (2.12). Bei vielen technischen Problemen ist es jedoch zweckmäßig, neben dem raumfesten Koordinatensystem noch ein bewegtes Koordinatensystem zu verwenden. Die Bewegung des Koordinatensystems kann entweder als Soll-Bewegung vorgegeben sein, oder sie wird als eine partikuläre Lösung aus den Bewegungsgleichungen direkt gewonnen. In der Umgebung der Soll-Bewegung bzw. einer partikulären, periodischen Lösung kann dann häufig eine Linearisierung der Bewegung durchgeführt werden.

2.4.1 Bewegtes Koordinatensystem

Neben dem raumfesten Inertialsystem $\{0_I; \mathbf{e}_{I\alpha}\}$ wird nun ein bewegtes Referenzsystem $\{0_R; \mathbf{e}_{R\alpha}\}$, $\alpha = 1(1)3$, eingeführt. Die Bewegung des Koordinatensystems R wird bezüglich des Koordinatensystems I durch den 3×1-Vektor $\mathbf{r}_R(t)$ und den 3×3-Drehtensor $\mathbf{S}_R(t)$ beschrieben. Dabei gilt für die Basisvektoren das Transformationsgesetz

$$\mathbf{e}_{I\alpha} = \mathbf{S}_R(t) \cdot \mathbf{e}_{R\alpha}(t), \qquad \alpha = 1(1)3, \tag{2.247}$$

das in entsprechender Weise auch für die Koordinaten von Vektoren und Tensoren gilt. Für die Koordinaten eines Vektors **a** bzw. eines Tensors **A** erhält man den Zusammenhang

$$_I\mathbf{a} = \mathbf{S}_R \cdot {}_R\mathbf{a}, \qquad _I\mathbf{A} = \mathbf{S}_R \cdot {}_R\mathbf{A} \cdot \mathbf{S}_R^T. \tag{2.248}$$

Falls erforderlich, wird das Koordinatensystem durch den linken unteren Index angezeigt.

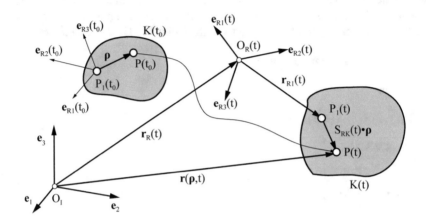

Bild 2.19: Relativbewegung eines starren Körpers

Für die aktuelle Konfiguration eines starren Körpers K erhält man somit nach Bild 2.19

$$_I\mathbf{r}(\boldsymbol{\rho},t) = {}_I\mathbf{r}_R(t) + \mathbf{S}_R(t) \cdot [{}_R\mathbf{r}_{R1}(t) + \mathbf{S}_{RK}(t) \cdot \boldsymbol{\rho}], \tag{2.249}$$

oder vollständig im Inertialsystem I angeschrieben,

$$\mathbf{r}(\boldsymbol{\rho},t) = \mathbf{r}_R(t) + \mathbf{r}_{R1}(t) + \mathbf{S}_R(t) \cdot \mathbf{S}_{RK}(t) \cdot \boldsymbol{\rho}. \tag{2.250}$$

Durch Vergleich mit (2.78) folgt also für die absolute Lage des starren Körpers, ausgedrückt in den Größen der Relativbewegung,

$$\mathbf{r}_1(t) = \mathbf{r}_R(t) + \mathbf{r}_{R1}(t), \tag{2.251}$$

$$\mathbf{S}(t) = \mathbf{S}_R(t) \cdot \mathbf{S}_{RK}(t). \tag{2.252}$$

Beachtet man nun weiterhin die inverse Deformation

$$\boldsymbol{\rho} = \mathbf{S}_{RK}^T(t) \cdot \mathbf{S}_R^T(t) \cdot \mathbf{r}_{RP}(\boldsymbol{\rho},t), \tag{2.253}$$

so erhält man durch die materielle Ableitung von (2.249) die absolute Geschwindigkeit

$$\begin{aligned}
_I\mathbf{v}(\boldsymbol{\rho},t) &= \frac{d}{dt}{}_I\mathbf{r}_R + \frac{d}{dt}\mathbf{S}_R \cdot [{}_R\mathbf{r}_{R1} + \mathbf{S}_{RK} \cdot \boldsymbol{\rho}] + \mathbf{S}_R \cdot [\frac{d}{dt}{}_R\mathbf{r}_{R1} + \frac{d}{dt}\mathbf{S}_{RK} \cdot \boldsymbol{\rho}] \\
&= {}_I\mathbf{r}_R^* + {}_I\tilde{\boldsymbol{\omega}}_R \cdot {}_I\mathbf{r}_{R1} + {}_I\dot{\mathbf{r}}_{R1} + ({}_I\tilde{\boldsymbol{\omega}}_R + {}_I\tilde{\boldsymbol{\omega}}_{RK}) \cdot {}_I\mathbf{r}_{RP},
\end{aligned} \tag{2.254}$$

wobei $(^*)$ die Ableitung im Inertialsystem und $(\dot{\ })$ die Ableitung im Referenzsystem bedeutet. Damit findet man durch Vergleich mit (2.86) für die Gesetze der Relativbewegung, siehe z. B. auch Magnus und Müller-Slany [42],

$$\mathbf{v}_1(t) = \mathbf{r}_R^*(t) + \tilde{\boldsymbol{\omega}}_R(t) \cdot \mathbf{r}_{R1}(t) + \dot{\mathbf{r}}_{R1}(t), \tag{2.255}$$

$$\boldsymbol{\omega}(t) = \boldsymbol{\omega}_R(t) + \boldsymbol{\omega}_{RK}(t). \tag{2.256}$$

Durch eine entsprechende Rechnung erhält man schließlich für die absolute Beschleunigung der Relativbewegung

$$\mathbf{a}_1(t) = \mathbf{r}_R^{**} + (\dot{\tilde{\boldsymbol{\omega}}}_R + \tilde{\boldsymbol{\omega}}_R \cdot \tilde{\boldsymbol{\omega}}_R) \cdot \mathbf{r}_{R1} + 2\tilde{\boldsymbol{\omega}}_R \cdot \dot{\mathbf{r}}_{R1} + \ddot{\mathbf{r}}_{R1}, \tag{2.257}$$

$$\boldsymbol{\alpha}(t) = \dot{\boldsymbol{\omega}}_R + \tilde{\boldsymbol{\omega}}_R \cdot \boldsymbol{\omega}_{RK} + \dot{\boldsymbol{\omega}}_{RK}. \tag{2.258}$$

In (2.257) kennzeichnen die ersten beiden Terme die Führungsbeschleunigung, der dritte Term die Coriolis-Beschleunigung und der vierte Term die Relativbeschleunigung.

Das Referenzsystem R kann auch fest mit dem starren Körper K verbunden werden. Dann spricht man von einem körperfesten Koordinatensystem $\{O_K, \mathbf{e}_{K\alpha}\}$ mit $\alpha = 1(1)3$. In diesem Sonderfall gilt

$$\mathbf{r}_{R1}(t) = \mathbf{0}, \qquad \mathbf{S}_{RK}(t) = \mathbf{E} \tag{2.259}$$

und (2.250) geht unmittelbar in (2.78) über. Dies bedeutet, dass die Bewegung eines starren Körpers auch als die Bewegung eines kartesischen Koordinatensystems aufgefasst werden kann, das fest mit dem starren Körper verbunden ist. Beschränkt man sich von vornherein auf die Starrkörpermechanik, so ist dies ein bequemer Zugang zur Kinematik. Die Beschreibung der Starrkörperbewegung durch körperfeste Koordinatensysteme erschwert aber die kontinuumsmechanische Betrachtungsweise, die in diesem Buch gewählt ist.

Ist ein Mehrkörpersystem gegeben, so kann für jeden Teilkörper K_i, $i = 1(1)p$, ein anderes Referenzsystem $\{O_{jR}; \mathbf{e}_{jR\alpha}\}$, $\alpha = 1(1)3$, $j = 1(1)n$, gewählt werden. Dann gilt

$$\mathbf{r}_i(t) = \mathbf{r}_{jR}(t) + \mathbf{r}_{jRi}(t), \tag{2.260}$$

$$\mathbf{S}_i(t) = \mathbf{S}_{jR}(t) \cdot \mathbf{S}_{jRi}(t) \tag{2.261}$$

und die Beziehungen (2.255) bis (2.258) sind ebenfalls entsprechend zu verallgemeinern.

2.4.2 Freie und holonome Systeme

Die holonomen Systeme schließen als Sonderfall die freien Systeme mit ein, $q = 0$, $f = 6p$, $\mathbf{x} = \mathbf{y}$, $\mathbf{I} = \mathbf{E}$. Die Punktsysteme stellen eine Untergruppe der Mehrkörpersysteme dar mit $f = 3p$. Deshalb genügt es an dieser Stelle, nur die holonomen Mehrkörpersysteme zu betrachten.

Die Zahl der Freiheitsgrade eines Systems wird durch die Einführung eines oder mehrerer Referenzsysteme nicht verändert. Die Freiheitsgrade können aber in unterschiedlicher Weise auf die Referenz- und Relativbewegung verteilt sein. Ist die Referenzbewegung durch reine Zeitfunktionen vorgegeben, so umfasst die Relativbewegung alle Freiheitsgrade. Wählt man dagegen ausschließlich körperfeste Referenzsysteme, so treten alle Freiheitsgrade in der Referenzbewegung auf. Im allgemeinen Fall einer gemischten Verteilung von Freiheitsgraden gilt daher

$$\mathbf{r}_R = \mathbf{r}_R(\mathbf{y}, t), \qquad \mathbf{S}_R = \mathbf{S}_R(\mathbf{y}, t). \tag{2.262}$$

Unter der Voraussetzung, dass alle Vektoren und Tensoren im Referenzsystem dargestellt sind, findet man für die Führungsgeschwindigkeiten der Referenzbewegung gemäß (2.184), (2.199)

$$\mathbf{r}_R^* = \mathbf{S}_R^T \cdot (\frac{\partial \mathbf{S}_R \cdot \mathbf{r}_R}{\partial \mathbf{y}} \cdot \dot{\mathbf{y}} + \frac{\partial \mathbf{S}_R \cdot \mathbf{r}_R}{\partial t}) = \mathbf{J}_{TR}(\mathbf{y}, t) \cdot \dot{\mathbf{y}}(t) + \overline{\mathbf{v}}_R(\mathbf{y}, t), \tag{2.263}$$

$$\boldsymbol{\omega}_R = \frac{\partial \mathbf{s}_R}{\partial \mathbf{y}} \cdot \dot{\mathbf{y}} + \frac{\partial \mathbf{s}_R}{\partial t} = \mathbf{J}_{RR}(\mathbf{y}, t) \cdot \dot{\mathbf{y}}(t) + \overline{\boldsymbol{\omega}}_R(\mathbf{y}, t) \tag{2.264}$$

mit den $3 \times f$-Jacobi-Matrizen $\mathbf{J}_{TR}$ und $\mathbf{J}_{RR}$ der Führungsbewegung. Die Relativbewegung lautet andererseits

$$\mathbf{r}_{Ri} = \mathbf{r}_{Ri}(\mathbf{y}, t), \qquad \mathbf{S}_{Ri} = \mathbf{S}_{Ri}(\mathbf{y}, t) \tag{2.265}$$

und für die Relativgeschwindigkeiten erhält man ebenso

$$\dot{\mathbf{r}}_{Ri} = \frac{\partial \mathbf{r}_{Ri}}{\partial \mathbf{y}} \cdot \dot{\mathbf{y}} + \frac{\partial \mathbf{r}_{Ri}}{\partial t} = \mathbf{J}_{TRi}(\mathbf{y}, t) \cdot \dot{\mathbf{y}}(t) + \overline{\mathbf{v}}_{Ri}(\mathbf{y}, t), \tag{2.266}$$

$$\boldsymbol{\omega}_{Ri} = \frac{\partial \mathbf{s}_{Ri}}{\partial \mathbf{y}} \cdot \dot{\mathbf{y}} + \frac{\partial \mathbf{s}_{Ri}}{\partial t} = \mathbf{J}_{RRi}(\mathbf{y}, t) \cdot \dot{\mathbf{y}}(t) + \overline{\boldsymbol{\omega}}_{Ri}(\mathbf{y}, t). \tag{2.267}$$

Hier sind $\mathbf{J}_{TRi}$ und $\mathbf{J}_{RRi}$ die $3 \times f$-Jacobi-Matrizen der Relativbewegung. Die Beschleunigungen erhält man für die Führungs- und Relativbewegung dann in Anlehnung an (2.185) und (2.200). Die absoluten Geschwindigkeiten und Beschleunigungen ergeben sich dann mit (2.262) bis (2.267) aus (2.255) bis (2.258). Dabei findet man für die Jacobi-Matrizen den Zusammenhang

$$\mathbf{J}_{Ti} = \mathbf{J}_{TR} + \mathbf{J}_{TRi} - \tilde{\mathbf{r}}_{Ri} \cdot \mathbf{J}_{RR}, \tag{2.268}$$

$$\mathbf{J}_{Ri} = \mathbf{J}_{RR} + \mathbf{J}_{RRi}. \tag{2.269}$$

Man erkennt, dass eine rein zeitabhängige Führungsbewegung die Jacobi-Matrizen des betrachteten Mehrkörpersystems überhaupt nicht beeinflusst, $\mathbf{J}_{TR} = \mathbf{J}_{RR} = \mathbf{0}$.

Beispiel 2.16: Überschlagendes Doppelpendel

Beide Körper des Doppelpendels in Bild 2.20 haben eine hohe Anfangsgeschwindigkeit. Die Anfangsbedingungen lauten $\alpha_{10} = \alpha_{20} = 0$, $\dot{\alpha}_{10} = \dot{\alpha}_{20} = \Omega \gg \sqrt{g/L}$. Für die Untersuchung der Bewegung bietet sich ein mit der Drehgeschwindigkeit Ω rotierendes Referenzsystem $\{O; \mathbf{e}_{Rj}\}$, $j = 1(1)3$ an

$$\mathbf{r}_R(t) = \mathbf{0}, \qquad \mathbf{S}_R(t) = \begin{bmatrix} 1 & 0 & 0 \\ 0 & \cos \Omega t & -\sin \Omega t \\ 0 & \sin \Omega t & \cos \Omega t \end{bmatrix}, \tag{2.270}$$

$$\mathbf{r}_R^*(t) = \mathbf{0}, \qquad \boldsymbol{\omega}_R = \overline{\boldsymbol{\omega}}_R = \begin{bmatrix} \Omega & 0 & 0 \end{bmatrix}, \qquad \mathbf{J}_{TR} = \mathbf{J}_{RR} = \mathbf{0}. \tag{2.271}$$

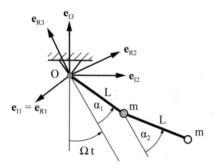

Bild 2.20: Überschlagendes Doppelpendel

Weiterhin gilt für die Relativbewegung im Referenzsystem

$$\mathbf{r}_{R1} = \begin{bmatrix} 0 \\ \sin\alpha_1 \\ -\cos\alpha_1 \end{bmatrix} L, \quad \mathbf{r}_{R2} = \begin{bmatrix} 0 \\ \sin\alpha_1 + \sin\alpha_2 \\ -\cos\alpha_1 - \cos\alpha_2 \end{bmatrix} L \qquad (2.272)$$

mit den Jacobi-Matrizen

$$\mathbf{J}_{TR1} = \begin{bmatrix} 0 & 0 \\ \cos\alpha_1 & 0 \\ \sin\alpha_1 & 0 \end{bmatrix} L, \quad \mathbf{J}_{TR2} = \begin{bmatrix} 0 & 0 \\ \cos\alpha_1 & \cos\alpha_2 \\ \sin\alpha_1 & \sin\alpha_2 \end{bmatrix} L. \qquad (2.273)$$

Nach (2.255) lauten also die absoluten Geschwindigkeiten im Referenzsystem

$$\mathbf{v}_1 = \begin{bmatrix} 0 \\ (\dot{\alpha}_1 + \Omega)\cos\alpha_1 \\ (\dot{\alpha}_1 + \Omega)\sin\alpha_1 \end{bmatrix} L, \qquad (2.274)$$

$$\mathbf{v}_2 = \begin{bmatrix} 0 \\ (\dot{\alpha}_1 + \Omega)\cos\alpha_1 + (\dot{\alpha}_2 + \Omega)\cos\alpha_2 \\ (\dot{\alpha}_2 + \Omega)\sin\alpha_1 + (\dot{\alpha}_2 + \Omega)\sin\alpha_2 \end{bmatrix} L. \qquad (2.275)$$

Durch das bewegte Referenzsystem R bleiben, auch bei der Verwendung von relativen Koordinaten, die Jacobi-Matrizen in der einfachen Form (2.273) erhalten. Weitere Vorteile werden sich bei der Linearisierung der Bewegung zeigen.

2.4.3 Nichtholonome Systeme

Die nichtholonomen Bindungen in der expliziten Form (2.220) können in die Ausdrücke (2.263) bis (2.267) der Führungs- und der Relativgeschwindigkeit eingesetzt werden, so dass diese dann auch vom $g \times 1$-Vektor der verallgemeinerten Geschwindigkeiten abhängen. Die entsprechenden Beschleunigungen erhält man wiederum in Anlehnung an (2.229) und (2.230). Die absoluten Geschwindigkeiten und Beschleunigungen folgen schließlich mit (2.255) bis (2.258). Die Ausdrücke werden hier jedoch im Einzelnen nicht dargestellt. Für die Jacobi-Matrizen findet man den Zusammenhang

$$\mathbf{L}_{Ti} = \mathbf{L}_{TR} + \mathbf{L}_{TRi} - \tilde{\mathbf{r}}_{Ri} \cdot \mathbf{L}_{RR}, \tag{2.276}$$

$$\mathbf{L}_{Ri} = \mathbf{L}_{RR} + \mathbf{L}_{RRi}. \tag{2.277}$$

Auch hier gilt, dass eine rein zeitabhängige Führungsbewegung die Jacobi-Matrizen des betrachteten Mehrkörpersystems nicht beeinflusst, $\mathbf{L}_{TR} = \mathbf{L}_{RR} = \mathbf{0}$.

2.5 Linearisierung der Kinematik

Bei der Betrachtung des Kontinuums in Abschnitt 2.1.3 wurde bereits einmal die Linearisierung kinematischer Beziehungen angesprochen. In diesem Abschnitt soll die Linearisierung der Bewegung von Punkt- und Mehrkörpersystemen bezüglich einer beliebigen Soll-Bewegung betrachtet werden. Dabei wird wiederum auf die Unterscheidung zwischen freien und holonomen Systemen verzichtet.

In der Technik ist eine Soll-Bewegung $\mathbf{y}_S(t)$ häufig durch die Aufgabe einer Maschine oder Vorrichtung gegeben, wobei die tatsächliche Ist-Bewegung $\mathbf{y}(t)$ nur wenig davon abweicht. Ist es zutreffend, dass auch die Geschwindigkeiten $\dot{\mathbf{y}}(t)$ und die Beschleunigungen $\ddot{\mathbf{y}}(t)$ im Wesentlichen der Soll-Bewegung entsprechen, dann gilt für holonome Systeme

$$\mathbf{y}(t) = \mathbf{y}_S(t) + \boldsymbol{\eta}(t), \qquad |\boldsymbol{\eta}(t)| \ll a, \tag{2.278}$$

$$\dot{\mathbf{y}}(t) = \dot{\mathbf{y}}_S(t) + \dot{\boldsymbol{\eta}}(t), \qquad |\dot{\boldsymbol{\eta}}(t)| \ll b, \tag{2.279}$$

$$\ddot{\mathbf{y}}(t) = \ddot{\mathbf{y}}_S(t) + \ddot{\boldsymbol{\eta}}(t), \qquad |\ddot{\boldsymbol{\eta}}(t)| \ll c, \tag{2.280}$$

wobei $\boldsymbol{\eta}(t)$ der $f \times 1$-Lagevektor der kleinen Abweichungen ist und a, b, c geeignete Bezugsgrößen darstellen. Mit (2.278) erhält man aus (2.198) nach einer Taylorschen Reihenentwicklung

$$\mathbf{r}_i(\boldsymbol{\eta}, t) = \mathbf{r}_{iS}(t) + \mathbf{J}_{TiS}(t) \cdot \boldsymbol{\eta} + \mathbf{r}_{i2}(\boldsymbol{\eta} \cdot \boldsymbol{\eta}, t) + \dots, \tag{2.281}$$

$$\mathbf{S}_i(\boldsymbol{\eta}, t) = \mathbf{S}_{iS}(t) + \mathbf{S}_{i1}(\boldsymbol{\eta}, t) + \mathbf{S}_{i2}(\boldsymbol{\eta} \cdot \boldsymbol{\eta}, t) + \dots, \tag{2.282}$$

wobei $\mathbf{r}_{iS}(t)$ und $\mathbf{S}_{iS}(t)$ den 3×1-Ortsvektor und den 3×3-Drehtensor der Soll-Bewegung kennzeichnen. Weiterhin folgt nach (2.184) für die linearisierte $3 \times f$-Jacobi-Matrix der Translation

$$\mathbf{J}_{Ti}(\boldsymbol{\eta}, t) = \mathbf{J}_{TiS}(t) + \mathbf{J}_{Ti1}(\boldsymbol{\eta}, t) + \dots \quad . \tag{2.283}$$

Dabei gilt für das lineare Glied der Reihenentwicklung der Jacobi-Matrix

$$\mathbf{J}_{Ti1}(\boldsymbol{\eta}, t) = \frac{\partial \mathbf{r}_{i2}(\boldsymbol{\eta} \cdot \boldsymbol{\eta}, t)}{\partial \boldsymbol{\eta}}. \tag{2.284}$$

Vernachlässigt man nun die quadratischen und höheren Glieder, so bleibt für die Geschwindigkeit und Beschleunigung holonomer Systeme

$$\mathbf{v}_i(t) = \mathbf{J}_{TiS}(t) \cdot \dot{\boldsymbol{\eta}}(t) + \dot{\mathbf{J}}_{TiS}(t) \cdot \boldsymbol{\eta}(t) + \mathbf{v}_{iS}(t), \tag{2.285}$$

$$\mathbf{a}_i(t) = \mathbf{J}_{TiS}(t) \cdot \ddot{\boldsymbol{\eta}}(t) + 2\dot{\mathbf{J}}_{TiS}(t) \cdot \dot{\boldsymbol{\eta}}(t) + + \ddot{\mathbf{J}}_{TiS}(t) \cdot \boldsymbol{\eta}(t) + \mathbf{a}_{iS}(t), \tag{2.286}$$

während für die virtuelle translatorische Bewegung

$$\delta \mathbf{r}_i = \left[\; \mathbf{J}_{TiS}(t) + \mathbf{J}_{Ti1}(\boldsymbol{\eta},t) \; \right] \cdot \delta \boldsymbol{\eta} \tag{2.287}$$

gilt.

Für die linearisierte $3 \times f$-Jacobi-Matrix der Rotation gilt (2.283) entsprechend. Die Berechnung der Jacobi-Matrizen $\mathbf{J}_{RiS}(t)$ und $\mathbf{J}_{Ri1}(t)$ ist jedoch viel aufwendiger. Unter Berücksichtigung der Definition in (2.113), (2.114) findet man

$$\frac{\partial \tilde{s}_{iS\alpha\beta}}{\partial \eta_\delta} = \frac{\partial S_{i1\alpha\gamma}}{\partial \eta_\delta} S_{iS\beta\gamma}, \tag{2.288}$$

$$\frac{\partial \tilde{s}_{i1\alpha\beta}}{\partial \eta_\delta} = \frac{\partial S_{i2\alpha\gamma}}{\partial \eta_\delta} S_{iS\beta\gamma} + \frac{\partial S_{i1\alpha\gamma}}{\partial \eta_\delta} S_{i1\beta\gamma}, \qquad \alpha, \beta, \gamma = 1(1)3, \delta = 1(1)f. \tag{2.289}$$

Die Drehgeschwindigkeit und Drehbeschleunigung lauten somit

$$\boldsymbol{\omega}_i(t) = \mathbf{J}_{RiS}(t) \cdot \dot{\boldsymbol{\eta}}(t) + \mathbf{J}'_{RiS}(t) \cdot \boldsymbol{\eta}(t) + \boldsymbol{\omega}_{iS}(t),$$

$$\mathbf{J}'_{RiS}(t)\boldsymbol{\eta}(t) = \frac{\partial \mathbf{S}_{iS}}{\partial t} \cdot \mathbf{S}_{i1}^T + \frac{\partial \mathbf{S}_{i1}}{\partial t} \cdot \mathbf{S}_{iS}^T, \tag{2.290}$$

$$\boldsymbol{\alpha}_i(t) = \mathbf{J}_{RiS}(t) \cdot \ddot{\boldsymbol{\eta}}(t) + (\dot{\mathbf{J}}_{RiS}(t) + \mathbf{J}'_{RiS}(t)) \cdot \dot{\boldsymbol{\eta}}(t) + \dot{\mathbf{J}}'_{RiS}(t) \cdot \boldsymbol{\eta}(t) + \boldsymbol{\alpha}_{iS}(t), \tag{2.291}$$

während die virtuelle Rotation der Beziehung (2.287) entspricht.

Man erkennt, dass die Rotation infolge ihrer Nichtlinearität erheblich mehr Aufwand bei der Linearisierung verursacht als die Translation. Auch hier wird man die Beziehungen (2.288) und (2.289) nur im Rahmen eines Computerprogramms anwenden. Für kleinere Probleme empfiehlt es sich, von den Elementardrehungen auszugehen und die in (2.290) auftretenden Jacobi-Matrizen $\mathbf{J}_{RiS}(t)$ und $\mathbf{J}'_{RiS}(t)$ anschaulich auf geometrischem Weg zu gewinnen.

Bei der Linearisierung ist im Besonderen zu beachten, dass $\boldsymbol{\eta} \cdot \delta\boldsymbol{\eta}$ kein quadratisches Glied im Sinne der Taylorschen Reihenentwicklung ist. Dies bedeutet, dass zur Bestimmung der virtuellen Bewegung die Reihenentwicklung in (2.281) bis zum zweiten Glied erforderlich ist. Wird die Reihenentwicklung in (2.281) bereits nach dem ersten Glied abgebrochen, so können später bei der Bestimmung der verallgemeinerten Kräfte völlig falsche Ergebnisse entstehen. Dieser Zusammenhang wird in der Literatur und bei der Entwicklung von Programmsystemen zur Untersuchung linearer Mehrkörpersysteme immer wieder übersehen. Gewinnt man die linearisierten Beschleunigungen (2.286), (2.291) nicht durch totale Ableitung der linearisierten Geschwindigkeiten (2.285), (2.290), sondern über die allgemeinen, nichtlinearen Beziehungen (2.185), (2.200), so ist für $\dot{\mathbf{y}}_S(t) = \mathbf{0}$ sogar noch das dritte Glied in (2.281) zu berücksichtigen. Dieser Weg empfiehlt sich deshalb für Aufstellung linearer Beziehungen nicht.

Auch nichtholonome Systeme lassen sich ohne Schwierigkeiten linearisieren. Neben (2.281) muss dann auch (2.220) einer Reihenentwicklung unterworfen werden, d. h. die Soll-Bewegung wird durch $\mathbf{y}_S(t)$ und $\mathbf{z}_S(t)$ festgelegt.

Weiterhin ist es oft auch nützlich, eine Teillinearisierung durchzuführen. Dabei werden aufgrund der Physik oder der tatsächlichen Bewegung einige Lagekoordinaten und/oder einige Geschwindigkeitskoordinaten als klein angesehen, während die restlichen groß sein sollen. Man erhält dann natürlich auch keine vollständig linearen Bewegungsgleichungen, trotzdem kann die

Lösung erheblich vereinfacht werden.

Beispiel 2.17: Überschlagendes Pendel

Die Soll-Bewegung des Doppelpendels, Bild 2.20, sei durch die Bewegung des Referenz-systems gegeben. Dann gilt bezüglich des Inertialsystems

$$\mathbf{y}_S(t) = \begin{bmatrix} \Omega t \\ \Omega t \end{bmatrix}, \qquad \boldsymbol{\eta}(t) = \begin{bmatrix} \alpha_1 \\ \alpha_2 \end{bmatrix} \tag{2.292}$$

und es soll hier angenommen werden, dass trotz der großen Führungsbewegung $\mathbf{y}_S(t)$ nur kleine Abweichungen davon auftreten, d. h. $\alpha_1 \ll 1$, $\alpha_2 \ll 1$. Die Reihenentwicklung für den ersten Ortsvektor lautet bis zum zweiten Glied

$$_I\mathbf{r}_1 = \begin{bmatrix} 0 \\ \sin \Omega t \\ -\cos \Omega t \end{bmatrix} L + \begin{bmatrix} 0 \\ \alpha_1 \cos \Omega t \\ \alpha_1 \sin \Omega t \end{bmatrix} L + \begin{bmatrix} 0 \\ -\frac{1}{2}\alpha_1^2 \sin \Omega t \\ \frac{1}{2}\alpha_1^2 \cos \Omega t \end{bmatrix} L \tag{2.293}$$

und die Jacobi-Matrizen findet man für den ersten Massenpunkt als

$$_I\mathbf{J}_{T1S} = \begin{bmatrix} 0 & 0 \\ \cos \Omega t & 0 \\ \sin \Omega t & 0 \end{bmatrix} L, \tag{2.294}$$

$$_I\dot{\mathbf{J}}_{T1S} = \begin{bmatrix} 0 & 0 \\ -\sin \Omega t & 0 \\ \cos \Omega t & 0 \end{bmatrix} L, \tag{2.295}$$

$$_I\mathbf{v}_{iS} = \begin{bmatrix} 0 \\ \Omega \cos \Omega t \\ \Omega \sin \Omega t \end{bmatrix}. \tag{2.296}$$

Damit sind nach (2.285), (2.286) auch die Geschwindigkeit und die Beschleunigung des ersten Massenpunktes bestimmt. So erhält man zum Beispiel

$$_I\mathbf{v}_1 = \begin{bmatrix} 0 \\ \dot{\alpha}_1 \cos \Omega t - \alpha_1 \Omega \sin \Omega t + \Omega \cos \Omega t \\ \dot{\alpha}_1 \sin \Omega t + \alpha_1 \Omega \cos \Omega t + \Omega \sin \Omega t \end{bmatrix} L. \tag{2.297}$$

Beobachtet man die Pendelbewegung im Referenzsystem, so vereinfachen sich alle Ausdrücke. Aus (2.293) bis (2.297) folgt mit (2.270) für den ersten Massenpunkt

$$_R\mathbf{r}_1 = \begin{bmatrix} 0 \\ \alpha_1 \\ -1 + \frac{1}{2}\alpha_1^2 \end{bmatrix} L, \qquad _R\mathbf{J}_{T1S} = \begin{bmatrix} 0 & 0 \\ 1 & 0 \\ 0 & 0 \end{bmatrix} L \tag{2.298}$$

und

$$_R\mathbf{v}_1 = \begin{bmatrix} 0 \\ \dot{\alpha}_1 + \Omega \\ \alpha_1\Omega \end{bmatrix} L. \tag{2.299}$$

Die Kinematik ist ein sehr umfangreiches Teilgebiet der Technischen Dynamik. Viele wichtige Begriffe und Definitionen sind in diesem Kapitel eingeführt worden wie die Modelle Punkt, Starrkörper und Kontinuum, die Bewegungsformen Translation, Rotation und Verzerrung, die verallgemeinerten Koordinaten und Geschwindigkeiten, die holonomen und nichtholonomen Bindungen, die Relativbewegung gegenüber Referenzsystemen und die kleinen, linearisierbaren Abweichungen von einer Soll-Bewegung. Alle diese grundlegenden Begriffe werden in den folgenden Kapiteln immer wieder Verwendung finden.

3 Kinetische Grundlagen

Die Bewegung mechanischer Systeme wird durch Kräfte und Momente hervorgerufen und beeinflusst. Die Kinetik beschreibt die Wirkung der Kräfte und Momente auf freie Systeme. Gebundene Systeme werden deshalb nach dem Schnittprinzip in freie Systeme übergeführt. Ausgehend von der Kinetik des Punktes werden die Kinetik des starren Körpers und die Kinetik des Kontinuums betrachtet. Die Grundgleichungen der Kinetik, die Newtonschen und die Eulerschen Gleichungen, bilden zusammen mit dem Satz über die Erhaltung der Masse die mechanischen Bilanzgleichungen. Man bezeichnet die Newtonschen Gleichungen auch als Impulssatz oder Impulsbilanz und die Eulerschen Gleichungen als Drallsatz, Drallbilanz oder Drehimpulsbilanz. Impuls- und Drallbilanz sind für ein Kontinuum unabhängige Grundgleichungen, während bei freien Punktsystemen beide Gleichungen ineinander übergeführt werden können. Die Impuls- und Drallbilanz kann noch durch die Energiebilanz ergänzt werden, die bei isothermen Vorgängen in einem Kontinuum aber von den Erstgenannten abhängig ist. Trotzdem ermöglicht in manchen Fällen die Verwendung der Energiebilanz einfachere Lösungen.

3.1 Kinetik des Punktes

Die Bewegung eines materiellen Punktes wird durch die auf ihn einwirkenden Kräfte verändert. Dies wird im Besonderen durch das zweite Newtonschen Gesetz ausgedrückt. Darüber hinaus ruft jede Kraft zwischen zwei materiellen Punkten eine entsprechende Gegenkraft hervor, was das dritte Newtonsche Gesetz besagt.

3.1.1 Newtonsche Gleichungen

Das zweite Newtonsche Gesetz ist die Grundlage der Punktkinetik. Newton [45] hat dieses Bewegungsgesetz im Jahre 1686 wie folgt formuliert: '*Mutationem motus proportionalem esse vi motrici impressae, et fieri secundum lineam rectam qua vis illa imprimitur*', oder übersetzt 'Die Änderung der Bewegungsgröße ist der Einwirkung der bewegenden Kraft proportional und erfolgt in der Richtung, in der diese Kraft wirkt'. Man erkennt sofort, dass die Newtonsche Formulierung weitreichende Interpretationen zulässt, die auch in der Literatur zahlreich zu finden sind, siehe z. B. Szabo [71]. Macht man von der Differentialrechnung Gebrauch, so lässt sich das zweite Newtonsche Gesetz in der Form

$$m\mathbf{a} = m\frac{d\mathbf{v}}{dt} = \mathbf{f} \tag{3.1}$$

schreiben. Dabei ist m die Masse eines materiellen Punktes, $\mathbf{a}$ der 3×1-Vektor der absoluten Beschleunigung in einem Inertialsystem und $\mathbf{f}$ der 3×1-Vektor aller auf den materiellen Punkt einwirkenden Kräfte. Das erste Newtonsche Gesetz folgt als Sonderfall aus (3.1). Mit $\mathbf{f} = \mathbf{0}$ ergibt sich $m\mathbf{v} = const$, was man auch als Beharrungs- oder Trägheitsgesetz bezeichnet.

© Springer Fachmedien Wiesbaden GmbH, ein Teil von Springer Nature 2020
W. Schiehlen und P. Eberhard, *Technische Dynamik*,
https://doi.org/10.1007/978-3-658-31373-9_3

Das dritte Newtonsche Gesetz, das Gegenwirkungsgesetz, beschäftigt sich bereits mit einem Punktsystem, Bild 3.1. Wirkt eine Kraft zwischen zwei materiellen Punkten P_1 und P_2, so ist ihre Wirkung auf die beiden Punkte gleich groß aber entgegengesetzt. Es gilt also

$$\mathbf{f}_{12} = -\mathbf{f}_{21}. \tag{3.2}$$

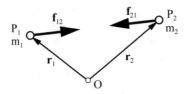

Bild 3.1: System von zwei materiellen Punkten

Wendet man nun (3.1) auf die beiden in Bild 3.1 dargestellten materiellen Punkte an, so erhält man mit (3.2) nach Addition beider Gleichungen

$$m_1\mathbf{a}_1 + m_2\mathbf{a}_2 = \mathbf{0}. \tag{3.3}$$

Dies bedeutet, dass die Kraftwirkung auf das Gesamtsystem verschwindet. Damit ist der Zusammenhang zwischen der Systemabgrenzung und der Art der einwirkenden Kräfte aufgezeigt worden. Man nennt das Gegenwirkungsgesetz auch Schnittprinzip, da innere Kräfte eines Systems durch Freischneiden zu äußeren Kräften gemacht werden. Für ein System von p materiellen Punkten lauten die Newtonschen Gleichungen

$$m_i\mathbf{a}_i(t) = \mathbf{f}_i(t), \qquad i = 1(1)p, \tag{3.4}$$

wobei die zu (3.1) gegebenen Erläuterungen sinngemäß gelten.

3.1.2 Kräftearten

Das dritte Newtonsche Gesetz hat deutlich gemacht, dass die Kräfte in einem System einer genaueren Einteilung bedürfen. In Bild 3.2 ist ein gebundenes Punktsystem mit $f = 3 \cdot 3 - 3 = 6$ Freiheitsgraden dargestellt. Die drei materiellen Punkte sind durch zwei starre Stäbe und eine Feder miteinander verbunden, der Punkt P_1 gleitet auf einer reibungsfreien Ebene, der Punkt P_3 ist an einem Dämpfer aufgehängt. In diesem System treten die äußeren Kräfte $\mathbf{f}_1$ und $\mathbf{f}_3$, sowie die inneren Kräfte $\mathbf{f}_{12}, \mathbf{f}_{13}, \mathbf{f}_{21}, \mathbf{f}_{23}, \mathbf{f}_{31}, \mathbf{f}_{32}$ auf. Die eingeprägten Kräfte $\mathbf{f}_{13}, \mathbf{f}_{31}$ und $\mathbf{f}_3$ stammen aus Kraftgesetzen und gehorchen dem Feder- und Dämpfergesetz, die Zwangskräfte $\mathbf{f}_1, \mathbf{f}_{12}, \mathbf{f}_{21}, \mathbf{f}_{23}, \mathbf{f}_{32}$ stammen aus Lagerungen und stellen Reaktionen auf die Bewegungseinschränkung durch die Bindungen dar. Die äußeren Kräfte treten immer einfach, die inneren Kräfte stets paarweise auf. Für den einzelnen Punkt stellen jedoch alle Kräfte äußere Kräfte dar. In einem Punktsystem unterscheidet man also nach der gewählten Systemgrenze äußere Kräfte $\mathbf{f}_i^a$ und innere Kräfte $\mathbf{f}_i^i$, bzw. nach der Herkunft der Kräfte eingeprägte Kräfte $\mathbf{f}_i^e$ und Reaktionskräfte $\mathbf{f}_i^r, i = 1(1)p$. Nach dem Schnittprinzip werden zur Anwendung der Newtonschen

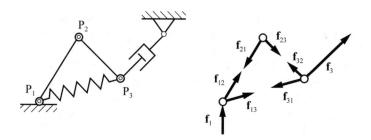

Bild 3.2: Innere und äußere Kräfte an einem Punktsystem

Gleichungen (3.4) alle Kräfte zu äußeren Kräften des betrachteten Punktes gemacht,

$$\mathbf{f}_i = \mathbf{f}_i^a + \mathbf{f}_i^i = \mathbf{f}_i^e + \mathbf{f}_i^r, \qquad i = 1(1)p. \tag{3.5}$$

Die äußeren Kräfte $\mathbf{f}_i^a$ haben ihre Ursache außerhalb der gewählten Systemgrenze. Die inneren Kräfte eines Systems

$$\mathbf{f}_i^i = \sum_{j=1}^{p} \mathbf{f}_{ij}, \qquad i = 1(1)p, \tag{3.6}$$

gehorchen dem Gegenwirkungsgesetz

$$\mathbf{f}_{ij} + \mathbf{f}_{ji} = \mathbf{0}, \qquad i,j = 1(1)p. \tag{3.7}$$

Die eingeprägten Kräfte stammen aus Kraftelementen wie z. B. Federn und Dämpfern und sind bekannte Funktionen der Zeit und der zunächst unbekannten Bewegungen und Reaktionen des Systems. Die Reaktionskräfte werden durch die Bindungen bestimmt. Sie gehören ebenso wie die Bewegungsgrößen zu den Unbekannten des Systems.

Die Reaktions- oder Zwangskräfte lassen sich durch Verteilungsmatrizen auf die verallgemeinerten Zwangskräfte zurückführen. Die Zahl der verallgemeinerten Zwangskräfte ist gleich der Zahl q der holonomen Bindungen in einem System. Damit kann der $q \times 1$-Vektor der verallgemeinerten Zwangskräfte eingeführt werden

$$\mathbf{g} = \begin{bmatrix} g_1 & g_2 & \cdots & g_q \end{bmatrix}. \tag{3.8}$$

Für diese verallgemeinerten Zwangskräfte lassen sich dann die $3 \times q$-Verteilungsmatrizen $\mathbf{F}_i(\mathbf{y},t)$ bestimmen und es gilt für die Reaktionskräfte in holonomen Systemen

$$\mathbf{f}_i^r = \mathbf{F}_i(\mathbf{y},t) \cdot \mathbf{g}(t), \qquad i = 1(1)p. \tag{3.9}$$

Die $3p$ unbekannten Zwangskräfte $\mathbf{f}_i^r$ sind also im Gegensatz zu den $q < 3p$ verallgemeinerten Zwangskräften $\mathbf{g}$ linear voneinander abhängig. Die Verteilungsmatrizen $\mathbf{F}_i$ können entweder anschaulich durch geometrische Betrachtungen oder analytisch aus den Bindungen des Systems gewonnen werden. Die erste Möglichkeit beruht auf einer Kräftezerlegung in einem kartesischen Koordinatensystem. Sie gibt den verallgemeinerten Zwangskräften eine unmittelbare mechanische Bedeutung. Die zweite Möglichkeit wird in Kapitel 4 im Zusammenhang mit den Prinzipien der Mechanik ausführlich diskutiert werden. Durch die analytische Vorgehensweise kann die mechanische Bedeutung der verallgemeinerten Zwangskräfte verloren gehen. In der Literatur werden die verallgemeinerten Reaktionskräfte oft auch als Lagrange-Multiplikatoren bezeichnet, wie sie auch in den Lagrangeschen Gleichungen erster Art (4.59) auftauchen.

Bei den eingeprägten Kräften unterscheidet man die idealen, d. h. nicht von den Reaktionskräften abhängigen Kräfte und die nichtidealen Kontaktkräfte. Die idealen Kräfte gliedern sich weiterhin in die P-Kräfte, die PD-Kräfte und die PI-Kräfte. Die proportionalen P-Kräfte sind lage- und zeitabhängig

$$\mathbf{f}_i^e = \mathbf{f}_i^e(\mathbf{x}, t). \tag{3.10}$$

Zu den P-Kräften zählt man neben den konservativen Federkräften auch die Gewichtskräfte sowie die rein zeitabhängigen Steuerkräfte. Die proportional-differentialen PD-Kräfte hängen zusätzlich noch von der Geschwindigkeit ab

$$\mathbf{f}_i^e = \mathbf{f}_i^e(\mathbf{x}, \dot{\mathbf{x}}, t). \tag{3.11}$$

Ein typisches Beispiel für PD-Kräfte ist ein Federbein, das der Parallelschaltung eines Dämpfers und einer Feder entspricht. Die proportional-integralen PI-Kräfte werden durch die Lage und die Lageintegrale des Systems bestimmt

$$\mathbf{f}_i^e = \mathbf{f}_i^e(\mathbf{x}, \mathbf{w}, t), \qquad \dot{\mathbf{w}} = \dot{\mathbf{w}}(\mathbf{x}, \mathbf{w}, t). \tag{3.12}$$

Die Lageintegrale werden dabei mit dem $h \times 1$-Vektor $\mathbf{w}(t)$ der Kraftgrößen gebildet. Eine Hintereinanderschaltung eines Dämpfers und einer Feder führt ebenso wie die Eigendynamik eines Stellmotors auf PI-Kräfte.

Die idealen Kräftearten (3.10) bis (3.12) treten in freien und reibungsfrei gebundenen Systemen auf. Sind darüber hinaus auch reibungsbehaftete Bindungen gegeben, so entstehen zusätzlich noch nichtideale Reibungskräfte

$$\mathbf{f}_i^e = \mathbf{f}_i^e(\mathbf{y}, \mathbf{g}, t). \tag{3.13}$$

Diese Reibungskräfte sind ebenso wie Kontaktkräfte durch die Kopplung von eingeprägten Kräften und Zwangskräften gekennzeichnet. Diese Kopplung kann bei der späteren Lösung der Bewegungsgleichung zu einem erheblichen zusätzlichen Aufwand führen.

In der Technik werden die einzelnen Kräftearten durch entsprechende Konstruktionselemente verwirklicht, von denen einige in Bild 1.3 zu sehen sind.

Beispiel 3.1: Kräfte am Doppelpendel

Das Doppelpendel, siehe auch Beispiel 2.9, ist ein räumliches Zweipunktsystem mit vier Bindungen und zwei Freiheitsgraden. Zu den vier Bindungen (2.181) gibt es vier verallgemeinerte Zwangskräfte

$$\mathbf{g} = \begin{bmatrix} g_1 & g_2 & g_3 & g_4 \end{bmatrix}. \tag{3.14}$$

Die verallgemeinerten Zwangskräfte sind in Bild 3.3 zu sehen, wobei zur Unterstützung der

Anschauung die innere Zwangskraft g_4 doppelt eingetragen ist. Die Zwangskräfte g_1, g_3 sind parallel zum Basisvektor e_1. Damit erhält man nach (3.9) die Verteilungsmatrizen

$$\mathbf{F}_1(\mathbf{y}) = \begin{bmatrix} 1 & 0 & 0 & 0 \\ 0 & -\sin\alpha_1 & 0 & \sin\alpha_2 \\ 0 & \cos\alpha_1 & 0 & -\cos\alpha_2 \end{bmatrix}, \tag{3.15}$$

$$\mathbf{F}_2(\mathbf{y}) = \begin{bmatrix} 0 & 0 & 1 & 0 \\ 0 & 0 & 0 & -\sin\alpha_2 \\ 0 & 0 & 0 & \cos\alpha_2 \end{bmatrix}. \tag{3.16}$$

Die sechs Koordinaten der Zwangskräfte $\mathbf{f}_1^r$ und $\mathbf{f}_2^r$ sind somit durch vier verallgemeinerte Zwangskräfte bestimmt.

Weiterhin lauten die eingeprägten Gewichtskräfte

$$\mathbf{f}_1^e = \begin{bmatrix} 0 \\ 0 \\ -mg \end{bmatrix}, \qquad \mathbf{f}_2^e = \begin{bmatrix} 0 \\ 0 \\ -mg \end{bmatrix}. \tag{3.17}$$

Damit sind alle Kräfte am Doppelpendel festgelegt.

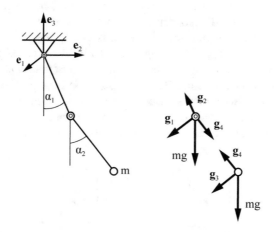

Bild 3.3: Gewichtskräfte und Reaktionskräfte am Doppelpendel

3.2 Kinetik des starren Körpers

Die Bewegung eines starren Körpers wird durch die auf ihn einwirkenden Kräfte und Momente bestimmt. Beim freien starren Körper beeinflussen die Kräfte die Translation und die Momente bezüglich des Massenmittelpunktes die Rotation. Diese kinematische Entkoppelung geht jedoch beim gebundenen starren Körper im Allgemeinen verloren. Zur Untersuchung der Bewegung eines starren Körpers sind neben den Newtonschen Gleichungen auch die Eulerschen Gleichungen erforderlich. Dies gilt in entsprechender Weise für Mehrkörpersysteme.

Der starre Körper ist ein Kontinuum, eine Modellbildung, die von Euler mit großem Erfolg verwendet wurde. Im Besonderen hat Euler [22] in seiner 1775 verfassten Arbeit '*Nova methodus motum corporum rigidorum determinandi*', oder übersetzt 'Eine neue Methode zur Bestimmung der Bewegung starrer Körper', die Integralformen von Impulsbilanz und Drallbilanz angegeben, nachdem er bereits 1758 die heute nach ihm benannten Kreiselgleichungen veröffentlicht hatte. Die Bezeichnung 'Newtonsche Gleichungen' für die Impulsbilanz und 'Eulersche Gleichungen' für die Drallbilanz des starren Körpers ist historisch gesehen deshalb nicht richtig. Sie wird in diesem Buch trotzdem verwendet, um die enge Verwandtschaft zwischen den Punktsystemen und den Mehrkörpersystemen zu verdeutlichen.

3.2.1 Newtonsche und Eulersche Gleichungen

Ein starrer Körper setzt sich zwar aus einer kompakten Menge materieller Punkte zusammen, trotzdem reichen im Allgemeinen die Newtonschen Gleichungen zu seiner Beschreibung allein nicht aus. In Bild 3.4 sind zwei starre Körper dargestellt, die aus vier materiellen Punkten, sowie fünf bzw. sechs starren Gelenkstäben aufgebaut sind. In der Ebene verfügen beide Körper über je drei Freiheitsgrade. Der linke Körper kann mit den Hilfsmitteln der Punktmechanik vollständig berechnet werden. Für drei verallgemeinerte Koordinaten und fünf verallgemeinerte Zwangskräfte stehen acht Newtonsche Gleichungen zur Verfügung. Der rechte Körper lässt sich dagegen mit den Hilfsmitteln der Punktmechanik nicht beschreiben. Die drei verallgemeinerten Koordinaten und die sechs verallgemeinerten Zwangskräfte können aus den acht Newtonschen Gleichungen nicht berechnet werden. Man sagt auch, der linke Körper ist statisch bestimmt, der rechte Körper ist statisch unbestimmt. Ein starres Kontinuum ist vollständig statisch unbestimmt, deshalb werden zur Berechnung seiner Bewegung stets die Newtonschen und die Eulerschen Gleichungen benötigt. Der Begriff der statischen Bestimmtheit kommt aus der Stereostatik. Bei bewegten Körpern kann man deshalb auch von der kinetischen Bestimmtheit eines Mehrkörpersystems sprechen. Dies ist allerdings weniger gebräuchlich.

Bild 3.4: Statisch bestimmtes und statisch unbestimmtes Punktsystem

In der Kontinuumsmechanik ordnet man dem materiellen Punkt P des starren Körpers K, Bild 2.4, die Masse dm zu. Damit gilt für die Masse Körper Masse des Körpers

$$m = \int_K dm = \int_V \rho dV \tag{3.18}$$

wobei das Integral über das Volumen V des Körpers K zu bilden ist und ρ die Dichte bedeutet. Für die Newtonschen Gleichungen des starren Körpers ergibt sich durch Integration über alle materiellen Punkte aus (3.1) und (3.2) mit (2.119)

$$\int\limits_K \mathbf{a}(t) + [\tilde{\boldsymbol{\alpha}}(t) + \tilde{\boldsymbol{\omega}}(t) \cdot \tilde{\boldsymbol{\omega}}(t)] \cdot \mathbf{r}_P(\boldsymbol{\rho}, t) dm$$

$$= m\mathbf{a}(t) + [\tilde{\boldsymbol{\alpha}}(t) + \tilde{\boldsymbol{\omega}}(t) \cdot \tilde{\boldsymbol{\omega}}(t)] \cdot \int\limits_K \mathbf{r}_P(\boldsymbol{\rho}, t) dm = \mathbf{f}(t), \tag{3.19}$$

wobei $\mathbf{f}(t)$ den 3×1-Vektor aller äußeren, auf den Körper K einwirkenden Kräfte darstellt und $\mathbf{r}_P$ den Vektor vom Bezugspunkt P_1 zu den materiellen Punkten P bezeichnet. Die Lage des Massenmittelpunktes C bezüglich P_1 ist durch $\mathbf{r}_C$ gekennzeichnet. Wählt man nun den Massenmittelpunkt C als Bezugspunkt P_1, so gilt

$$\mathbf{r}_C(t) = \frac{1}{m} \int\limits_K \mathbf{r}_P(\boldsymbol{\rho}, t) dm \tag{3.20}$$

und mit (2.79) folgt

$$\mathbf{r}_C = \int\limits_K \mathbf{r}_P(\boldsymbol{\rho}, t) dm = \mathbf{S}(t) \cdot \int\limits_K \boldsymbol{\rho}\, dm = \mathbf{0}. \tag{3.21}$$

Damit lauten nach (3.19) die Newtonschen Gleichungen für den starren Körper bezogen auf den Schwerpunkt

$$m\mathbf{a}(t) = \mathbf{f}(t). \tag{3.22}$$

Diese Gleichungen werden auch Impuls- oder Schwerpunktsatz genannt, da die Beschleunigung des Massenmittelpunktes ausschlaggebend ist. Im Weiteren wird der Massenmittelpunkt - wenn nicht anders vermerkt - auch stets als Bezugspunkt gewählt.
Die Eulerschen Gleichungen für einen beliebigen Körper K lauten

$$\int\limits_K \tilde{\mathbf{r}} \cdot \ddot{\mathbf{r}}\, dm = \mathbf{l}, \tag{3.23}$$

wobei $\mathbf{l}$ der 3×1-Vektor aller äußeren am Körper K angreifenden Momente ist. Es sei im Besonderen darauf hingewiesen, dass bei einem Körper bzw. Kontinuum der Drall $\int \tilde{\mathbf{r}} \cdot \dot{\mathbf{r}}\, dm$ und die Momentensumme $\mathbf{l}$ vom Impuls $\int \dot{\mathbf{r}}\, dm$ und von den Kräften $\mathbf{f}$ unabhängig sind. Die Newtonschen Gleichungen und die Eulerschen Gleichungen sind fundamentale, allgemeine und voneinander unabhängige Gesetze der Mechanik. Wendet man nun (3.23) auf den starren Körper K an, so erhält man mit (2.80), (2.119) und (3.21)

$$\tilde{\mathbf{r}}(t) \cdot m\mathbf{a} + \int\limits_K \tilde{\mathbf{r}}_P(\boldsymbol{\rho}, t) \cdot [\tilde{\boldsymbol{\alpha}}(t) + \tilde{\boldsymbol{\omega}}(t) \cdot \tilde{\boldsymbol{\omega}}(t)] \cdot \mathbf{r}_P(\boldsymbol{\rho}, t) dm = \mathbf{l}_0(t), \tag{3.24}$$

wobei $\mathbf{l}_0(t)$ die Summe aller äußeren Momente bezüglich des Ursprungs 0 des Koordinatensystems darstellt. Setzt man weiterhin (3.22) in (3.24) ein, so bleibt

$$\int_K \tilde{\mathbf{r}}_P \cdot [\tilde{\boldsymbol{\alpha}} + \tilde{\boldsymbol{\omega}} \cdot \tilde{\boldsymbol{\omega}}] \cdot \mathbf{r}_P dm = \mathbf{l}_0 - \tilde{\mathbf{r}} \cdot \mathbf{f} = \mathbf{l} \tag{3.25}$$

mit dem 3×1-Vektor $\mathbf{l}$ der Summe aller äußeren Momente bezüglich des Massenmittelpunktes C.

Zur Umformung des zweiten Terms im Integral (3.25) dient der folgende Zusammenhang

$$\tilde{\mathbf{x}} \cdot \tilde{\mathbf{x}} = \mathbf{x}\mathbf{x} - \mathbf{x} \cdot \mathbf{x}\mathbf{E}. \tag{3.26}$$

Durch zweimalige Anwendung von (3.26) findet man mit (A.18) die Beziehung

$$\begin{aligned} \tilde{\mathbf{r}}_P \cdot \tilde{\boldsymbol{\omega}} \cdot \tilde{\boldsymbol{\omega}} \cdot \mathbf{r}_P &= \tilde{\mathbf{r}}_P \cdot (\boldsymbol{\omega}\boldsymbol{\omega} - \boldsymbol{\omega} \cdot \boldsymbol{\omega}\mathbf{E}) \cdot \mathbf{r}_P \\ &= \tilde{\boldsymbol{\omega}} \cdot (-\mathbf{r}_P\mathbf{r}_P + \mathbf{r}_P \cdot \mathbf{r}_P\mathbf{E}) \cdot \boldsymbol{\omega} = \tilde{\boldsymbol{\omega}} \cdot \tilde{\mathbf{r}}_P^T \cdot \tilde{\mathbf{r}}_P \cdot \boldsymbol{\omega}. \end{aligned} \tag{3.27}$$

Aus (3.25) erhält man also

$$\int_K \tilde{\mathbf{r}}_P^T \cdot \tilde{\mathbf{r}}_P dm \cdot \boldsymbol{\alpha} + \tilde{\boldsymbol{\omega}} \cdot \int_K \tilde{\mathbf{r}}_P^T \cdot \tilde{\mathbf{r}}_P dm \cdot \boldsymbol{\omega} = \mathbf{l}. \tag{3.28}$$

Führt man den 3×3-Trägheitstensor

$$\mathbf{I} = \int_K \tilde{\mathbf{r}}_P^T \cdot \tilde{\mathbf{r}}_P dm \tag{3.29}$$

ein, so bleiben schließlich die Eulerschen Gleichungen

$$\mathbf{I}(t) \cdot \boldsymbol{\alpha}(t) + \tilde{\boldsymbol{\omega}}(t) \cdot \mathbf{I}(t) \cdot \boldsymbol{\omega}(t) = \mathbf{l}(t). \tag{3.30}$$

Die Eulerschen Gleichungen in der Form (3.30) gelten zunächst im Inertialsystem und der Trägheitstensor $\mathbf{I}(t)$ und die äußeren Momente $\mathbf{l}(t)$ sind auf den Massenmittelpunktes C zu beziehen. In Abschnitt 3.2.3 wird aber gezeigt, dass die Eulerschen Gleichungen (3.30) auch im körperfesten Koordinatensystem gültig sind.

Das dritte Newtonsche Gesetz muss für starre Körper entsprechend erweitert werden, Bild 3.5. Die zwischen zwei Körpern K_1 und K_2 eines Mehrkörpersystems wirkenden Kräfte und Momente sind in einem gemeinsamen Schnittpunkt S gleich groß und entgegengesetzt gerichtet,

$$\mathbf{f}_{12} = -\mathbf{f}_{21}, \qquad \mathbf{l}_{S12} = -\mathbf{l}_{S21}. \tag{3.31}$$

Das Gegenwirkungsgesetz (3.31) ist für Mehrkörpersysteme unhandlich, da es nur für den gemeinsamen Schnittpunkt S zwischen zwei Körpern gilt. Die Eulerschen Gleichungen sind jedoch jeweils auf die Massenmittelpunkte zu beziehen, siehe (3.30). Es ist deshalb zweckmäßig, auch das Gegenwirkungsgesetz bezüglich der Massenmittelpunkte anzuschreiben.

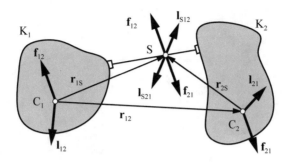

Bild 3.5: System von zwei starren Körpern

Dann geht (3.31) in

$$\mathbf{f}_{12} = -\mathbf{f}_{21}, \qquad \mathbf{l}_{12} = -\mathbf{l}_{21} - \tilde{\mathbf{r}}_{12} \cdot \mathbf{f}_{21} \tag{3.32}$$

über, wobei $\mathbf{r}_{12}$ der Ortsvektor zwischen den Massenmittelpunkten C_1 und C_2 ist, wie auch Bild 3.5 zeigt. Wendet man nun (3.22), (3.30) auf ein Zweikörpersystem an, so fallen mit (3.32) bei Addition alle inneren Kräfte und Momente heraus.

Bei einem starren Körper kann man mit dem Schnittprinzip auch die inneren Kräfte und Momente für eine Schnittebene freilegen, Bild 3.6. In jedem Punkt Q der Schnittebene A wirkt ein 3×1-Spannungsvektor

$$\mathbf{t} = \frac{d\mathbf{f}}{dA}, \tag{3.33}$$

der auf das Flächenelement dA bezogen ist, wobei gemäß der Definition eines nichtpolaren Kontinuums, siehe ker Becker und Bürger [7], die Momentenspannungen vernachlässigt werden. Mit dem in der Schnittebene A liegenden 3×1-Abstandsvektor $\mathbf{u}$ lautet der Schnittkraftwinder

$$\mathbf{f}_{12} = \int\limits_A \mathbf{t}\, dA, \qquad \mathbf{l}_{12} = \int\limits_A \tilde{\mathbf{u}} \cdot \mathbf{t}\, dA. \tag{3.34}$$

Als Bezugspunkt wird dabei der Flächenmittelpunkt C verwendet.

Der Schnittkraftwinder $\mathbf{f}_{12}, \mathbf{l}_{12}$ kann im Allgemeinen aus den Newtonschen und Eulerschen Gleichungen für den freigeschnittenen Teilkörper bestimmt werden. Dagegen ist die Bestimmung des Spannungsvektors $\mathbf{t}$ und damit auch des Spannungstensors aus dem Schnittkraftwinder alleine nicht möglich, da sich ein Kraftwinder nicht eindeutig in ein Kräftesystem zerlegen lässt. Zur Berechnung der Spannungsverteilung in einem Körper muss das Modell des starren Körpers verlassen und durch ein elastisches Kontinuum ersetzt werden. Damit sind die Grenzen des Modells des starren Körpers deutlich geworden. Es eignet sich zur Bestimmung großer Bewegungen, die sowohl lokal für ein infinitesimales Element als auch global für den ganzen Körper gelten, die Spannungsverteilung im Innern des Körpers bleibt aber unbestimmt. Man kann jedoch zumindest näherungsweise auch beim starren Körper eine lineare Spannungsverteilung in einer Schnittfläche aus dem Schnittkraftwinder bestimmen, wie dies z. B. auch in der Technischen Biegelehre

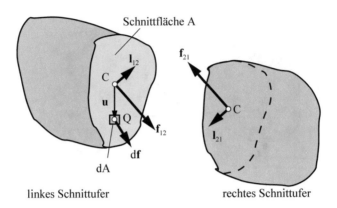

Bild 3.6: Innere Kräfte und Momente eines starren Körpers

üblich ist. Weitere Einzelheiten werden in Abschnitt 5.4.2 im Zusammenhang mit der Festigkeits-abschätzung in einem Mehrkörpersystem behandelt. Andererseits gelten alle Eigenschaften eines Kontinuums, die aus den Bilanzgleichungen abgeleitet werden, auch für den starren Körper. So folgt z. B. die Symmetrie des Spannungstensors aus den Eulerschen Gleichungen, wenn sie auf ein infinitesimales starres Tetraederelement angewandt werden.

Für ein Mehrkörpersystem von p starren Körpern lauten die Newton-Eulerschen Gleichungen

$$m_i \mathbf{a}_i(t) = \mathbf{f}_i(t), \tag{3.35}$$

$$\mathbf{I}_i(t) \cdot \boldsymbol{\alpha}_i(t) + \tilde{\boldsymbol{\omega}}_i(t) \cdot \mathbf{I}_i(t) \cdot \boldsymbol{\omega}_i(t) = \mathbf{l}_i(t), \qquad i = 1(1)p. \tag{3.36}$$

Dabei können die auf jeden einzelnen Körper einwirkenden Kräfte und Momente in äußere und innere Kräfte und Momente des Mehrkörpersystems oder nach einer anderen Klassifizierung in eingeprägte und Reaktionskräfte und -momente eingeteilt werden,

$$\mathbf{f}_i = \mathbf{f}_i^a + \mathbf{f}_i^i = \mathbf{f}_i^e + \mathbf{f}_i^r, \tag{3.37}$$

$$\mathbf{l}_i = \mathbf{l}_i^a + \mathbf{l}_i^i = \mathbf{l}_i^e + \mathbf{l}_i^r. \tag{3.38}$$

Die äußeren Kräfte $\mathbf{f}_i^a$ und die äußeren Momente $\mathbf{l}_i^a$ haben ihre Ursachen außerhalb der Grenzen des betrachteten Mehrkörpersystems. Die inneren Kräfte und Momente

$$\mathbf{f}_i^i = \sum_{j=1}^{p} \mathbf{f}_{ij}, \qquad \mathbf{l}_i^i = \sum_{j=1}^{p} \mathbf{l}_{ij} \tag{3.39}$$

gehorchen dem Gegenwirkungsgesetz (3.7) der Kräfte und dem Gegenwirkungsgesetz

$$\mathbf{l}_{ij} + \mathbf{l}_{ji} + \tilde{\mathbf{r}}_{ij} \cdot \mathbf{f}_{ji} = \mathbf{0}, \qquad i, j = 1(1)p, \tag{3.40}$$

für die auf die Massenmittelpunkte C_i bezogenen Momente. Weiterhin erscheint in (3.40) der Ortsvektor $\mathbf{r}_{ij}$ zwischen den Massenmittelpunkten C_i und C_j mit $i, j = 1(1)p$.

Für die eingeprägten Kräfte $\mathbf{f}_i^e$ und die eingeprägten Momente $\mathbf{l}^e$ gelten alle für Kräfte in Punktsystemen abgeleiteten Beziehungen (3.10) bis (3.13) entsprechend. Für die Reaktionen gilt darüber hinaus mit dem $(q+r) \times 1$-Vektor $\mathbf{g}(t)$ der verallgemeinerten Zwangskräfte in nichtholonomen Systemen

$$\mathbf{f}_i^r = \mathbf{F}_i(\mathbf{y},\mathbf{z},t) \cdot \mathbf{g}(t), \qquad \mathbf{l}_i^r = \mathbf{L}_i(\mathbf{y},\mathbf{z},t) \cdot \mathbf{g}(t), \tag{3.41}$$

d. h. die $3 \times (q+r)$-Verteilungsmatrizen $\mathbf{F}_i$ und $\mathbf{L}_i$ sind in nichtholonomen Systemen nicht nur vom $f \times 1$-Lagevektor $\mathbf{y}(t)$ abhängig, sondern sie können auch Funktionen des $g \times 1$-Geschwindigkeitsvektor $\mathbf{z}(t)$ sein. Für holonome Systeme entfällt dagegen diese zusätzliche Abhängigkeit, siehe z. B. (3.9).

3.2.2 Massengeometrie des starren Körpers

Die Massengeometrie des starren Körpers wird durch den Trägheitstensor (3.29) beschrieben. Der Trägheitstensor ist in der Referenzkonfiguration bzw. im körperfesten Koordinatensystem $\{C; \mathbf{e}_\alpha\}$ eine zeitinvariante Größe

$$\mathbf{I} = \mathbf{S}^T \cdot \int_K \tilde{\mathbf{r}}_P^T \cdot \tilde{\mathbf{r}}_P dm \cdot \mathbf{S} = \int_K \tilde{\boldsymbol{\rho}}^T \cdot \tilde{\boldsymbol{\rho}} dm = const. \tag{3.42}$$

Mit (3.26) kann man dafür auch

$$\mathbf{I} = \int_K (\boldsymbol{\rho} \cdot \boldsymbol{\rho}\mathbf{E} - \boldsymbol{\rho}\boldsymbol{\rho}) dm \tag{3.43}$$

schreiben oder in Koordinaten

$$\mathbf{I} = \begin{bmatrix} I_{11} & I_{12} & I_{31} \\ I_{12} & I_{22} & I_{23} \\ I_{31} & I_{23} & I_{33} \end{bmatrix}. \tag{3.44}$$

Der Trägheitstensor ist ein symmetrischer, im Allgemeinen positiv definiter Tensor. Seine Diagonalelemente $I_{\alpha\alpha}$, $\alpha = 1(1)3$, heißen Trägheitsmomente, die Nebendiagonalelemente I_{12}, I_{23}, I_{31} werden Deviationsmomente genannt. Für die Trägheitsmomente gelten die wichtigen Ungleichungen

$$I_{11} + I_{22} > I_{33}, \qquad I_{22} + I_{33} > I_{11}, \qquad I_{33} + I_{11} > I_{22}, \tag{3.45}$$

die auch als Dreiecksungleichungen bezeichnet werden. Entsprechende Ungleichungen gelten auch für die Seiten eines Dreiecks. In ausgearteten Fällen gehen die Ungleichungen in Gleichungen über. Für stabförmige Körper wird dann der Trägheitstensor positiv semidefinit.

Wie jeder positiv definite Tensor hat auch der Trägheitstensor drei positive Eigenwerte, die Hauptträgheitsmomente I_α, $\alpha = 1(1)3$. Die Hauptträgheitsmomente findet man aus der Eigenwertaufgabe

$$(\lambda \mathbf{E} - \mathbf{I}) \cdot \mathbf{x} = \mathbf{0} \tag{3.46}$$

wobei λ ein zunächst unbekannter Eigenwert und $\mathbf{x}$ der zu λ gehörige Eigenvektor ist. Die Lösung der Eigenwertaufgabe führt auf die charakteristische Gleichung

$$\det(\lambda \mathbf{E} - \mathbf{I}) = \lambda^3 - a_1 \lambda^2 + a_2 \lambda - a_3 = 0 \tag{3.47}$$

mit den Grundinvarianten

$$a_1 = Sp\mathbf{I} = I_{11} + I_{22} + I_{33} = I_1 + I_2 + I_3, \tag{3.48}$$

$$a_2 = I_{11}I_{22} + I_{22}I_{33} + I_{33}I_{11} - I_{12}^2 - I_{23}^2 - I_{31}^2 = I_1 I_2 + I_2 I_3 + I_3 I_1, \tag{3.49}$$

$$a_3 = \det \mathbf{I}, \tag{3.50}$$

die in jedem Koordinatensystem, also auch im Hauptachsensystem, stets gleiche Werte besitzen. Die Nullstellen von (3.47) entsprechen damit den Hauptträgheitsmomenten. Setzt man die Hauptträgheitsmomente I_i der Reihe nach in (3.46) ein, so findet man die drei Eigenvektoren $\mathbf{x}_i$. Diese Eigenvektoren stehen senkrecht aufeinander oder können im Falle mehrfacher Eigenwerte orthogonal zueinander gewählt werden. Die Eigenvektoren definieren damit ein kartesisches Koordinatensystem, das Hauptachsensystem $\{C; \mathbf{e}_{H\alpha}\}$. Die zeitinvariante Transformationsmatrix zwischen dem körperfesten System K und dem Hauptachsensystem H lässt sich aus den normierten Eigenvektoren aufbauen

$$\mathbf{S}_{HK} = \begin{bmatrix} \mathbf{x}_1 & \mathbf{x}_2 & \mathbf{x}_3 \end{bmatrix}, \qquad \mathbf{x}_\alpha \cdot \mathbf{x}_\alpha = 1. \tag{3.51}$$

Im Hauptachsensystem nimmt der Trägheitstensor Diagonalgestalt an

$$_H\mathbf{I} = \mathbf{diag}\{I_1 \ I_2 \ I_3\}. \tag{3.52}$$

Nach Möglichkeit verwendet man deshalb das Hauptachsensystem als körperfestes Koordinatensystem. Davon ausgehend findet man dann den zeitabhängigen Trägheitstensor im Inertialsystem

$$\mathbf{I}(t) = \mathbf{S}(t) \cdot \mathbf{S}_{KH} \cdot \mathbf{diag}\{I_1 \ I_2 \ I_3\} \cdot \mathbf{S}_{KH}^T \cdot \mathbf{S}^T(t). \tag{3.53}$$

Mit Hilfe der Hauptträgheitsmomente können die massengeometrischen Eigenschaften eines starren Körpers sogar in einer Bildebene dargestellt werden. Dazu bildet man die dimensionslosen Trägheitsparameter

$$k_1 = \frac{I_2 - I_3}{I_1}, \qquad k_2 = \frac{I_3 - I_1}{I_2}, \qquad k_3 = \frac{I_1 - I_2}{I_3}, \tag{3.54}$$

die im Magnusschen Formdreieck die Eintragung eines charakteristischen Punktes ermöglichen, siehe Magnus [41].

Beispiel 3.2: Trägheitstensor im Inertialsystem

Für den homogenen Kreiszylinder, Bild 3.7, mit dem Radius R und der Höhe H findet man das Hauptachsensystem $H, \{C_i, \mathbf{e}_H\}$ und die Hauptträgheitsmomente

$$I_1 = I_2 = m\frac{3R^2 + H^2}{12}, \qquad I_3 = m\frac{R^2}{2}. \tag{3.55}$$

Er soll sich unter kleinen Abweichungen $\alpha(t) \ll 1, \beta(t) \ll 1$ um seine 3-Achse mit der Winkelgeschwindigkeit Ω drehen. Dann lautet der linearisierte Drehtensor

$$
\mathbf{S}(t) = \begin{bmatrix} \cos \Omega t & -\sin \Omega t & \beta \\ \sin \Omega t & \cos \Omega t & -\alpha \\ \alpha \sin \Omega t & \alpha \cos \Omega t & 1 \\ -\beta \cos \Omega t & +\beta \sin \Omega t & \end{bmatrix} .
$$
(3.56)

Für den Trägheitstensor im Inertialsystem folgt aus (3.53) mit $\mathbf{S}_{KH} = \mathbf{E}$ unmittelbar

$$
\mathbf{I}(t) = \begin{bmatrix} I_1 & 0 & (I_3 - I_1)\beta \\ 0 & I_1 & -(I_3 - I_1)\alpha \\ (I_3 - I_1)\beta & -(I_3 - I_1)\alpha & I_3 \end{bmatrix} .
$$
(3.57)

Die Hauptträgheitsmomente sind infolge der kleinen Abweichungen weiterhin konstant, es treten aber zusätzliche lage- und damit auch zeitabhängige Deviationsmomente auf.

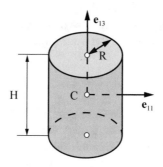

Bild 3.7: Kreiszylinder mit körperfestem Koordinatensystem

3.2.3 Relativbewegung des Koordinatensystems

Die Newton-Eulerschen Gleichungen (3.35) gelten im Inertialsystem. Mit den kinematischen Beziehungen der Relativbewegung, siehe Abschnitt 2.4.1, können diese Gleichungen aber auch in einem bewegten Referenzsystem angegeben werden. Mit (2.257) folgt zunächst für die Newtonschen Gleichungen

$$
m_i(\mathbf{r}_R^{**} + (\dot{\tilde{\boldsymbol{\omega}}}_R + \tilde{\boldsymbol{\omega}}_R \cdot \tilde{\boldsymbol{\omega}}_R) \cdot \mathbf{r}_{Ri} + 2\tilde{\boldsymbol{\omega}}_R \cdot \dot{\mathbf{r}}_{Ri} + \ddot{\mathbf{r}}_{Ri}) = \mathbf{f}_i,
$$
(3.58)

wobei der 3×1-Ortsvektor $\mathbf{r}_{Ri}$ zum Massenmittelpunkt C_i des Körpers $K_i, i = 1(1)p$, zeigt. Für die Eulerschen Gleichungen erhält man aus (2.256), (2.258) nach längerer Rechnung das Ergebnis

$$
\mathbf{I}_i \cdot \dot{\boldsymbol{\omega}}_R + \tilde{\boldsymbol{\omega}}_R \cdot \mathbf{I}_i \cdot \boldsymbol{\omega}_R + \tilde{\boldsymbol{\omega}}_R \cdot \boldsymbol{\omega}_{Ri} Sp\mathbf{I}_i + 2\tilde{\boldsymbol{\omega}}_{Ri} \cdot \mathbf{I}_i \cdot \boldsymbol{\omega}_R + \mathbf{I}_i \cdot \dot{\boldsymbol{\omega}}_{Ri} + \tilde{\boldsymbol{\omega}}_{Ri} \cdot \mathbf{I}_i \cdot \boldsymbol{\omega}_{Ri} = \mathbf{l}_i.
$$
(3.59)

Diese Gleichung kann man aber auch direkt aus der Grundgleichung (3.23) herleiten. Die ersten beiden Terme in (3.59) kennzeichnen die Momente der Führungsbeschleunigung, die mittleren beiden lassen den Einfluss der Coriolis-Beschleunigung erkennen und die beiden letzten beschreiben die Momente der relativen Drehbeschleunigung. Im Besonderen sieht man in (3.59), dass die einfache Form (3.30) der Drallbilanz nicht nur im Inertialsystem, sondern auch im körperfesten Referenzsystem ($\boldsymbol{\omega}_{Ri} = \mathbf{0}$) gilt. Deshalb wird zur Untersuchung von Kreiselproblemen eines starren Körpers stets das körperfeste Hauptachsensystem als Referenzsystem gewählt. Dann folgen aus (3.59) die dynamischen Euler-Gleichungen

$$\begin{aligned}
\dot{\omega}_1(t) - k_1 \omega_2(t)\omega_3(t) &= l_1(t)/I_1, \\
\dot{\omega}_2(t) - k_2 \omega_3(t)\omega_1(t) &= l_2(t)/I_2, \\
\dot{\omega}_3(t) - k_3 \omega_1(t)\omega_2(t) &= l_3(t)/I_3
\end{aligned} \tag{3.60}$$

mit den dimensionslosen, zeitinvarianten Trägheitsparametern (3.54). Bei Mehrkörpersystemen verliert allerdings das körperfeste Hauptachsensystem seine Bedeutung als Referenzsystem, da dann lediglich ein Trägheitstensor zeitinvariant ist, während alle anderen doch wieder von der Zeit abhängen. Man könnte sich nur noch dadurch helfen, dass man, wie in Abschnitt 2.4.1 angedeutet, für jeden Körper K_j ein besonderes Referenzsystem R_j wählt. Davon wird bei den rekursiven Formalismen, Abschnitt 5.7.2, Gebrauch gemacht. Damit steigt aber wieder der Aufwand bei der Aufstellung der Bewegungsgleichungen, so dass sich letztlich für die Mehrkörpersysteme das Inertialsystem meist als das einfachste Referenzsystem erweist.

3.3 Kinetik des Kontinuums

Die Bewegung eines Kontinuums wird im Gegensatz zum starren Körper nicht nur durch resultierende Einzelkräfte und -momente, sondern auch durch stetig verteilte Kraftfelder bestimmt. Dabei wird im Rahmen der Technischen Dynamik auf die Einführung von Momentenfeldern verzichtet, d. h. es werden nur nichtpolare Kontinua betrachtet, deren materielle Punkte keine Eigendrehungen ausführen können. Die Newton-Eulerschen Gleichungen ergeben dann die Cauchyschen Bewegungsgleichungen, die zusammen mit einem Materialgesetz die Untersuchung der Bewegung gestatten. Selbst mit dem einfachsten Materialgesetz, dem Hookeschen Gesetz für linear-elastisches Material, sind geschlossene Lösungen der partiellen Differentialgleichungen nur selten möglich. Deshalb kommt den Näherungsmethoden, im Besonderen der Methode der finiten Elemente, eine große Bedeutung zu.

3.3.1 Cauchysche Gleichungen

Beim nichtstarren Körper K eines Kontinuums, Bild 3.8, muss man noch einige Erweiterungen vornehmen. Während beim starren Körper nur die resultierenden Einzelkräfte und -momente von Bedeutung sind, erfordert das Kontinuum die Berücksichtigung der stetig verteilten Kraftfelder

$$\mathbf{f}(t) = \int\limits_V \rho\mathbf{f}(\boldsymbol{\rho}, t)dV + \int\limits_A \mathbf{t}(\boldsymbol{\rho}, t)dA + \Sigma\mathbf{f}_j(t). \tag{3.61}$$

Neben den Einzelkräften $\mathbf{f}_j(t)$ werden die Volumenkräfte mit dem 3×1-Vektor der Massenkraft-

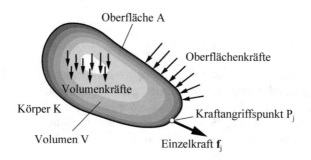

Bild 3.8: Oberflächen- und Volumenkräfte an einem Kontinuum

dichte **f** und die Oberflächenkräfte mit dem 3×1-Spannungsvektor **t** eingeführt, die Integrale erstrecken sich über das Volumen V und die Oberfläche A des Kontinuums K. Die Volumenkräfte sind in der Regel äußere, eingeprägte Kräfte wie z. B. die Gewichtskraft. Die Oberflächenkräfte sind äußere eingeprägte Kräfte, wenn sie auf physikalische Gesetze, z. B. auf eine Windbelastung, zurückgehen. Es können aber auch äußere Zwangskräfte auftreten, wenn das Kontinuum an seiner Oberfläche gelagert ist. Die inneren Oberflächenkräfte, die nach dem Schnittprinzip freigelegt werden, sind beim freien Kontinuum ebenfalls eingeprägte, vom Materialgesetz abhängige Kräfte. Die Spannungen **t** hängen über den 3×3-Spannungstensor $\mathbf{T}(\boldsymbol{\rho},t)$ von der Schnittrichtung ab, die durch den 3×1-Normalenvektor **n** charakterisiert wird,

$$\mathbf{t}(\boldsymbol{\rho},t) = \mathbf{n} \cdot \mathbf{T}(\boldsymbol{\rho},t), \tag{3.62}$$

siehe Becker und Bürger [7] oder Lai, Rubin, Krempl [37].
Schreibt man nun die Newtonschen Gleichungen (3.1) für einen materiellen Punkt mit der Masse $dm = \rho dV$ an und integriert über den gesamten Körper, so folgt unter Beachtung von (3.61) und (3.62) mit dem Gaußschen Satz der Vektoranalysis die Impulsbilanz

$$\int\limits_{V} \rho \mathbf{a} dV = \int\limits_{V} \rho \mathbf{f} dV + \int\limits_{V} \mathrm{div}\mathbf{T} dV + \Sigma \mathbf{f}_j. \tag{3.63}$$

Diese Gleichung gilt nun nicht nur für ein endliches Kontinuum, sondern auch für einen infinitesimalen Körper, d. h. einen materiellen Punkt des Kontinuums,

$$\rho \mathbf{a} = \rho \mathbf{f} + \mathrm{div}\mathbf{T}. \tag{3.64}$$

Wendet man weiterhin die Eulerschen Gleichungen an, so findet man als einzige zusätzliche Aussage die Symmetrie des Spannungstensors

$$\mathbf{T} = \begin{bmatrix} \sigma_{11} & \tau_{12} & \tau_{31} \\ \tau_{12} & \sigma_{22} & \tau_{23} \\ \tau_{31} & \tau_{23} & \sigma_{33} \end{bmatrix} = \mathbf{T}^{T}, \tag{3.65}$$

wobei σ_{ii} die Normalspannungen und τ_{ij} die Schubspannungen darstellen. Damit verbleiben wieder sechs wesentliche Elemente, die zu einem 6×1-Spannungsvektor zusammengefasst werden können

$$\boldsymbol{\sigma} = \begin{bmatrix} \sigma_{11} & \sigma_{22} & \sigma_{33} & \tau_{12} & \tau_{23} & \tau_{31} \end{bmatrix}. \tag{3.66}$$

Die Newton-Eulerschen Gleichungen für ein nichtpolares Kontinuum in der Form (3.64), (3.65) werden auch Cauchysche Bewegungsgleichungen genannt. Sie stellen die wesentlichen Grundgleichungen der Kontinuumsmechanik im Rahmen der Technischen Dynamik dar.

Mit der in der ineKinematik eingeführten Differentialoperatorenmatrix (2.142) lassen sich die Grundgleichungen (3.64) und (3.65) kompakt zusammenfassen,

$$\rho \mathbf{a} = \rho \mathbf{f} + \mathscr{V}^T \cdot \boldsymbol{\sigma}, \tag{3.67}$$

wobei die Symmetrie des Spannungstensors mitberücksichtigt ist.

3.3.2 Hookesches Materialgesetz

Die Cauchyschen Bewegungsgleichungen (3.64) und (3.65), die mit (2.153) und (2.159) Differentialgleichungen für die aktuelle Deformation $\mathbf{r}(\boldsymbol{\rho}, t)$ darstellen, lassen sich nicht lösen, da der Spannungstensor $\mathbf{T}(\boldsymbol{\rho}, t)$ zunächst noch unbekannt ist. Die Spannungen müssen durch ein Materialgesetz als Funktion der Deformation ausgedrückt werden.

Für die Technische Dynamik ist das linearelastische Hookesche Materialgesetz am wichtigsten. Es entspricht in 1D einer proportionalen, eingeprägten Federkraft und stellt allgemein einen linearen Zusammenhang zwischen den Spannungen und den Verzerrungen her. Anstelle der tensoriellen Formulierung des Hookeschen Materialgesetzes, das die Tensoren 2. Stufe für die Spannungen und Dehnungen über den Tensor 4. Stufe des Materials verknüpft, soll hier die entsprechend umsortierte Matrizendarstellung gewählt werden. Es gilt

$$\boldsymbol{\sigma} = \mathbf{H} \cdot \mathbf{e} \tag{3.68}$$

mit der symmetrischen 6×6-Matrix $\mathbf{H}$ des Hookeschen Gesetzes,

$$\mathbf{H} = \left[\begin{array}{ccc|ccc} 1-\nu & \nu & \nu & & & \\ \nu & 1-\nu & \nu & & \mathbf{0} & \\ \nu & \nu & 1-\nu & & & \\ \hline & & & \frac{1-2\nu}{2} & 0 & 0 \\ & \mathbf{0} & & 0 & \frac{1-2\nu}{2} & 0 \\ & & & 0 & 0 & \frac{1-2\nu}{2} \end{array} \right] \frac{E}{(1+\nu)(1-2\nu)}. \tag{3.69}$$

Dabei ist E der Elastizitätsmodul und ν die Querdehnzahl.

Beispiel 3.3: Zugstab

In einem Zugstab (Querschnitt A) mit axialer Belastung (Kraft F) herrscht ein eindimensionaler Spannungszustand

$$\boldsymbol{\sigma} = \begin{bmatrix} \sigma & 0 & 0 & 0 & 0 & 0 \end{bmatrix} \tag{3.70}$$

mit der Normalspannung $\sigma = F/A$. Der entsprechende Verzerrungsvektor lautet

$$\mathbf{e} = \begin{bmatrix} 1 & -\nu & -\nu & 0 & 0 & 0 \end{bmatrix} \varepsilon, \tag{3.71}$$

wobei die Querdehnung berücksichtigt ist. Durch Einsetzen des Materials (3.70), (3.71) in (3.68), (3.69) bestätigt man das eindimensionale Hookesche Gesetz

$$\sigma = E\varepsilon \tag{3.72}$$

in seiner einfachsten Form.

3.3.3 Reaktionsspannungen

Neben den eingeprägten Spannungen können bei einem Kontinuum auch Zwangsspannungen auftreten. Dabei unterscheidet man die äußeren und die inneren Reaktionen.
Die äußeren Reaktionsspannungen gehen auf die äußeren Bindungen (2.211) zurück. Ihre Berechnung erfolgt durch die Berücksichtigung der expliziten Bindungen an der Oberfläche des Kontinuums

$$\mathbf{r} = \mathbf{r}(\boldsymbol{\rho}, t) \qquad \text{auf } A^r, \tag{3.73}$$

wobei A^r der gebundene Teil der Oberfläche ist. Durch die Lösung der Cauchyschen Bewegungsgleichungen erhält man dann den zunächst unbekannten 3×1-Spannungsvektor $\mathbf{t}^r$ auf A^r.
Die inneren Reaktionsspannungen werden durch innere Bindungen vgl. (2.209) hervorgerufen. Der 3×3-Reaktionsspannungstensor hat die Form

$$\mathbf{T}^r = \frac{\partial \phi}{\partial \mathbf{F}} \cdot \mathbf{F}^T g(\boldsymbol{\rho}, t), \tag{3.74}$$

wobei $g(\boldsymbol{\rho}, t)$ eine verallgemeinerte Zwangsspannungsverteilung ist. Soweit sie überhaupt berechnet werden kann, ist die verallgemeinerte Zwangsspannungsverteilung durch die Cauchyschen Bewegungsgleichungen bestimmt. Die Herleitung der Beziehung (3.74) ist z. B. bei Becker und Bürger [7] zu finden.

4   Prinzipe der Mechanik

Die kinetischen Grundgleichungen für Punkt, Körper und Kontinuum gelten für freie Systeme. Die Grundgleichungen erlauben die Berechnung der Bewegungen, wenn die Kräfte und Momente gegeben sind, oder es können die resultierenden Kräfte und Momente aus den Bewegungen bestimmt werden. So kann einerseits aus den Newtonschen Gleichungen und der Gravitationskraft das erste Keplersche Gesetz berechnet werden, während sich andererseits das Newtonsche Gravitationsgesetz über die Planetenbewegung ermitteln lässt.

In gebundenen Systemen treten zusätzlich zu den eingeprägten Kräften und Momenten noch unbekannte Reaktionskräfte und -momente auf. Diese Reaktionskräfte und -momente können zwar in statisch bzw. kinetisch bestimmten Systemen mit Hilfe der kinetischen Grundgleichungen bestimmt werden, doch auf die Bewegung, die nur in die nicht gesperrten Richtungen auftreten kann, haben sie keinen unmittelbaren Einfluss. Es liegt deshalb nahe, die Reaktionskräfte und -momente in den kinetischen Grundgleichungen zu eliminieren. Dies gelingt mit Hilfe der Prinzipe der Mechanik.

Ausgehend vom Prinzip der virtuellen Arbeit werden das d'Alembertsche, das Jourdainsche und das Gaußsche Prinzip behandelt. Weiterhin werden das Prinzip der minimalen potentiellen Energie und das Prinzip von Hamilton vorgestellt. Darüber hinaus werden die Lagrangeschen Gleichungen erster und zweiter Art aus dem d'Alembertschen Prinzip hergeleitet.

4.1 Prinzip der virtuellen Arbeit

In gebundenen Systemen treten Reaktionskräfte und -momente auf. Diese Kräfte und Momente infolge der Bindungen leisten jedoch keine virtuelle Arbeit.

Für die virtuelle Arbeit der an einem materiellen Punkt angreifenden Reaktionskräfte gilt

$$\delta W^r = \mathbf{f}^r \cdot \delta \mathbf{r} = 0. \tag{4.1}$$

Dabei ist δW^r die virtuelle Arbeit der Reaktionskräfte, $\mathbf{f}^r$ bezeichnet den 3×1-Vektor der Reaktionskräfte und $\delta \mathbf{r}$ ist der 3×1-Vektor der virtuellen Verschiebungen, die infinitesimale, mit den Bindungen verträgliche Bewegungen kennzeichnen. Die Beziehung (4.1) gilt ganz allgemein für freie und beliebig gebundene Punkte, wie die folgenden Beispiele verdeutlichen. Beim freien Punkt, Bild 4.1, verschwindet die virtuelle Arbeit, da keine Reaktionskraft auftritt. Ist der Punkt an eine Fläche, Bild 4.2, oder eine Kurve, Bild 4.3, gebunden, so verschwindet die virtuelle Arbeit infolge der Orthogonalität von virtueller Bewegung und Reaktionskraft (Normalenbedingung). Ein statisch bestimmt gelagerter Punkt, Bild 4.4, kann keine Bewegung ausführen; deshalb ist wiederum die virtuelle Arbeit Null. Damit stellt (4.1) die Grundlage für die Formulierung allgemeiner mechanischer Prinzipe dar.

In einem System von p materiellen Punkten muss die virtuelle Arbeit der Reaktionskräfte eben-

© Springer Fachmedien Wiesbaden GmbH, ein Teil von Springer Nature 2020
W. Schiehlen und P. Eberhard, *Technische Dynamik*,
https://doi.org/10.1007/978-3-658-31373-9_4

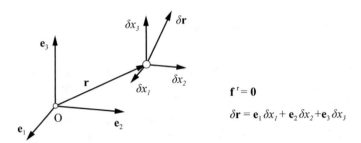

Bild 4.1: Berechnung der virtuellen Arbeit eines freien Punktes

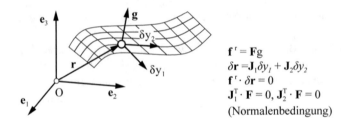

Bild 4.2: Berechnung der virtuellen Arbeit eines einfach gebundenen Punktes

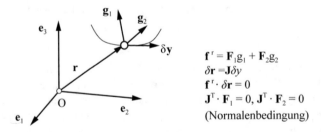

Bild 4.3: Berechnung der virtuellen Arbeit eines zweifach gebundenen Punktes

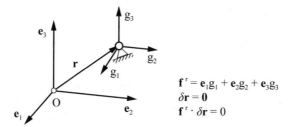

Bild 4.4: Berechnung der virtuellen Arbeit eines statisch bestimmten Punktes

falls verschwinden,

$$\delta W^r = \sum_{i=1}^{p} \mathbf{f}_i^r \cdot \delta \mathbf{r}_i = 0. \tag{4.2}$$

Weiterhin kann man nun äußere und innere Reaktionskräfte unterscheiden. Nach (3.5) und (3.6) gilt also

$$\mathbf{f}_i^r = \mathbf{f}_i^{ra} + \sum_{j=1}^{p} \mathbf{f}_{ij}^r, \tag{4.3}$$

wobei noch das Gegenwirkungsgesetz (3.7) zu beachten ist. Setzt man (4.3) in (4.2) ein, so folgt mit (3.7)

$$\delta W^r = \sum_{i=1}^{p} \mathbf{f}_i^{ra} \cdot \delta \mathbf{r}_i + \sum_{i=1}^{p} \sum_{j=i}^{p} \mathbf{f}_{ij}^r \cdot (\delta \mathbf{r}_i - \delta \mathbf{r}_j) = 0. \tag{4.4}$$

Man erkennt, dass für die virtuelle Arbeit der äußeren Reaktionskräfte die virtuellen Verschiebungen $\delta \mathbf{r}_i$ maßgebend sind, während die virtuelle Arbeit der inneren Reaktionskräfte durch die relativen virtuellen Verschiebungsdifferenzen $(\delta \mathbf{r}_i - \delta \mathbf{r}_j)$ bestimmt wird.
Weiterhin findet man für die virtuelle Arbeit an einem nichtpolaren Kontinuum

$$\delta W^r = \int_K d\mathbf{f}^r \cdot \delta \mathbf{r} = 0, \tag{4.5}$$

wobei $d\mathbf{f}^r$ die auf einen materiellen Punkt P mit der Masse dm einwirkenden Zwangskräfte sind. Beachtet man nun, dass die Massenkraftdichte $\mathbf{f}$ auf eingeprägte Kräfte zurückgeht, so folgt aus (3.64) die Beziehung

$$\delta W^r = \int_V (\operatorname{div} \mathbf{T}^r) \cdot \delta \mathbf{r} \, dV = 0. \tag{4.6}$$

Dieses Volumenintegral kann nun mit der Produktregel der Vektoranalysis und dem Gaußschen Satz, jeweils angewandt auf $\operatorname{div}(\mathbf{T}^r \cdot \delta \mathbf{r})$, umgeformt werden.

Man findet dann für die virtuelle Arbeit

$$\delta W^r = \int_A \mathbf{t}^r \cdot \delta \mathbf{r} dA - \int_V Sp(\mathbf{T}^r \cdot \delta \mathbf{G}) dV = \int_A \mathbf{t}^r \cdot \delta \mathbf{r} dA - \int_V \boldsymbol{\sigma}^{rT} \cdot \delta \mathbf{e} dV = 0, \tag{4.7}$$

wobei zur Vereinfachung (2.141) und (3.66) verwendet wurden. Neben den virtuellen Verschiebungen $\delta \mathbf{r}$ an der Oberfläche A treten in (4.7) die virtuellen Verzerrungen $\delta \mathbf{G}$ bzw. $\delta \mathbf{e}$ im Volumen V des Kontinuums K auf. Der jeweils erste Term in (4.7) entspricht der virtuellen Arbeit der äußeren Reaktionskräfte, der jeweils zweite Term beschreibt die virtuelle Arbeit der inneren Reaktionskräfte. Diese Aufteilung war auch bereits beim Punktsystem, siehe (4.4), möglich. In einem Kontinuum ohne innere Bindungen verbleibt deshalb nur der erste Term, das Integral ist dabei nur über den Teil der Oberfläche zu berechnen, dessen Bewegungsfreiheit durch Bindungen oder Lagerungen eingeschränkt ist.

Die virtuelle Arbeit der Reaktionskräfte und -momente soll auch noch für ein polares Kontinuum angegeben werden,

$$\delta W^r = \int_K (d\mathbf{f}^r \cdot \delta \mathbf{r} + d\mathbf{l}^r \cdot \delta \mathbf{s}) = 0. \tag{4.8}$$

Dabei sind $d\mathbf{f}$ und $d\mathbf{l}$ die am Volumenelement des materiellen Punktes P mit der Masse dm angreifenden Reaktionskräfte und -momente. Die virtuelle Verschiebung $\delta \mathbf{r}$ muss bei polaren Kontinua um die virtuelle Drehung $\delta \mathbf{s}$ ergänzt werden.

Mehrkörpersysteme zählen aufgrund der Einzelmomente zu den nichtpolaren Kontinua. Berücksichtigt man die Kinematik des starren Körpers, so folgt aus (4.8)

$$\delta W^r = \sum_{i=1}^{p} [\mathbf{f}_i^r \cdot \delta \mathbf{r}_i + \int_{K_i} (d\mathbf{f}_i^r \cdot \delta \tilde{\mathbf{s}}_i \cdot \mathbf{r}_p + d\mathbf{l}_i^r \cdot \delta \mathbf{s}_i)] = \sum_{i=1}^{p} (\mathbf{f}_i^r \cdot \delta \mathbf{r}_i + \mathbf{l}_i^r \cdot \delta \mathbf{s}_i) = 0 \tag{4.9}$$

mit der virtuellen Bewegung $\delta \mathbf{r}_i$, $\delta \mathbf{s}_i$ des Mehrkörpersystems, die durch (2.201) gegeben ist. In den resultierenden Reaktionsmomenten $\mathbf{l}_i^r$ sind die Wirkungen der Kräfte $d\mathbf{f}_i^r$ mit den Hebelarmen $\mathbf{r}_P(\boldsymbol{\rho})$ und der Momente $d\mathbf{l}_i^r$ enthalten.

Bei gebundenen Systemen entspricht der verschwindenden virtuellen Arbeit der Reaktionskräfte eine allgemeine Orthogonalitätsbeziehung. Dies soll am Beispiel der Punktsysteme nun stellvertretend für alle oben genannten Systeme herausgearbeitet werden.

Die virtuellen Bewegungen von Punktsystemen wurden in der Kinematik bereits ausführlich behandelt, siehe (2.188). Die für die Reaktionskräfte $\mathbf{f}_i^r$ maßgebenden Normalenrichtungen $\mathbf{n}_{ik}$ erhält man entweder geometrisch anschaulich oder rechnerisch aus der impliziten Form (2.175) der Bindungen. Mit dem 3×1-Vektor

$$\mathbf{n}_{ik} = \frac{\partial \phi_k}{\partial \mathbf{x}} \cdot \frac{\partial \mathbf{x}}{\partial \mathbf{r}_i}, \qquad k = 1(1)q, \tag{4.10}$$

und der zur Bindung ϕ_k gehörenden verallgemeinerten Zwangskraft g_k bleibt für die resultierende

Reaktionskraft $\mathbf{f}_i^r$ am materiellen Punkt P_i die Summe

$$\mathbf{f}_i^r = \sum_{k=1}^{q} \mathbf{f}_{ik}^r = \sum_{k=1}^{q} \frac{\partial \phi_k}{\partial \mathbf{x}} g_k \cdot \frac{\partial \mathbf{x}}{\partial \mathbf{r}_i}. \tag{4.11}$$

Der Normalenvektor (4.10) ist nicht normiert. Durch Division mit dem Betrag $|\mathbf{n}_{ik}|$ erhält man, falls erforderlich, die Richtung des Normaleneinheitsvektors. Durch die Normierung des Normalenvektors wird die verallgemeinerte Zwangskraft g_k betragsgleich mit der entsprechenden Reaktionskraft $\mathbf{f}_{ik}^r$. Eingesetzt in (4.2) findet man

$$\sum_{i=1}^{p}[(\sum_{k=1}^{q} g_k \frac{\partial \phi_k}{\partial \mathbf{x}}) \cdot \frac{\partial \mathbf{x}}{\partial \mathbf{r}_i} \cdot \frac{\partial \mathbf{r}_i}{\partial \mathbf{x}} \cdot \sum_{\ell=1}^{f} \frac{\partial \mathbf{x}}{\partial y_\ell} \delta y_\ell] = 0. \tag{4.12}$$

Führt man nun den $f \times 1$-Lagevektor $\mathbf{y}$ nach (2.177), die virtuelle Lageänderung $\delta \mathbf{y}$ und die Jacobi-Matrizen $\mathbf{H}_{Ti}$, $\mathbf{I}$, und $\mathbf{J}_{Ti}$ gemäß (2.188) und (2.189) sowie den $q \times 1$-Vektor der verallgemeinerten Reaktionskräfte (3.8) ein und definiert man die Funktionalmatrizen

$$\mathbf{F}_i^T = \frac{\partial \phi}{\partial \mathbf{r}_i}, \qquad \mathbf{G}^T = \frac{\partial \phi}{\partial \mathbf{x}}, \qquad \mathbf{H}_{Ti}^+ = \frac{\partial \mathbf{x}}{\partial \mathbf{r}_i}, \tag{4.13}$$

so kann man (4.12) auch schreiben als

$$\mathbf{g} \cdot \left(\sum_{i=1}^{p} \mathbf{F}_i^T \cdot \mathbf{J}_{Ti} \right) \cdot \delta \mathbf{y} = 0. \tag{4.14}$$

Fasst man schließlich noch die Funktionalmatrizen zur globalen $3p \times q$-Verteilungsmatrix $\overline{\mathbf{Q}}$ und zur globalen $3p \times f$-Jacobi-Matrix $\overline{\mathbf{J}}$ des Punktsystems zusammen,

$$\overline{\mathbf{Q}}^T = \left[\mathbf{F}_1^T \ \mathbf{F}_2^T \ \cdots \ \mathbf{F}_p^T \right], \qquad \overline{\mathbf{J}} = \begin{bmatrix} \mathbf{J}_{T1} \\ \mathbf{J}_{T2} \\ \vdots \\ \mathbf{J}_{Tp} \end{bmatrix}, \tag{4.15}$$

so geht (4.14) in die Orthogonalitätsbeziehung

$$\overline{\mathbf{Q}}^T \cdot \overline{\mathbf{J}} = \mathbf{0}, \qquad \overline{\mathbf{J}}^T \cdot \overline{\mathbf{Q}} = \mathbf{0} \tag{4.16}$$

über. Ebenso folgt wegen $\Sigma \mathbf{H}_{Ti}^+ \cdot \mathbf{H}_{Ti} = p\mathbf{E}$ auch

$$\mathbf{G}^T \cdot \mathbf{I} = \mathbf{0}, \qquad \mathbf{I}^T \cdot \mathbf{G} = \mathbf{0}. \tag{4.17}$$

Die Orthogonalitätsbeziehung kann sowohl in kartesischen Koordinaten (4.16) als auch in verallgemeinerten Koordinaten (4.17) angeschrieben werden. Die Reaktionskräfte leisten also - unabhängig von der Wahl der Koordinaten - keine virtuelle Arbeit, was für alle mechanischen Systeme gilt.

Das Prinzip der virtuellen Arbeit, häufig auch das Prinzip der virtuellen Verschiebung genannt, kann man für statische Punktsysteme nun leicht herleiten. Die Gleichgewichtsbedingungen der Statik verlangen, dass die Summe aller äußeren, auf jeden einzelnen materiellen Punkt einwirkenden Kräfte verschwindet

$$\mathbf{f}_i^a = \mathbf{0}, \qquad i = 1(1)p. \tag{4.18}$$

Beachtet man, dass die äußeren Kräfte infolge der Bindungen in eingeprägte äußere Kräfte und Reaktionskräfte aufgeteilt werden können, so gilt

$$\mathbf{f}_i^{ae} + \mathbf{f}_i^{ar} = \mathbf{0}, \qquad i = 1(1)p. \tag{4.19}$$

Damit bleibt nach (4.2) für die virtuelle Arbeit eines Punktsystems

$$\delta W^e = \sum_{i=1}^{p} \mathbf{f}_i^{ae} \cdot \delta \mathbf{r}_i = 0. \tag{4.20}$$

Das Prinzip der virtuellen Arbeit (4.20) besagt also: Ein Punktsystem ist dann und nur dann im statischen Gleichgewicht, wenn die virtuelle Arbeit der äußeren eingeprägten Kräfte verschwindet. Der große Vorteil für die technische Anwendung liegt darin, dass das Gleichgewicht ohne die Berechnung der Reaktionskräfte untersucht werden kann.

Beispiel 4.1: Vorrichtung

Die Vorrichtung nach Bild 4.5 ist ein System von zwei materiellen Punkten (Masse m) mit $f = 2 \cdot 3 - 5 = 1$ Freiheitsgrad. Die Feder (Federkonstante c) sei in der horizontalen Lage der Stäbe, $\alpha = 90^o$, ungespannt. Die Gleichgewichtslage kann mit dem Prinzip der virtuellen Arbeit nun leicht ermittelt werden. Die virtuellen Verschiebungen lauten

$$\delta \mathbf{r}_1 = \begin{bmatrix} 0 \\ L\cos\alpha \\ L\sin\alpha \end{bmatrix} \delta\alpha, \qquad \delta \mathbf{r}_2 = \begin{bmatrix} 0 \\ 2L\cos\alpha \\ 0 \end{bmatrix} \delta\alpha. \tag{4.21}$$

Die Gewichtskräfte (Erdbeschleunigung g) und die Federkraft sind die einzigen eingeprägten Kräfte

$$\mathbf{f}_1^e = \begin{bmatrix} 0 \\ 0 \\ -mg \end{bmatrix}, \qquad \mathbf{f}_2^e = \begin{bmatrix} 0 \\ 2cL(1-\sin\alpha) \\ -mg \end{bmatrix}. \tag{4.22}$$

Das Prinzip der virtuellen Arbeit liefert unmittelbar die Gleichgewichtsbedingung

$$\delta W^e = (-mgL\sin\alpha + 4cL^2(1-\sin\alpha)\cos\alpha)\delta\alpha = 0 \tag{4.23}$$

oder $-mgL\sin\alpha + 4cL^2(1-\sin\alpha)\cos\alpha = 0$. Für $mg = 4cL$ erhält man die Zahlenwerte $\alpha_1 = 27.97^o$ und $\alpha_2 = -117.97^o$.

Das Prinzip der virtuellen Arbeit gilt nicht nur für Punktsysteme, sondern ganz allgemein für alle statischen mechanischen Systeme. Die Beziehung (4.20) für die Berechnung der Arbeit der

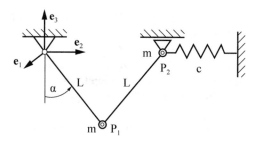

Bild 4.5: Vorrichtung mit Federentlastung

eingeprägten Kräfte muss dann jedoch erweitert werden. Das dazu notwendige Vorgehen wird im nächsten Abschnitt am Beispiel des d'Alembertschen Prinzips gezeigt, das einer Erweiterung des Prinzips der virtuellen Arbeit auf kinetische mechanische Systeme entspricht.

4.2 Prinzipe von d'Alembert, Jourdain und Gauß

In diesem Abschnitt werden die Prinzipe zunächst für Punktsysteme angegeben und dann auf Mehrkörpersysteme und Kontinua erweitert. Aus den Newtonschen Gleichungen (3.4) folgt mit (3.5) unter Beachtung von (4.2) das d'Alembertsche Prinzip in der Lagrangeschen Fassung

$$\sum_{i=1}^{p} (m_i \mathbf{a}_i - \mathbf{f}_i^e) \cdot \delta \mathbf{r}_i = 0. \tag{4.24}$$

Bemerkenswert, obwohl häufig übersehen, ist die Tatsache, dass im d'Alembertschen Prinzip die eingeprägten und nicht die äußeren Kräfte erscheinen. Das d'Alembertsche Prinzip erlaubt deshalb - entsprechend dem Prinzip der virtuellen Arbeit - die Aufstellung von Bewegungsgleichungen ohne direkte Berücksichtigung der Reaktionskräfte. Es gibt jedoch Systeme, in denen die eingeprägten Kräfte von den Reaktionskräften abhängen, z. B. im Fall von Reibungskräften. Dann haben die Reaktionskräfte einen indirekten Einfluss auf die Bewegung, der zwar die Lösung, nicht aber die Aufstellung der Bewegungsgleichungen beeinträchtigt.

Das d'Alembertsche Prinzip gilt für alle holonomen Systeme. Dies wird durch die in (4.24) auftretenden virtuellen Bewegungen (2.188) noch einmal verdeutlicht. Darüber hinaus kann man zeigen, dass das d'Alembertsche Prinzip auch für lineare nichtholonome Systeme gilt. Es ist jedoch einfacher und übersichtlicher bei nichtholonomen Systemen mit dem Jourdainschen Prinzip zu arbeiten,

$$\sum_{i=1}^{p} (m_i \mathbf{a}_i - \mathbf{f}_i^e) \cdot \delta' \mathbf{v}_i = 0. \tag{4.25}$$

Das Jourdainsche Prinzip (4.25) sagt aus, dass die virtuelle Leistung der Reaktionskräfte verschwindet

$$\delta P^r = \sum_{i=1}^{p} \mathbf{f}_i^r \cdot \delta' \mathbf{v}_i = 0. \tag{4.26}$$

Das Jourdainsche Prinzip ist also eng verwandt mit dem d'Alembertschen Prinzip (4.24). An die Stelle der virtuellen Bewegungen treten im Jourdainschen Prinzip die virtuellen Geschwindig-keitsvariationen (2.231). Die impliziten holonomen Bindungen (2.175) werden durch die impliziten nichtholonomen Bindungen (2.219) ergänzt, die entsprechend (4.10) zur Berechnung der nichtholonomen Reaktionskräfte herangezogen werden können.

Darüber hinaus kann man auch noch virtuelle Beschleunigungen einführen

$$\delta''\mathbf{r} = \delta''\mathbf{v} = \mathbf{0}, \qquad \delta''t = 0, \qquad \delta''\mathbf{a} \neq \mathbf{0}. \tag{4.27}$$

Damit lässt sich das Gaußsche Prinzip anschreiben

$$\sum_{i=1}^{p} (m_i \mathbf{a}_i - \mathbf{f}_i^e) \cdot \delta'' \mathbf{a}_i = 0. \tag{4.28}$$

Eine anschauliche Erklärung des Gaußschen Prinzips besagt, dass der Zwang minimiert wird, der durch die gemittelten Beschleunigungsabweichungen definiert ist. Das Gaußsche Prinzip hat bisher keine größere technische Bedeutung erlangt.

Das d'Alembertsche Prinzip für Mehrkörpersysteme folgt aus den Newton-Eulerschen Gleichungen (3.35), (3.36) unter der Berücksichtigung von (3.37), (3.38) und (4.9) in der Form

$$\sum_{i=1}^{p} [(m_i \mathbf{a}_i - \mathbf{f}_i^e) \cdot \delta \mathbf{r}_i + (\mathbf{I}_i \cdot \boldsymbol{\alpha}_i + \tilde{\boldsymbol{\omega}}_i \cdot \mathbf{I}_i \cdot \boldsymbol{\omega}_i - \mathbf{l}_i^e) \cdot \delta \mathbf{s}_i] = 0. \tag{4.29}$$

Neben den virtuellen Verschiebungen $\delta \mathbf{r}_i$ müssen bei Mehrkörpersystemen auch die virtuellen Drehungen $\delta \mathbf{s}_i$ berücksichtigt werden, die nach (2.201) zusammen die virtuelle Bewegung ergeben. In ganz entsprechender Weise kann das Jourdainsche Prinzip (4.25) für Mehrkörpersysteme angeschrieben werden. Dann kommen die virtuellen Geschwindigkeitsänderungen und die virtuellen Drehgeschwindigkeitsänderungen (2.232) zum Tragen. Dies ist besonders bei Kontakt- und bei Stoßproblemen von Vorteil.

In einem Kontinuum sind die Trägheits- und Volumenkräfte eingeprägte Kräfte, die Spannungen können in eingeprägte Spannungen $\mathbf{T}^e$ und in Reaktionsspannungen $\mathbf{T}^r$ aufgeteilt werden. Damit folgt aus den Cauchyschen Bewegungsgleichungen (3.64) nach Multiplikation mit der virtuellen Verschiebung und Integration über das Volumen V des betrachteten Körpers K das d'Alembertsche Prinzip

$$\int_V (\rho \mathbf{a} - \rho \mathbf{f} - \mathrm{div}\mathbf{T}^e) \cdot \delta \mathbf{r} dV = 0, \tag{4.30}$$

wobei die Reaktionsspannungen gemäß (4.6) herausfallen. Führt man eine (4.7) entsprechende Umformung durch, so findet man das d'Alembertsche Prinzip in der Form

$$\int_V [(\rho \mathbf{a} - \rho \mathbf{f}) \cdot \delta \mathbf{r} + \boldsymbol{\sigma}^e \cdot \delta \mathbf{e}] dV - \int_A \mathbf{t}^e \cdot \delta \mathbf{r} dA = 0. \tag{4.31}$$

Eine dritte Form erinnert schließlich noch an das Prinzip der virtuellen Arbeit

$$\int\limits_V (\rho \mathbf{a} \cdot \delta \mathbf{r} - \delta W^e) dV = 0, \tag{4.32}$$

wobei die in (4.30) und (4.31) auftretende virtuelle Arbeit der eingeprägten Kräfte im Term δW^e zusammengefasst ist.

Zwischen den Darstellungen (4.30) und (4.31) besteht ein für die Dynamik wichtiger Unterschied. Dies wird deutlich, wenn der Spannungsvektor $\boldsymbol{\sigma}$ durch das Hookesche Gesetz (3.68) und der Verzerrungsvektor e nach (2.143) durch den Verschiebungsvektor w ausgedrückt werden

$$\int\limits_V (\rho \mathbf{a} - \rho \mathbf{f} - \mathscr{V}^T \cdot \mathbf{H} \cdot \mathscr{V} \cdot \mathbf{w}) \cdot \delta \mathbf{r} dV = 0, \tag{4.33}$$

$$\int\limits_V (\rho \mathbf{a} - \rho \mathbf{f}) \cdot \delta \mathbf{r} + (\mathscr{V} \cdot \mathbf{w}) \cdot \mathbf{H} \cdot \delta (\mathscr{V} \cdot \mathbf{w}) dV - \int\limits_A (\mathbf{N}^T \cdot \mathbf{H} \cdot \mathscr{V} \cdot \mathbf{w}) \cdot \delta \mathbf{r} dA = 0. \tag{4.34}$$

In (4.33) wird die Differentialoperatorenmatrix $\mathscr{V}$ der Verzerrung zweimal, in (4.34) dagegen nur einmal auf den Verschiebungsvektor w angewandt. Dies hat zur Folge, dass Lösungsansätze für den Ortsvektor **r** bzw. den Verschiebungsvektor **w** in (4.33) die geometrischen und die dynamischen Randbedingungen erfüllen müssen, während in (4.34) nur die oft einfacheren geometrischen Randbedingungen zu berücksichtigen sind. Die dynamischen, auf die Kräfte zurückgehenden Randbedingungen sind in (4.34) im Oberflächenintegral enthalten und damit automatisch erfüllt. Für einfache Näherungsansätze, wie sie bei der Methode der finiten Elemente Verwendung finden, wird deshalb stets (4.34) eingesetzt. Bei kontinuierlichen Systemen kommt dagegen (4.33) zum Tragen.

Zur übersichtlicheren Darstellung wurde in (4.34) die 6×3-Matrix

$$\mathbf{N} = \begin{bmatrix} n_1 & 0 & 0 & n_2 & 0 & n_3 \\ 0 & n_2 & 0 & n_1 & n_3 & 0 \\ 0 & 0 & n_3 & 0 & n_2 & n_1 \end{bmatrix} \tag{4.35}$$

zum 3×1-Normalenvektor der Oberfläche

$$\mathbf{n} = \begin{bmatrix} n_1 & n_2 & n_3 \end{bmatrix} \tag{4.36}$$

eingeführt. Die Bauform von (4.35) entspricht genau dem Aufbau von (2.142).

4.3 Prinzip der minimalen potentiellen Energie

In konservativen Systemen sind die eingeprägten Kräfte durch Potentiale gekennzeichnet. Die gesamte potentielle Energie U eines mechanischen Systems ist durch das Potential U_a der äußeren Kräfte und das Potential U_i der inneren Kräfte gegeben

$$U = U_a + U_i. \tag{4.37}$$

Bei einem konservativen Kontinuum, das z. B. dem linearelastischen Hookeschen Stoffgesetz gehorcht, entspricht das Potential der inneren Kräfte der Formänderungsenergie

$$U_i = \frac{1}{2} \int_V \boldsymbol{\sigma} \cdot \mathbf{e} \, dV. \tag{4.38}$$

Variiert man nun die potentielle Energie bezüglich der virtuellen Verschiebungen, so erhält man mit (4.20)

$$\delta U = \sum_{i=1}^{p} \frac{\partial U}{\partial \mathbf{r}_i} \cdot \delta \mathbf{r}_i = -\sum_{i=1}^{p} \mathbf{f}_i^e \cdot \delta \mathbf{r}_i = -\delta W^e = 0. \tag{4.39}$$

Ein konservatives mechanisches System befindet sich also in einer Gleichgewichtslage, wenn sein Gesamtpotential in dieser Lage stationär ist. Darüber hinaus kann man zeigen, dass diese Gleichgewichtslage stabil ist, wenn

$$U \overset{!}{=} \min \quad \rightarrow \quad \delta U = 0, \ \delta^2 U > 0 \quad \rightarrow \quad \delta W^e = 0, \ \delta^2 W^e < 0 \tag{4.40}$$

gilt und instabil, wenn

$$U \overset{!}{=} \max \quad \rightarrow \quad \delta U = 0, \ \delta^2 U < 0 \quad \rightarrow \quad \delta W^e = 0, \ \delta^2 W^e > 0 \tag{4.41}$$

gilt, siehe Popov [49]. Setzt man nun ein linearelastisches mechanisches System voraus, z. B. einen Hookeschen Körper, so ist das Gesamtpotential eine positiv definite quadratische Form. Es existiert dann nur eine stabile Gleichgewichtslage mit minimaler potentieller Energie. Damit ist ein wichtiger Anwendungsbereich des Prinzips der minimalen potentiellen Energie abgesteckt: konservative, linearelastische, statische Systeme.

Gegenüber dem Prinzip der virtuellen Arbeit bringt das Prinzip der minimalen potentiellen Energie keine Vorteile. Im Gegenteil, die quadratische Form eines linearelastischen Potentials muss durch Differentiation in lineare Federkräfte überführt werden, eine unnötig aufwendige Operation.

Beispiel 4.2: Vorrichtung

Die eingeprägten, auf die Vorrichtung nach Bild 4.5 wirkenden äußeren Kräfte (Erdbeschleunigung g, Federkonstante c) haben das Potential

$$U = mgr_{13} + mgr_{23} + \frac{1}{2}c(2L - r_{22})^2. \tag{4.42}$$

Die Ortsvektoren der materiellen Punkte lauten

$$\mathbf{r}_1 = \begin{bmatrix} 0 \\ L\sin\alpha \\ -L\cos\alpha \end{bmatrix}, \qquad \mathbf{r}_2 = \begin{bmatrix} 0 \\ 2L\sin\alpha \\ 0 \end{bmatrix}. \tag{4.43}$$

Eingesetzt in (4.42) bleibt

$$U = -mgL\cos\alpha + 2cL^2(1 - \sin\alpha)^2. \tag{4.44}$$

Die erste Variation δU bezüglich der verallgemeinerten Koordinaten α ergibt die negative virtuelle Arbeit, vergleiche (4.23). Da in diesem Fall kein linearelastisches mechanisches System vorliegt, soll noch die Stabilität der Gleichgewichtslagen mit (4.40) untersucht werden. Die zweite Variation $\delta^2 U$ liefert weiter $\delta^2 U(\alpha_1) > 0$, $\delta^2 U(\alpha_2) < 0$, d. h. es gibt eine stabile und eine instabile Gleichgewichtslage.

4.4 Hamiltonsches Prinzip

Das Hamiltonsche Prinzip, siehe Taylor [72], stellt die Erweiterung des Prinzips der minimalen potentiellen Energie auf konservative, kinetische Systeme dar, wobei allerdings die Voraussetzung des linearelastischen Materialverhaltens im Allgemeinen nicht herangezogen wird.
Für ein konservatives System kann (4.32) auch als

$$\int_V \rho\mathbf{a} \cdot \delta\mathbf{r}dV + \delta U = 0 \tag{4.45}$$

geschrieben werden. Integriert man nun (4.45) mit den festen Grenzen t_0 und t_1, so bleibt zunächst

$$\int_{t_0}^{t_1}\int_V \rho\mathbf{a} \cdot \delta\mathbf{r}dVdt + \int_{t_0}^{t_1} \delta Udt = 0. \tag{4.46}$$

Andererseits gilt für die Variation der kinetischen Energie

$$\delta T = \int_V \rho\dot{\mathbf{r}} \cdot \delta\dot{\mathbf{r}}dV = \int_V \frac{\partial}{\partial t}(\rho\dot{\mathbf{r}} \cdot \delta\mathbf{r})dV - \int_V \rho\mathbf{a} \cdot \delta\mathbf{r}dV \tag{4.47}$$

und die Integration liefert

$$\int_{t_0}^{t_1} \delta T = \int_V (\rho\dot{\mathbf{r}} \cdot \delta\mathbf{r})dV \bigg|_{t_0}^{t_1} - \int_{t_0}^{t_1}\int_V \rho\mathbf{a} \cdot \delta\mathbf{r}dVdt. \tag{4.48}$$

Verlangt man nun neben (2.186) von den virtuellen Verschiebungen noch

$$\delta\mathbf{r}(t_0) = \mathbf{0}, \qquad \delta\mathbf{r}(t_1) = \mathbf{0}, \tag{4.49}$$

so folgt aus (4.46) und (4.48)

$$\delta\int_{t_0}^{t_1}(T - U)dt = \delta\int_{t_0}^{t_1} Ldt = 0. \tag{4.50}$$

Damit ist das Hamiltonsche Prinzip, ein Extremalprinzip, gefunden, wobei

$$L = T - U \tag{4.51}$$

die bekannte Lagrange-Funktion ist. Das Hamiltonsche Prinzip besagt, dass die als Wirkung bezeichnete Größe $\int L dt$ einen stationären Wert annimmt

$$\frac{d}{dt} \int_{t_0}^{t_1} L dt = 0. \tag{4.52}$$

Diese Erkenntnis mag von naturphilosophischer Bedeutung sein, für die Technische Dynamik liefert (4.52) aber keine anderen Ergebnisse als das d'Alembertsche Prinzip (4.32). Detaillierte Ausführungen zum Hamiltonschen Prinzip sind in Taylor [72] oder Bremer [11] zu finden.

4.5 Lagrangesche Gleichungen erster Art

Zur Herleitung der Lagrangeschen Gleichungen erster Art für ein holonomes Punktsystem kann man zunächst das d'Alembertsche Prinzip (4.24) mit (4.2) in der Form

$$\sum_{i=1}^{p} (m_i \mathbf{a}_i - \mathbf{f}_i^e - \mathbf{f}_i^r) \cdot \delta \mathbf{r}_i = 0. \tag{4.53}$$

schreiben. Da die virtuellen Verschiebungen $\delta \mathbf{r}_i$ infolge der q Bindungen voneinander abhängig sind, können nur $f = 3p - q$ Variationen $\delta \mathbf{r}_i$ frei gewählt werden und die zugehörigen Klammerausdrücke müssen jeweils für sich verschwinden. Die restlichen Klammerausdrücke verschwinden durch geeignete Wahl der verallgemeinerten Zwangskräfte, die hier als Lagrange-Multiplikatoren wirken. Damit erhält man die Lagrangeschen Gleichungen erster Art in der Form

$$m_i \mathbf{a}_i(\mathbf{x}, \dot{\mathbf{x}}, \ddot{\mathbf{x}}) = \mathbf{f}_i^e(\mathbf{x}, \dot{\mathbf{x}}, t) + \mathbf{F}_i(\mathbf{x}, t) \cdot \mathbf{g}(t), \qquad i = 1(1)p, \tag{4.54}$$

wenn man den $3p \times 1$-Lagevektor $\mathbf{x}(t)$ und den $q \times 1$-Vektor $\mathbf{g}(t)$ der verallgemeinerten Zwangskräfte einführt. Man erkennt, dass die $3p$ Gleichungen (4.54) nicht ausreichen, um die $3p + q$ Unbekannten zu bestimmen. Man muss deshalb (4.54) noch durch die q algebraischen Gleichungen $\boldsymbol{\phi}(\mathbf{x}, t) = \mathbf{0}$ nach (2.175) ergänzen. Somit stellen die Lagrangeschen Gleichungen erster Art ein stark gekoppeltes, nichtlineares System von algebraischen Gleichungen und Differentialgleichungen dar, das zudem noch eine erhöhte Ordnung hat. Dies bedeutet, dass die Lagrangeschen Gleichungen erster Art numerisch aufwendig zu lösen sind.

Die Zahl der Gleichungen kann nach Differentiation von (2.175) formal reduziert werden

$$\boldsymbol{\phi}(\mathbf{x}, t) = \mathbf{0}, \tag{4.55}$$

$$\frac{\partial \boldsymbol{\phi}}{\partial \mathbf{x}} \cdot \dot{\mathbf{x}} + \frac{d \boldsymbol{\phi}}{dt} = \mathbf{0}, \tag{4.56}$$

$$\frac{\partial \boldsymbol{\phi}}{\partial \mathbf{x}} \cdot \ddot{\mathbf{x}} + \frac{d}{dt} \frac{\partial \boldsymbol{\phi}}{\partial \mathbf{x}} \cdot \dot{\mathbf{x}} + \frac{d^2 \boldsymbol{\phi}}{dt^2} = \mathbf{0}. \tag{4.57}$$

Löst man (4.54) nach $\ddot{\mathbf{x}}(t)$ auf, was stets möglich ist, und setzt in (4.57) ein, so folgt eine Bestimmungsgleichung für die verallgemeinerten Zwangskräfte von der Form

$$\mathbf{g} = \mathbf{g}(\mathbf{x}, \dot{\mathbf{x}}, t). \tag{4.58}$$

Damit verbleibt von den gekoppelten Gleichungen (4.54), (4.55) nur das System

$$m_i \mathbf{a}_i(\mathbf{x}, \dot{\mathbf{x}}, \ddot{\mathbf{x}}) = \mathbf{f}_i^e(\mathbf{x}, \dot{\mathbf{x}}, t) + \mathbf{F}_i(\mathbf{x}, t) \cdot \mathbf{g}(\mathbf{x}, \dot{\mathbf{x}}, t) \tag{4.59}$$

für die $3p$ Unbekannten $\mathbf{x}(t)$. Da jedoch der Lagevektor $\mathbf{x}(t)$ wegen der Bindungen weiterhin voneinander abhängige Koordinaten aufweist, müssen die Anfangsbedingungen $\mathbf{x}(t_0), \dot{\mathbf{x}}(t_0)$ aus (4.55) und (4.56) berechnet werden. Außerdem ist zu beachten, dass das System (4.59) infolge der Differentiationen (4.56) und (4.57) zwei Nulleigenwerte aufweist und damit singulär ist. Diese Singularitäten lassen sich nach einer Methode von Baumgarte, siehe z. B. Wittenburg [74], zwar aufheben, doch können dann systematische Fehler bei der numerischen Integration auftreten. Unabhängig davon müssen aber nach (4.59) immer noch $q = 3p - f$ überzählige Differentialgleichungen gelöst werden. Die Lagrangeschen Gleichungen erster Art sind deshalb oft weniger empfehlenswert.

4.6 Lagrangesche Gleichungen zweiter Art

Lagrangesche Gleichungen zweiter Art eines holonomen konservativen Punktsystems können ebenfalls aus dem d'Alembertschen Prinzip gewonnen werden. Nach einer Zwischenrechnung, die z. B. von Magnus und Müller-Slany [42] angegeben wird, findet man die Zusammenhänge

$$\sum_{i=1}^{p} m_i \mathbf{a}_i \cdot \delta \mathbf{r}_i = \left(\frac{d}{dt} \frac{\partial T}{\partial \dot{\mathbf{y}}} - \frac{\partial T}{\partial \mathbf{y}} \right) \cdot \delta \mathbf{y}, \tag{4.60}$$

$$\sum_{i=1}^{p} \mathbf{f}_i^e \cdot \delta \mathbf{r}_i = -\frac{\partial U}{\partial \mathbf{y}} \cdot \delta \mathbf{y}, \tag{4.61}$$

woraus mit (4.24) und (4.51) wegen der Unabhängigkeit der virtuellen Bewegung $\delta \mathbf{y}$ aufgrund der verallgemeinerten Koordinaten unmittelbar die Lagrangeschen Gleichungen zweiter Art folgen

$$\frac{d}{dt} \frac{\partial L}{\partial \dot{\mathbf{y}}} - \frac{\partial L}{\partial \mathbf{y}} = \mathbf{0}. \tag{4.62}$$

Man erhält aber (4.62) auch aus (4.52), da die Lagrangeschen Gleichungen auch nichts anderes als die Euler-Lagrangesche Gleichung der Variationsaufgabe (4.52) darstellen. Damit gelten die Lagrangeschen Gleichungen nicht nur für Punktsysteme, sondern für alle Arten von holonomen mechanischen Systemen.

Trotz ihrer weiten Verbreitung sind die Lagrangeschen Gleichungen zweiter Art für die praktische Aufstellung von Bewegungsgleichungen oft zu umständlich. Dies erkennt man bereits am

Beispiel eines skleronomen Punktsystems. In diesem Fall lautet die kinetische Energie

$$T = \frac{1}{2} \sum_{i=1}^{p} \mathbf{v}_i \cdot m_i \mathbf{v}_i = \frac{1}{2} \sum_{i=1}^{p} \dot{\mathbf{y}}(t) \cdot \mathbf{J}_{Ti}^T(\mathbf{y}) m_i \cdot \mathbf{J}_{Ti}(\mathbf{y}) \cdot \dot{\mathbf{y}}(t)$$

$$= \frac{1}{2} \dot{\mathbf{y}}(t) \cdot \overline{\mathbf{J}}^T(\mathbf{y}) \cdot \overline{\overline{\mathbf{M}}} \cdot \overline{\mathbf{J}}(\mathbf{y}) \cdot \dot{\mathbf{y}}(t), \tag{4.63}$$

wobei die Geschwindigkeiten nach (2.184) und die globale Jacobi- und Massenmatrix, gemäß (5.21) und (5.20) berücksichtigt werden. Nun gilt für die partiellen Ableitungen der kinetischen Energie

$$\frac{\partial T}{\partial \dot{\mathbf{y}}} = \overline{\mathbf{J}}^T \cdot \overline{\overline{\mathbf{M}}} \cdot \overline{\mathbf{J}} \cdot \dot{\mathbf{y}}, \qquad \frac{\partial T}{\partial \mathbf{y}} = \frac{\partial (\overline{\mathbf{J}} \cdot \dot{\mathbf{y}})}{\partial \mathbf{y}} \cdot \overline{\overline{\mathbf{M}}} \cdot \overline{\mathbf{J}} \cdot \dot{\mathbf{y}}. \tag{4.64}$$

Zunächst entfällt also der Faktor $\frac{1}{2}$, da (4.63) eine quadratische Form bezüglich $\dot{\mathbf{y}}(t)$ und $\overline{\mathbf{J}}(\mathbf{y})$ ist. Die totale Ableitung von (4.64) nach der Zeit ergibt darüber hinaus

$$\frac{d}{dt} \frac{\partial T}{\partial \dot{\mathbf{y}}} = \overline{\mathbf{J}}^T \cdot \overline{\overline{\mathbf{M}}} \cdot \overline{\mathbf{J}} \cdot \ddot{\mathbf{y}} + \overline{\mathbf{J}}^T \cdot \overline{\overline{\mathbf{M}}} \cdot \frac{\partial (\overline{\overline{\mathbf{M}}} \cdot \overline{\mathbf{J}} \cdot \dot{\mathbf{y}})}{\partial \mathbf{y}} \cdot \dot{\mathbf{y}} + \frac{\partial (\overline{\mathbf{J}} \cdot \dot{\mathbf{y}})}{\partial \mathbf{y}} \cdot \overline{\overline{\mathbf{M}}} \cdot \overline{\mathbf{J}} \cdot \dot{\mathbf{y}}. \tag{4.65}$$

Setzt man nun (4.65) und (4.64) unter Berücksichtigung von (4.51) in (4.62) ein, so fällt der dritte Term auf der rechten Seite von (4.65) wieder heraus. Dies bedeutet, dass die direkte Auswertung der Lagrangeschen Gleichungen zweiter Art in ihrer ursprünglichen Form (4.62) auf einen unnötigen Rechenaufwand führt. Bei der Aufstellung der Bewegungsgleichungen nach dem d'Alembertschen Prinzip kommt man dagegen unmittelbar ans Ziel. Deshalb wird in den nächsten Kapiteln nur noch das d'Alembertsche bzw. das Jourdainsche Prinzip herangezogen. Diesen beiden Prinzipien liegt aber letztlich die Aufteilung des Raumes, der von den Koordinaten eines freigeschnittenen mechanischen Systems aufgespannt wird, in zwei orthogonale Unterräume für die freien bzw. gesperrten Bewegungsrichtungen zugrunde. Diese orthogonalen Unterräume sind unter der Voraussetzung idealer Kräfte, wie sie z. B. in gewöhnlichen Mehrkörpersystemen auftreten, voneinander unabhängig, was auf ungekoppelte Bewegungs- und Reaktionsgleichungen führt.

5 Mehrkörpersysteme

Ein Mehrkörpersystem besteht aus starren Körpern zwischen denen innere Kräfte und Momente wirken, die auf masselose Bindungs- und Koppelelemente zurückgehen. Daneben können noch beliebige äußere Kräfte und Momente am System angreifen. Ein Massenpunktsystem ist ein Sonderfall eines Mehrkörpersystems. So kann man z. B. ein Mehrkörpersystem als Punktsystem darstellen, wenn alle Drehgeschwindigkeiten sowie alle inneren und äußeren Momente bezüglich der Massenmittelpunkte verschwinden. Im Vergleich zum freien Mehrkörpersystem verfügt ein freies Punktsystem wegen der wegfallenden Rotationen nur über die halbe Zahl von Freiheitsgraden. Bei einem ebenen Mehrkörpersystem entfallen eine Verschiebungs- und zwei Winkelkoordinaten, sowie eine Kraft- und zwei Momentenkoordinaten. Darüber hinaus müssen sich alle Teilkörper in parallelen Hauptträgheitsebenen bewegen. Im Vergleich zum freien räumlichen Mehrkörpersystem vermindert sich beim freien ebenen Mehrkörpersystem die Zahl der Freiheitsgrade auf die Hälfte. Ähnliche Vereinfachungen ergeben sich bei Kreiselsystemen oder ebenen Punktsystemen. Um die Vielfalt der Varianten einzuschränken, wird nur das räumliche Mehrkörpersystem behandelt. Die Vereinfachungen in den genannten Sonderfällen, die auf ein reines Streichen von verschwindenden Gleichungen hinauslaufen, bleiben dem Leser überlassen, sie werden jedoch zum Teil in den Beispielen benutzt.

Ausgehend von den lokalen Bewegungsgleichungen eines freien starren Körpers werden die globalen Newton-Eulerschen Gleichungen formuliert. Daraus lassen sich die Bewegungsgleichungen für ideale Systeme ohne Reibungs- und Kontaktkräfte gewinnen, die für gewöhnliche und allgemeine Mehrkörpersysteme eine unterschiedliche Form aufweisen. Weiterhin folgen aus den Newton-Eulerschen Gleichungen die Reaktionsgleichungen, die sich für ideale Systeme unabhängig von den Bewegungsgleichungen lösen lassen. Mit den Reaktionskräften werden auch Fragen der Festigkeitsberechnung und des Massenausgleiches angesprochen. In nichtidealen Systemen mit Reibung findet man eine Koppelung der Bewegungs- und Reaktionsgleichungen, die eine gemeinsame Lösung beider Gleichungssysteme erfordert. Einige Bemerkungen über die heute verfügbaren Formalismen zur Aufstellung von Bewegungsgleichungen schließen dieses Kapitel ab.

5.1 Lokale Bewegungsgleichungen

Die lokalen Bewegungsgleichungen eines Mehrkörpersystems gelten für freie Teilkörper. Ohne Einschränkung der Allgemeinheit kann deshalb ein Teilkörper K herausgegriffen werden, Bild 5.1. Mit dem 6×1-Lagevektor $\mathbf{x}(t)$ entsprechend (2.81) kann man dann die Newtonschen und Eulerschen Gleichungen, (3.22) und (3.30), mit (2.120) und (2.121) zusammenfassen

$$\overline{\overline{\mathbf{M}}}(\mathbf{x}) \cdot \overline{\mathbf{H}}(\mathbf{x}) \cdot \ddot{\mathbf{x}}(t) + \overline{\mathbf{q}}^c(\mathbf{x}, \dot{\mathbf{x}}) = \overline{\mathbf{q}}^e(t). \tag{5.1}$$

Dabei ist $\overline{\overline{\mathbf{M}}} = \mathbf{diag}\{m\mathbf{E} \ \mathbf{I}\}$ eine symmetrische 6×6-Blockdiagonalmatrix, $\overline{\mathbf{H}} = [\overline{\mathbf{H}}_T^T \ \overline{\mathbf{H}}_R^T]^T$ eine 6×6-Funktionalmatrix und $\overline{\mathbf{q}}^c$ ein 6×1-Vektor der Coriolis- und Zentrifugalkräfte bzw. der

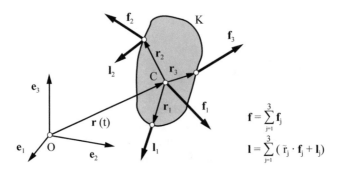

$$f = \sum_{j=1}^{3} f_j$$

$$l = \sum_{j=1}^{3} (\tilde{r}_j \cdot f_j + l_j)$$

Bild 5.1: Kräfte am freien Teilkörper K

Kreiselmomente. Der 6×1-Vektor $\overline{q}^e = [f \quad l]$, der auch als Kraftwinder bezeichnet wird, enthält weiterhin alle äußeren oder eingeprägten, auf den freien Körper K einwirkenden Kräfte f und Momente l, während Reaktionskräfte und -momente definitionsgemäß nicht auftreten. Die Massenmatrix $(\overline{\overline{M}} \cdot \overline{H})$ ist in (5.1) durch die Einführung der verallgemeinerten Koordinaten $x(t)$ unsymmetrisch geworden. Sie lässt sich aber durch Linksmultiplikation mit $\overline{H}^T$ wieder symmetrisieren. Dann erhält man die lokalen Bewegungsgleichungen

$$M(x) \cdot \ddot{x}(t) + k(x, \dot{x}) = q(t) \tag{5.2}$$

mit der symmetrischen 6×6-Massenmatrix M und den 6×1-Vektoren k und q der verallgemeinerten Kreiselkräfte und der verallgemeinerten eingeprägten Kräfte. Die lokalen Bewegungsgleichungen eines starren Körpers haben nur eine geringe praktische Bedeutung, da sie für sich alleine nicht gelöst werden können, da die verallgemeinerten eingeprägten Kräfte im Allgemeinen von der Lage und der Geschwindigkeit der restlichen Körper des Systems abhängen. Die lokalen Bewegungsgleichungen erleichtern jedoch das Verständnis der globalen Bewegungsgleichungen des Gesamtsystems.

Die Newtonschen und Eulerschen Gleichungen sind in (5.1) auf das Inertialsystem bezogen worden. Man kann sie aber auch für das bewegte aber nicht notwendigerweise körperfeste Referenzsystem R angeben. Aus (3.58), (3.59) folgt dann

$$_R\overline{\overline{M}}(x) \cdot {}_R\overline{H}(x_1) \cdot \ddot{x}(t) + {}_R\overline{q}^c(x, \dot{x}) = {}_R\overline{q}^e(t) \tag{5.3}$$

mit den Transformationsbeziehungen

$$\overline{\overline{M}} = \overline{S}_R \cdot {}_R\overline{\overline{M}} \cdot \overline{S}_R^T, \tag{5.4}$$

und

$$\overline{H} = \overline{S}_R \cdot {}_R\overline{H}, \qquad \overline{q}^c = \overline{S}_R \cdot {}_R\overline{q}^c, \qquad \overline{q}^e = \overline{S}_R \cdot {}_R\overline{q}^e. \tag{5.5}$$

Diese Transformationen entsprechen formal (2.248), jedoch stellt im vorliegenden Fall die Transformationsmatrix $\overline{\mathbf{S}}_R$ eine 6×6-Blockdiagonalmatrix dar,

$$\overline{\mathbf{S}}_R = \mathbf{diag}\{\mathbf{S}_R \quad \mathbf{S}_R\}. \tag{5.6}$$

Dies bedeutet, dass die Newtonsche und die Eulersche Gleichung von der Wahl des Referenzsystems abhängen. Im Gegensatz dazu sind die Bewegungsgleichungen (5.2) invariant gegen Transformationen des Koordinatensystems. Der Beweis der Invarianz der Bewegungsgleichungen ist dadurch zu führen, dass man (5.3) von links mit $_R\overline{\mathbf{H}}^T$ multipliziert und dann die inversen Transformationen (5.4) und (5.5) einsetzt. Trotz der Invarianz des Ergebnisses kann das Rechnen bezüglich eines bewegten Referenzsystems vorteilhaft sein, da die Rechenschritte bei der Aufstellung von Bewegungsgleichungen in bewegten Referenzsystemen häufig einfacher sind.

Beispiel 5.1: Ebene Punktbewegung

Ein freier materieller Punkt P soll durch eine eingeprägte Kraft $f(t)$ angetrieben werden, die senkrecht zum Abstandsvektor zwischen Koordinatenursprung O und dem Punkt P wirkt, Bild 5.2. Die Bewegungsgleichungen werden in den Koordinaten des Inertialsystems I und des bewegten Referenzsystems R aufgestellt. Als verallgemeinerte Koordinaten dienen die Polarkoordinaten

$$\mathbf{x}(t) = \begin{bmatrix} r & \varphi \end{bmatrix}. \tag{5.7}$$

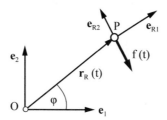

Bild 5.2: Ebene Punktbewegung mit Referenzsystem

Die Newtonschen Gleichungen (5.2) lauten im Inertialsystem

$$\begin{bmatrix} m & 0 \\ 0 & m \end{bmatrix} \cdot \begin{bmatrix} \cos\varphi & -r\sin\varphi \\ \sin\varphi & r\cos\varphi \end{bmatrix} \cdot \begin{bmatrix} \ddot{r} \\ \ddot{\varphi} \end{bmatrix}$$
$$+ m \begin{bmatrix} -2\dot{r}\dot{\varphi}\sin\varphi - r\dot{\varphi}^2\cos\varphi \\ +2\dot{r}\dot{\varphi}\cos\varphi - r\dot{\varphi}^2\sin\varphi \end{bmatrix} = \begin{bmatrix} -\sin\varphi \\ \cos\varphi \end{bmatrix} f(t). \tag{5.8}$$

Durch Linksmultiplikation von (5.8) mit $\overline{\mathbf{H}}_T^T$ findet man die Bewegungsgleichungen

$$\begin{bmatrix} m & 0 \\ 0 & mr^2 \end{bmatrix} \cdot \begin{bmatrix} \ddot{r} \\ \ddot{\varphi} \end{bmatrix} + \begin{bmatrix} -mr\dot{\varphi}^2 \\ 2mr\dot{r}\dot{\varphi} \end{bmatrix} = \begin{bmatrix} 0 \\ rf(t) \end{bmatrix}. \tag{5.9}$$

Das Referenzsystem ist gegeben durch

$$_R\mathbf{r}_R(\mathbf{x}) = \begin{bmatrix} r \\ 0 \end{bmatrix}, \qquad \mathbf{S}_R(\mathbf{x}) = \begin{bmatrix} \cos\varphi & -\sin\varphi \\ \sin\varphi & \cos\varphi \end{bmatrix} \tag{5.10}$$

und für den relativen Lagevektor gilt

$$\mathbf{r}_R = \mathbf{0}. \tag{5.11}$$

Damit findet man unter Berücksichtigung von (2.257) die Newtonschen Gleichungen im Referenzsystem

$$\begin{bmatrix} m & 0 \\ 0 & m \end{bmatrix} \cdot \begin{bmatrix} 1 & 0 \\ 0 & r \end{bmatrix} \cdot \begin{bmatrix} \ddot{r} \\ \ddot{\varphi} \end{bmatrix} + \begin{bmatrix} -mr\dot{\varphi}^2 \\ 2mr\dot{\varphi} \end{bmatrix} = \begin{bmatrix} 0 \\ f(t) \end{bmatrix}. \tag{5.12}$$

Man erkennt die viel einfachere Bauform der Newtonschen Gleichung (5.12) im Vergleich zu (5.8). Durch Linksmultiplikation mit $_R\mathbf{H}_T^T$ erhält man aus (5.12) ebenfalls die Bewegungsgleichungen (5.9) in unveränderter Form.

Dieses Beispiel bestätigt die Erkenntnis, dass bewegte Referenzsysteme die Rechenschritte bei der Aufstellung von Bewegungsgleichungen erleichtern können, ohne das Ergebnis selbst zu beeinflussen.

Die Massenmatrix $\mathbf{M}$ der lokalen Bewegungsgleichungen (5.2) kann bei geeigneter Wahl der verallgemeinerten Koordinaten Blockdiagonalgestalt annehmen. Dies ist im Besonderen der Fall, wenn die Koordinaten des 3×1-Ortsvektors $\mathbf{r}$ zum Massenmittelpunkt C bezüglich des Inertialsystems verwendet werden. Mit dem 6×1-Lagevektor

$$\mathbf{x}(t) = \begin{bmatrix} r_1 & r_2 & r_3 & \alpha & \beta & \gamma \end{bmatrix} \tag{5.13}$$

erhält man die 6×6-Massenmatrix

$$\mathbf{M} = \begin{bmatrix} m\mathbf{E} & | & \mathbf{0} \\ ---- & | & ------- \\ \mathbf{0} & | & \mathbf{H}_R^T \cdot \mathbf{I} \cdot \mathbf{H}_R \end{bmatrix} \tag{5.14}$$

wobei die 3×3-Jacobi-Matrix der Kardan-Winkel durch (2.100) gegeben ist. Verwendet man dagegen die Koordinaten des 3×1-Ortsvektors $\mathbf{r}_K = \mathbf{r}_C + \mathbf{r}_{CK}$ zu einem Knotenpunkt als verallgemeinerte Koordinaten, so lautet der 6×1-Lagevektor

$$\mathbf{x}'(t) = \begin{bmatrix} r_{1K} & r_{2K} & r_{3K} & \alpha & \beta & \gamma \end{bmatrix} \tag{5.15}$$

und die zugehörige 6×6-Massenmatrix

$$\mathbf{M}' = \begin{bmatrix} m\mathbf{E} & | & m\tilde{\mathbf{r}}_{CK} \cdot \mathbf{H}_R \\ ----- & | & -------- \\ \mathbf{H}_R^T \cdot \tilde{\mathbf{r}}_{CK}^T m & | & \mathbf{H}_R^T \cdot \mathbf{I}' \cdot \mathbf{H}_R \end{bmatrix} \tag{5.16}$$

ist voll besetzt. Bei der Berechnung der Massenmatrix (5.16) ist zu beachten, dass im körperfesten Koordinatensystem $\mathbf{r}_{CK} = const.$ gilt. Die Massenmatrix (5.14) verdeutlicht die Tatsache, dass die Rotation und die Translation eines freien starren Körpers K unter der Voraussetzung entsprechender äußerer Kräfte und Momente bezüglich des Massenmittelpunktes C entkoppelt sind. Für einen beliebigen bewegten Bezugspunkt, z. B. für einen Knotenpunkt, ist dies nicht der Fall, wie (5.16) unmittelbar zeigt.

5.2 Newton-Eulersche Gleichungen

Schreibt man nun für jeden Teilkörper $K_i, i = 1(1)p$, eines Mehrkörpersystems die Newtonschen und Eulerschen Gleichungen an, so erhält man die globalen Systemgleichungen, auch Newton-Eulersche Gleichungen genannt. Man muss jetzt jedoch die Art der Bindungen nach Kapitel 2 unterscheiden.

Für freie Systeme mit dem $e \times 1$-Lagevektor $\mathbf{x}(t)$ lauten die Newton-Eulerschen Gleichungen

$$\overline{\overline{\mathbf{M}}}(\mathbf{x}) \cdot \overline{\mathbf{H}}(\mathbf{x}) \cdot \ddot{\mathbf{x}}(t) + \overline{\mathbf{q}}^c(\mathbf{x}, \dot{\mathbf{x}}) = \overline{\mathbf{q}}^e(t). \tag{5.17}$$

In holonomen Systemen treten zusätzlich Reaktionskräfte auf, welche nach (3.41) durch den $q \times 1$-Vektor $\mathbf{g}(t)$ der verallgemeinerten Zwangskräfte ausgedrückt werden können. Damit folgen aus (3.35) mit dem $f \times 1$-Lagevektor $\mathbf{y}(t)$ die Newton-Eulerschen Gleichungen in der Form

$$\overline{\overline{\mathbf{M}}}(\mathbf{y}, t) \cdot \overline{\mathbf{J}}(\mathbf{y}, t) \cdot \ddot{\mathbf{y}}(t) + \overline{\mathbf{q}}^c(\mathbf{y}, \dot{\mathbf{y}}, t) = \overline{\mathbf{q}}^e(t) + \overline{\mathbf{Q}} \cdot \mathbf{g}(t). \tag{5.18}$$

Weitere Bindungen kommen in nichtholonomen Systemen dazu, so dass der $(q + r) \times 1$-Vektor $\mathbf{g}(t)$ der verallgemeinerten Zwangskräfte benötigt wird. Mit dem $g \times 1$-Geschwindigkeitsvektor $\mathbf{z}(t)$ lassen sich dann die Newton-Eulerschen Gleichungen in der Form

$$\overline{\overline{\mathbf{M}}}(\mathbf{y}, t) \cdot \overline{\mathbf{L}}(\mathbf{y}, \mathbf{z}, t) \cdot \dot{\mathbf{z}}(t) + \overline{\mathbf{q}}^c(\mathbf{y}, \mathbf{z}, t) = \overline{\mathbf{q}}^e(t) + \overline{\mathbf{Q}} \cdot \mathbf{g}(t) \tag{5.19}$$

schreiben. Dabei tritt jeweils die $e \times e$-Blockdiagonalmatrix

$$\overline{\overline{\mathbf{M}}} = \mathbf{diag}\{m_1\mathbf{E} \quad m_2\mathbf{E} \ \dots \ m_p\mathbf{E} \ \mathbf{I}_1 \ \dots \ \mathbf{I}_p\} \tag{5.20}$$

auf, welche die Massen und Trägheitstensoren enthält. Die globalen Funktional- oder Jacobi-Matrizen $\overline{\mathbf{H}}, \overline{\mathbf{J}}, \overline{\mathbf{L}}$ schreibt man nach folgendem Schema an,

$$\overline{\mathbf{H}} = \begin{bmatrix} \mathbf{H}_{T1}^T & \mathbf{H}_{T2}^T & \dots & \mathbf{H}_{Tp}^T & \mathbf{H}_{R1}^T & \dots & \mathbf{H}_{Rp}^T \end{bmatrix}^T, \tag{5.21}$$

die globale Verteilungsmatrix der Reaktionskräfte lautet

$$\overline{\mathbf{Q}} = \begin{bmatrix} \mathbf{F}_1^T & \mathbf{F}_2^T & \dots & \mathbf{F}_p^T & \mathbf{L}_1^T & \dots & \mathbf{L}_p^T \end{bmatrix}^T \tag{5.22}$$

und für die globalen $e \times 1$-Kraftvektoren $\overline{\mathbf{q}}^c$ und $\overline{\mathbf{q}}^e$ gilt jeweils

$$\overline{\mathbf{q}} = \begin{bmatrix} \mathbf{f}_1 & \mathbf{f}_2 & \dots & \mathbf{f}_p & \mathbf{l}_1 & \dots & \mathbf{l}_p \end{bmatrix}. \tag{5.23}$$

Die Newton-Eulerschen Gleichungen (5.17), (5.18) und (5.19) stellen jeweils $6p$ skalare Gleichungen dar. Damit können jeweils $6p$ Unbekannte bestimmt werden. Als Unbekannte treten Bewegungen und/oder Kräfte auf. In einem freien System sind die eingeprägten Kräfte vorgegeben, so dass sich alle Bewegungen bestimmen lassen, was man auch als direktes Problem bezeichnet. Beim indirekten oder inversen Problem sind dagegen alle Bewegungen durch rheonome Bindungen festgelegt und es werden die Reaktionskräfte gesucht. Aber auch eine Kombination der genannten Fälle kann auftreten, es liegt dann ein gemischtes Problem vor. Holonome und nichtholonome Systeme gehören zu den gemischten Problemen, wenn durch Bindungen einige Bewegungen vorgegeben sind. So können in einem holonomen System z. B. f Bewegungen berechnet werden, zusätzlich treten q Reaktionskräfte auf. Zusammen liegen also $f + q$ Unbekannte vor. Das indirekte Problem kennzeichnet ein System mit $f = 0$ Freiheitsgraden und q Reaktionskräften, das im Falle skleronomer Bindungen ein statisch bestimmtes Mehrkörpersystem darstellt. Sind dagegen $q > 6p$ Reaktionskräfte unbekannt, so ist das System statisch unbestimmt. In statisch unbestimmten Systemen können die Reaktionskräfte nicht eindeutig berechnet werden. Sie sind einer Berechnung erst zugänglich, wenn im erforderlichen Umfang die Reaktionskräfte durch eingeprägte Kräfte ersetzt werden, z. B. durch Einführung elastischer Elemente.

Die Lösung der Newton-Eulerschen Gleichungen (5.18) und (5.19) gebundener Systeme ist nicht trivial. Infolge des gemischten Problems sind (5.18) und (5.19) keine reinen Differentialgleichungssysteme mehr, sondern es liegen gekoppelte differential-algebraische Gleichungen vor. Diese können direkt mit aufwendigen numerischen Verfahren gelöst werden, siehe z. B. Eich-Soellner und Führer [20] oder Simeon [68]. Andererseits erlauben die Prinzipe der Mechanik aber eine weitgehende oder vollständige Entkopplung des gemischten Problems. Es verbleiben dann die separat lösbaren Bewegungs- und Reaktionsgleichungen.

Zur direkten Lösung wird auf die verallgemeinerten Koordinaten vollständig verzichtet, wodurch die Massenmatrix ihre Blockdiagonalgestalt behält

$$\overline{\overline{\mathbf{M}}} \cdot \ddot{\mathbf{x}}(t) + \overline{\mathbf{q}}^c(\mathbf{x}, \dot{\mathbf{x}}) = \overline{\mathbf{q}}^e(t) + \overline{\mathbf{Q}} \cdot \mathbf{g}(t). \tag{5.24}$$

Beachtet man nun weiterhin, dass die Verteilungsmatrix $\overline{\mathbf{Q}}$ durch partielle Differentiation aus den impliziten Zwangsbedingungen (2.175) bestimmt werden kann

$$\overline{\mathbf{Q}}^T = \frac{\partial \boldsymbol{\phi}}{\partial \mathbf{x}} = \boldsymbol{\phi}_x, \tag{5.25}$$

wie in Abschnitt 4.1 gezeigt wurde, und dass sich die verallgemeinerten Zwangskräfte als Lagrange-Multiplikatoren interpretieren lassen, so folgt nach zweimaliger totaler Differentiation von (2.175) entsprechend (4.56) mit (5.24)

$$\begin{bmatrix} \overline{\overline{\mathbf{M}}} & -\boldsymbol{\phi}_x^T \\ -\boldsymbol{\phi}_x & \mathbf{0} \end{bmatrix} \cdot \begin{bmatrix} \ddot{\mathbf{x}} \\ \mathbf{g} \end{bmatrix} = \begin{bmatrix} \overline{\mathbf{q}}^e - \mathbf{q}^c \\ \boldsymbol{\phi}_{tt} + \dot{\boldsymbol{\phi}}_x \cdot \dot{\mathbf{x}} \end{bmatrix}. \tag{5.26}$$

Infolge der zweimaligen Differentiation der Zwangsbedingungen (2.175) hat das differential-algebraische Gleichungssystem (5.26) einen doppelten Nulleigenwert und ist damit numerisch instabil. Die Integrationsverfahren für differential-algebraische Gleichungen gewährleisten eine automatische Stabilisierung des Systems (5.26). Für die verallgemeinerten Zwangskräfte findet man daraus die Beziehung

$$\mathbf{g} = (\boldsymbol{\phi}_x \cdot \overline{\overline{\mathbf{M}}}^{-1} \cdot \boldsymbol{\phi}_x^T)^{-1} \cdot \left[\boldsymbol{\phi}_x \cdot \overline{\overline{\mathbf{M}}}^{-1} \cdot (\overline{\mathbf{q}}^c - \overline{\mathbf{q}}^e) - \boldsymbol{\phi}_{tt} - \dot{\boldsymbol{\phi}}_x \cdot \dot{\mathbf{x}} \right]. \tag{5.27}$$

Mit einer dritten totalen Differentiation von (5.27) lässt sich das differential-algebraische Gleichungssystem in ein reines Differentialgleichungssystem überführen. Die Gesamtzahl der totalen Differentiationen bezeichnet man auch als Index. Mehrkörpersysteme repräsentieren differential-algebraische Systeme mit dem Index 3. Die Anfangsbedingungen der Integration, $\mathbf{x}_0$, $\dot{\mathbf{x}}_0$ und $\mathbf{g}_0$, müssen die Gleichungen (5.26) und (5.27), d. h. die Zwangsbedingungen und ihre Ableitungen erfüllen, was eine weitere Schwierigkeit bei der numerischen Lösung darstellt.

5.3 Bewegungsgleichungen idealer Systeme

Ein ideales System ist dadurch gekennzeichnet, dass die eingeprägten Kräfte nicht von den Reaktionskräften abhängen. Dies ist z. B. der Fall, wenn alle Kontakt- und Reibungskräfte verschwinden. Zeigen alle eingeprägten Kräfte ein proportional-differentiales Verhalten und treten nur holonome Bindungen auf, so ist ein gewöhnliches Mehrkörpersystem gegeben. Gewöhnliche Mehrkörpersysteme sind vom mathematischen Standpunkt aus dadurch charakterisiert, dass die Bewegungsgleichungen in eine reine Vektordifferentialgleichung zweiter Ordnung transformiert werden können. Alle nicht gewöhnlichen Mehrkörpersysteme heißen allgemeine Mehrkörpersysteme. Dazu gehören im Besonderen die nichtholonomen Systeme und Systeme mit proportional-integralen eingeprägten Kräften.

5.3.1 Gewöhnliche Mehrkörpersysteme

Die Bewegungsgleichungen eines freien Mehrkörpersystems mit ausschließlich proportional-differentialen Kräften erhält man aus (5.17) mit (3.11) durch Linksmultiplikation mit $\overline{\mathbf{H}}^T$ in der Form

$$\mathbf{M}(\mathbf{x}) \cdot \ddot{\mathbf{x}}(t) + \mathbf{k}(\mathbf{x}, \dot{\mathbf{x}}) = \mathbf{q}(\mathbf{x}, \dot{\mathbf{x}}, t). \tag{5.28}$$

Dabei ist

$$\mathbf{M}(\mathbf{x}) = \overline{\mathbf{H}}^T \cdot \overline{\overline{\mathbf{M}}} \cdot \overline{\mathbf{H}} \tag{5.29}$$

die symmetrische $e \times e$-Massenmatrix, $\mathbf{k}(\mathbf{x}, \dot{\mathbf{x}})$ der $e \times 1$-Vektor der verallgemeinerten Kreiselkräfte und $\mathbf{q}(\mathbf{x}, \dot{\mathbf{x}}, t)$ der $e \times 1$-Vektor der verallgemeinerten eingeprägten Kräfte. Die verallgemeinerten Kreiselkräfte gehen also auf die Coriolis- und Zentrifugalkräfte sowie die Kreiselmomente in den Newton-Eulerschen Gleichungen zurück.

Die globalen Bewegungsgleichungen (5.28) eines freien Systems können aber auch durch die Zusammenfassung der lokalen Bewegungsgleichungen (5.2) gefunden werden. Verwendet man z. B. den globalen $e \times 1$-Lagevektor

$$\mathbf{x}(t) = \begin{bmatrix} \mathbf{x}_1 & \mathbf{x}_2 & \dots & \mathbf{x}_p \end{bmatrix}, \tag{5.30}$$

der sich aus den lokalen 6×1-Lagevektoren $\mathbf{x}_i(t), i = 1(1)p$, aufbaut, so findet man für die Massenmatrix und die Kraftvektoren der globalen Bewegungsgleichungen

$$\mathbf{M}(\mathbf{x}) = \mathbf{diag}\{\mathbf{M}_1 \ \mathbf{M}_2 \ ... \ \mathbf{M}_p\}, \tag{5.31}$$

$$\mathbf{k}(\mathbf{x}, \dot{\mathbf{x}}) = \begin{bmatrix} \mathbf{k}_1 & \mathbf{k}_2 & ... & \mathbf{k}_p \end{bmatrix}, \tag{5.32}$$

$$\mathbf{q}(\mathbf{x}, \dot{\mathbf{x}}, t) = \begin{bmatrix} \mathbf{q}_1 & \mathbf{q}_2 & ... & \mathbf{q}_p \end{bmatrix}. \tag{5.33}$$

Der Beweis ist leicht zu führen. Mit (5.21) nimmt nämlich die globale $e \times e$-Funktionalmatrix die spezielle Form

$$\overline{\mathbf{H}} = \mathbf{diag}\{\overline{\mathbf{H}}_1 \ \ \overline{\mathbf{H}}_2 \ ... \ \overline{\mathbf{H}}_p\} \tag{5.34}$$

an, wobei die lokalen 6×6-Funktionalmatrizen $\overline{\mathbf{H}}_i$ auftreten, siehe (5.1).

Im Gegensatz zu den lokalen Bewegungsgleichungen (5.2) stellen die globalen Bewegungsgleichungen (5.28) ein vollständiges Differentialgleichungssystem dar, da nun die Lage und Geschwindigkeit aller Körper zur Verfügung stehen. Die globalen Bewegungsgleichungen können für gegebene Anfangsbedingungen $\mathbf{x}(t_0) = \mathbf{x}_0, \dot{\mathbf{x}}(t_0) = \dot{\mathbf{x}}_0$ durch Integration gelöst werden.

Die Bewegungsgleichungen eines holonomen Mehrkörpersystems mit proportional-differentialen Kräften folgen aus (5.18) mit (3.11) unter Verwendung des d'Alembertschen Prinzips (4.29) in der Form

$$\mathbf{M}(\mathbf{y}, t) \cdot \ddot{\mathbf{y}}(t) + \mathbf{k}(\mathbf{y}, \dot{\mathbf{y}}, t) = \mathbf{q}(\mathbf{y}, \dot{\mathbf{y}}, t). \tag{5.35}$$

Nach dem d'Alembertschen der Prinzip entfallen die Reaktionskräfte entsprechend der Orthogonalitätsbeziehung (4.16). Darüber hinaus ergibt sich eine Symmetrisierung der $f \times f$-Massenmatrix

$$\mathbf{M}(\mathbf{y}, t) = \overline{\mathbf{J}}^T \cdot \overline{\overline{\mathbf{M}}} \cdot \overline{\mathbf{J}}. \tag{5.36}$$

Die Massenmatrizen (5.29) und (5.36) werden mit den gleichen Buchstaben gekennzeichnet, obwohl sie unterschiedliche Dimensionen und natürlich auch unterschiedliche Elemente aufweisen. Die Zuordnung ist aber im Zusammenhang mit den Bewegungsgleichungen völlig klar, so dass der besseren Lesbarkeit wegen auf eine Indizierung dieser Matrizen verzichtet wird. Dasselbe gilt auch für die $f \times 1$-Vektoren $\mathbf{k}$ und $\mathbf{q}$ der verallgemeinerten Kreiselkräfte und der verallgemeinerten eingeprägten Kräfte.

Gehen die eingeprägten Kräfte auf linienflüchtige Koppelelemente zurück, die zwischen zwei Punkten P_1 und P_2 verschiedener starrer Körper wirken, so gilt nach Bild 5.3

$$\mathbf{f}_{12} = -\mathbf{f}_{21} = \frac{\mathbf{r}_{12}(\mathbf{y})}{\sqrt{\mathbf{r}_{12} \cdot \mathbf{r}_{12}}} f(\mathbf{y}, \dot{\mathbf{y}}, t). \tag{5.37}$$

Dabei ist f der für das betrachtete Koppelelement typische skalare Kraftverlauf, also z. B. $f = -c(r_{12} - L)$ für eine lineare Feder mit der Federkonstanten c, der ungespannten Federlänge L und der aktuellen Länge $r_{12} = \sqrt{\mathbf{r}_{12} \cdot \mathbf{r}_{12}}$. Nach dem d'Alembertschen Prinzip (4.24) kann man

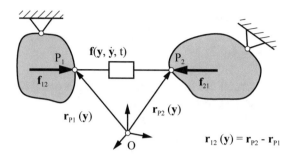

Bild 5.3: Eingeprägte Kräfte eines linienflüchtige Koppelelementes

aber die verallgemeinerten eingeprägten Koppelkräfte auch direkt aus

$$\mathbf{q} = \frac{\partial r_{12}}{\partial \mathbf{y}} f(\mathbf{y}, \dot{\mathbf{y}}, t) \tag{5.38}$$

berechnen. Diese Beziehung ist nützlich, wenn sich der skalare Abstand $r_{12}(\mathbf{y})$ auf einfache Weise angeben lässt.
Die Bewegungsgleichungen (5.28) und (5.35) beschreiben gewöhnliche Mehrkörpersysteme, die durch Vektordifferentialgleichungen der Form

$$\mathbf{M}(\mathbf{y}, t) \cdot \ddot{\mathbf{y}}(t) + \mathbf{f}(\mathbf{y}, \dot{\mathbf{y}}, t) = \mathbf{0} \tag{5.39}$$

mit positiv definiter Massenmatrix $\mathbf{M}(\mathbf{y}, t)$ definiert sind. Gewöhnliche Mehrkörpersysteme werden also durch holonome Bindungen und ideale, proportional-differentiale Kräfte gekennzeichnet.
Die Bewegungsgleichungen (5.35) können nicht nur aus den Newton-Eulerschen Gleichungen (5.18), sondern zusammen mit den Bindungsgleichungen nach (2.176) auch aus den Bewegungsgleichungen (5.28) des freien Systems gewonnen werden. Mit

$$\mathbf{x} = \mathbf{x}(\mathbf{y}, t), \qquad \dot{\mathbf{x}} = \mathbf{I}(\mathbf{y}, t) \cdot \dot{\mathbf{y}}(t) + \frac{\partial \mathbf{x}}{\partial t} \tag{5.40}$$

gelten die Beziehungen

$$\mathbf{M}_{\text{holonom}}(\mathbf{y}, t) = \mathbf{I}^T \cdot \mathbf{M}_{\text{frei}}(\mathbf{x}, t) \cdot \mathbf{I}, \tag{5.41}$$

$$\mathbf{k}_{\text{holonom}}(\mathbf{y}, \dot{\mathbf{y}}, t) = \mathbf{I}^T \cdot [\mathbf{M}_{\text{frei}}(\mathbf{x}, t) \cdot \dot{\mathbf{I}} \cdot \dot{\mathbf{y}} + \mathbf{M}_{\text{frei}}(\mathbf{x}, t) \cdot \frac{\partial^2 \mathbf{x}}{\partial t^2} + \mathbf{k}_{\text{frei}}(\mathbf{x}, \dot{\mathbf{x}})], \tag{5.42}$$

$$\mathbf{q}_{\text{holonom}}(\mathbf{y}, \dot{\mathbf{y}}, t) = \mathbf{I}^T \cdot \mathbf{q}_{\text{frei}}(\mathbf{x}, \dot{\mathbf{x}}, t), \tag{5.43}$$

wobei auf den rechten Seiten die Argumente durch (5.40) zu ersetzen sind. Die durch die Bindungen zusätzlich auftretenden Reaktionskräfte und -momente fallen bei der Operation (5.41) gemäß (4.17) wieder heraus. Werden also lediglich die Bewegungsgleichungen gesucht, so kann auf die Addition von Reaktionskräften vollständig verzichtet werden, wie dies auch bei den Lagrangeschen Gleichungen zweiter Art der Fall ist. Entsprechende Beziehungen gelten auch, wenn einem holonomen System zusätzliche holonome Bindungen auferlegt werden.

Beispiel 5.2: Körperpendel

Die Bewegungsgleichungen des Körperpendels sollen aus den Bewegungsgleichungen des zugehörigen Doppelpendels gewonnen werden, Bild 5.4.

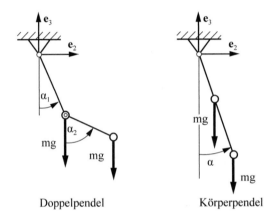

Doppelpendel   Körperpendel

Bild 5.4: Übergang vom Doppelpendel zum Körperpendel

Die Newton-Eulerschen Gleichungen (5.18) des Doppelpendels lauten unter Berücksichtigung des Lagevektors (2.180) und des Vektors (3.14) der verallgemeinerten Zwangskräfte

$$
mL \underbrace{\begin{bmatrix} 0 & 0 \\ \cos\alpha_1 & 0 \\ \sin\alpha_1 & 0 \\ 0 & 0 \\ \cos\alpha_1 & \cos\alpha_2 \\ \sin\alpha_1 & \sin\alpha_2 \end{bmatrix}}_{\overline{\overline{\mathbf{M}}}\cdot\overline{\mathbf{J}}} \cdot \underbrace{\begin{bmatrix} \ddot{\alpha}_1 \\ \ddot{\alpha}_2 \end{bmatrix}}_{\ddot{\mathbf{y}}(t)} + mL \underbrace{\begin{bmatrix} 0 \\ -\dot{\alpha}_1^2\sin\alpha_1 \\ -\dot{\alpha}_1^2\cos\alpha_1 \\ 0 \\ -\dot{\alpha}_1^2\sin\alpha_1 - \dot{\alpha}_2^2\sin\alpha_2 \\ \dot{\alpha}_1^2\cos\alpha_1 + \dot{\alpha}_2^2\cos\alpha_2 \end{bmatrix}}_{\overline{\mathbf{q}}^c(\mathbf{y},\dot{\mathbf{y}})}
$$

$$
= \underbrace{\begin{bmatrix} 0 \\ 0 \\ -mg \\ 0 \\ 0 \\ -mg \end{bmatrix}}_{\overline{\mathbf{q}}^e(\mathbf{y})} + \underbrace{\begin{bmatrix} 1 & 0 & 0 & 0 \\ 0 & -\sin\alpha_1 & 0 & \sin\alpha_2 \\ 0 & 0 & 0 & -\cos\alpha_2 \\ 0 & 0 & 1 & 0 \\ 0 & 0 & 0 & -\sin\alpha_2 \\ 0 & 0 & 0 & \cos\alpha_2 \end{bmatrix}}_{\overline{\mathbf{Q}}(\mathbf{y})} \cdot \underbrace{\begin{bmatrix} g_1 \\ g_2 \\ g_3 \\ g_4 \end{bmatrix}}_{\mathbf{g}(t)}. \tag{5.44}
$$

Nach dem d'Alembertschen Prinzip findet man dann für die Bewegungsgleichungen des

Doppelpendels

$$mL^2 \underbrace{\begin{bmatrix} 2 & \cos(\alpha_1 - \alpha_2) \\ \cos(\alpha_1 - \alpha_2) & 1 \end{bmatrix}}_{\mathbf{M}(\mathbf{y})} \cdot \underbrace{\begin{bmatrix} \ddot{\alpha}_1 \\ \ddot{\alpha}_2 \end{bmatrix}}_{\ddot{\mathbf{y}}(t)} \tag{5.45}$$

$$+ mL^2 \underbrace{\begin{bmatrix} \dot{\alpha}_2^2 \sin(\alpha_1 - \alpha_2) \\ -\dot{\alpha}_1^2 \sin(\alpha_1 - \alpha_2) \end{bmatrix}}_{\mathbf{k}(\mathbf{y}, \dot{\mathbf{y}})} = -mgL \underbrace{\begin{bmatrix} 2 \sin \alpha_1 \\ \sin \alpha_2 \end{bmatrix}}_{\mathbf{q}(\mathbf{y})} .$$

Nun wird die zusätzliche Bindung $\alpha_1 - \alpha_2 = 0$ eingeführt oder

$$\mathbf{y} = \begin{bmatrix} 1 \\ 1 \end{bmatrix} \alpha, \tag{5.46}$$

wodurch ein zusätzliches Reaktionsmoment entsteht, das aber nicht angeschrieben wird. Aus (5.46) folgt die 2×1-Funktionalmatrix

$$\mathbf{I} = \begin{bmatrix} 1 & 1 \end{bmatrix} \tag{5.47}$$

und mit den Beziehungen (5.41) erhält man die skalare Bewegungsgleichung des Körperpendels

$$5mL^2 \ddot{\alpha}(t) = -3mgL \sin \alpha(t). \tag{5.48}$$

Die entsprechende nichtlineare Schwingungsgleichung

$$\ddot{\alpha}(t) + v^2 \sin \alpha(t) = 0, \qquad v^2 = \frac{3}{5} \frac{g}{L}, \tag{5.49}$$

kann analytisch geschlossen gelöst werden, siehe z. B. Magnus und Müller-Slany [42].

Neben den allgemeinen nichtlinearen Bewegungsgleichungen (5.35) spielen die linearisierten Bewegungsgleichungen in der Praxis eine wichtige Rolle. Zunächst soll die Linearisierung der Bewegungsgleichung bezüglich einer Soll-Bewegung vorgenommen werden. Dann werden einige Hinweise zur Berechnung linearisierter Gleichungen gegeben.

Die Soll-Bewegung eines mechanischen Systems kann entweder im System selbst begründet sein oder sie ist durch die technische Aufgabe vorgegeben. Charakteristische Soll-Bewegungen eines Systems sind seine partikulären Lösungen

$$\mathbf{y}_S(t) = \mathbf{y}_p(t) \tag{5.50}$$

mit

$$\mathbf{M}(\mathbf{y}_p, t) \cdot \ddot{\mathbf{y}}_p(t) + \mathbf{k}(\mathbf{y}_p, \dot{\mathbf{y}}_p, t) = \mathbf{q}(\mathbf{y}_p, \dot{\mathbf{y}}_p, t), \tag{5.51}$$

zu denen im Besonderen auch die Nulllage oder weitere Gleichgewichtslagen gehören, und technisch gegebene Bewegungen $\mathbf{y}_S(t)$.

In der Umgebung der Soll-Bewegung soll das System noch eine kleine Nachbarbewegung ausführen. Dann gilt, wie auch in (2.278) gezeigt,

$$\mathbf{y}(t) = \mathbf{y}_S(t) + \boldsymbol{\eta}(t), \qquad ||\boldsymbol{\eta}(t)|| \ll a, \tag{5.52}$$

wobei $\mathbf{y}(t)$ den $f \times 1$-Lagevektor großer Bewegungen darstellt, $\mathbf{y}_S(t)$ den $f \times 1$-Vektor der Soll-Bewegung beschreibt und $\boldsymbol{\eta}(t)$ nunmehr als $f \times 1$-Lagevektor kleiner Bewegungen eingeführt wird. Dabei ist a eine problemspezifische Bezugsgröße. Analog sind auch die Geschwindigkeiten und Beschleunigungen linearisierbar, d. h.

$$\dot{\mathbf{y}}(t) = \dot{\mathbf{y}}_S(t) + \dot{\boldsymbol{\eta}}(t), \qquad ||\dot{\boldsymbol{\eta}}(t)|| \ll b, \tag{5.53}$$

$$\ddot{\mathbf{y}}(t) = \ddot{\mathbf{y}}_S(t) + \ddot{\boldsymbol{\eta}}(t), \qquad ||\ddot{\boldsymbol{\eta}}(t)|| \ll c. \tag{5.54}$$

Setzt man nun (5.52) bis (5.54) in (5.35) ein, so liefert eine Taylorsche Reihenentwicklung, jeweils bis zum ersten Glied

$$\mathbf{M}(\mathbf{y},t) = \mathbf{M}_0(t) + \frac{\partial \mathbf{M}}{\partial \mathbf{y}} \cdot \boldsymbol{\eta}(t), \tag{5.55}$$

$$\mathbf{k}(\mathbf{y},\dot{\mathbf{y}},t) = \mathbf{k}_0(t) + \frac{\partial \mathbf{k}}{\partial \mathbf{y}} \cdot \boldsymbol{\eta}(t) + \frac{\partial \mathbf{k}}{\partial \dot{\mathbf{y}}} \cdot \dot{\boldsymbol{\eta}}(t), \tag{5.56}$$

$$\mathbf{q}(\mathbf{y},\dot{\mathbf{y}},t) = \mathbf{q}_0(t) + \frac{\partial \mathbf{q}}{\partial \mathbf{y}} \cdot \boldsymbol{\eta}(t) + \frac{\partial \mathbf{q}}{\partial \dot{\mathbf{y}}} \cdot \dot{\boldsymbol{\eta}}(t). \tag{5.57}$$

Damit folgen aus (5.35) unter Vernachlässigung aller Glieder zweiter Ordnung in $\boldsymbol{\eta}$, $\dot{\boldsymbol{\eta}}$, und $\ddot{\boldsymbol{\eta}}$ die linearisierten Bewegungsgleichungen

$$\mathbf{M}(t) \cdot \ddot{\boldsymbol{\eta}}(t) + \mathbf{P}(t) \cdot \dot{\boldsymbol{\eta}}(t) + \mathbf{Q}(t) \cdot \boldsymbol{\eta}(t) = \mathbf{h}(t). \tag{5.58}$$

Es gelten die folgenden Abkürzungen

$$\mathbf{M}(t) = \mathbf{M}_0(t),$$

$$\mathbf{P}(t) = \frac{\partial \mathbf{k}}{\partial \dot{\mathbf{y}}} - \frac{\partial \mathbf{q}}{\partial \dot{\mathbf{y}}},$$

$$\mathbf{Q}(t) = \frac{\partial \mathbf{M}}{\partial \mathbf{y}} \cdot \ddot{\mathbf{y}}_S(t) + \frac{\partial \mathbf{k}}{\partial \mathbf{y}} - \frac{\partial \mathbf{q}}{\partial \mathbf{y}},$$

$$\mathbf{h}(t) = \mathbf{q}_0(t) - \mathbf{k}_0(t) - \mathbf{M}_0(t) \cdot \ddot{\mathbf{y}}_S(t). \tag{5.59}$$

Dabei wird $\boldsymbol{\eta} \cdot \ddot{\boldsymbol{\eta}}$ als quadratisch kleine Größe vernachlässigt. Neben der $f \times f$-Massenmatrix $\mathbf{M}(t)$ findet man in (5.58) die $f \times f$-Matrix $\mathbf{P}(t)$ der geschwindigkeitsabhängigen Kräfte und die $f \times f$-Matrix $\mathbf{Q}(t)$ der lageabhängigen Kräfte, sowie den $f \times 1$-Vektor $\mathbf{h}(t)$ der Erregerfunktion. Wird das System bezüglich einer partikulären Lösung (5.50) linearisiert, so verschwindet die Erregerfunktion, $\mathbf{h}(t) \equiv \mathbf{0}$, d. h. es ist dann ein homogenes zeitvariantes System gegeben. Andererseits kann auch ein zeitinvariantes System mit konstanten Matrizen $\mathbf{M}$, $\mathbf{P}$, $\mathbf{Q}$ vorliegen. Dann ist es möglich, die Matrizen in ihre symmetrischen und schiefsymmetrischen Anteile aufzuteilen

$$\mathbf{M} \cdot \ddot{\boldsymbol{\eta}}(t) + (\mathbf{D} + \mathbf{G}) \cdot \dot{\boldsymbol{\eta}}(t) + (\mathbf{K} + \mathbf{N}) \cdot \boldsymbol{\eta}(t) = \mathbf{h}(t) \tag{5.60}$$

mit $\mathbf{M} = \mathbf{M}^T$, $\mathbf{D} = \mathbf{D}^T$, $\mathbf{K} = \mathbf{K}^T$ und $\mathbf{G} = -\mathbf{G}^T$, $\mathbf{N} = -\mathbf{N}^T$. Durch Multiplikation mit $\dot{\boldsymbol{\eta}}(t)$ erhält man aus (5.60) die zeitliche Ableitung eines Energieausdruckes

$$\underbrace{\dot{\boldsymbol{\eta}} \cdot \mathbf{M} \cdot \ddot{\boldsymbol{\eta}}}_{\frac{d}{dt}T} + \underbrace{\dot{\boldsymbol{\eta}} \cdot \mathbf{D} \cdot \dot{\boldsymbol{\eta}}}_{2R} + \underbrace{\dot{\boldsymbol{\eta}} \cdot \mathbf{G} \cdot \dot{\boldsymbol{\eta}}}_{0} + \underbrace{\dot{\boldsymbol{\eta}} \cdot \mathbf{K} \cdot \boldsymbol{\eta}}_{\frac{d}{dt}U} + \dot{\boldsymbol{\eta}} \cdot \mathbf{N} \cdot \boldsymbol{\eta} = \dot{\boldsymbol{\eta}} \cdot \mathbf{h}, \tag{5.61}$$

der eine physikalische Erklärung der einzelnen Terme erlaubt. Die Massenmatrix $\mathbf{M}$ bestimmt die kinetische Energie T und damit die Massenkräfte, die Dämpfungsmatrix $\mathbf{D}$ kennzeichnet über die Rayleighsche Dissipationsfunktion $R > 0$ die Dämpfungskräfte und die Kreiselmatrix $\mathbf{G}$ beschreibt die gyroskopischen Kräfte, die keine Änderung der Energiebilanz bewirken. Die Steifigkeitsmatrix $\mathbf{K}$ bestimmt die potentielle Energie U und damit die konservativen Lagekräfte, während die Matrix $\mathbf{N}$ die zirkulatorischen Kräfte, auch nichtkonservative Lagekräfte genannt, zusammenfasst. Weiterhin wird die Energie des Systems durch die Erregerkräfte $\mathbf{h}(t)$ beeinflusst. Für $\mathbf{D} = \mathbf{0}$, $\mathbf{N} = \mathbf{0}$ und $\mathbf{h} = \mathbf{0}$ ist das Mehrkörpersystem konservativ, d. h. die Gesamtenergie ist konstant,

$$\frac{d}{dt}(T + U) = 0 \qquad \rightarrow \qquad T + U = const. \tag{5.62}$$

Die Linearisierung der Bewegungsgleichungen (5.35) wird man in der Praxis nur bei einfachen Systemen oder Handrechnungen durchführen. Für die Umsetzung in Computer-Programmen ist es dagegen vorteilhafter, die Linearisierung bereits in der Kinematik nach Abschnitt 2.5 durchzuführen und dann die Bewegungsgleichungen mit den linearisierten kinematischen Größen aufzustellen. Dadurch wird die Rechenarbeit stark vereinfacht und man erhält die Bewegungsgleichungen ebenfalls in der Form (5.58) bzw. (5.60). Es muss jedoch darauf hingewiesen werden, dass die Taylorsche Reihenentwicklung der Ortsvektoren $\mathbf{r}_i(\mathbf{y}, t)$ und der Drehtensoren $\mathbf{S}_i(\mathbf{y}, t)$ *bis zum zweiten Glied* erforderlich ist. Zur Bildung der Jacobi-Matrizen $\mathbf{J}_{Ti}(\mathbf{y}, t)$ und $\mathbf{J}_{Ri}(\mathbf{y}, t)$ entsprechend (2.284) ist nämlich eine Differentiation nach dem Lagevektor $\mathbf{y}(t)$ erforderlich, wodurch sich die auftretenden Potenzen um Eins erniedrigen. Unter besonderen einschränkenden Voraussetzungen genügt manchmal auch die Taylorsche Reihenentwicklung der Ortsvektoren und Drehtensoren bis zum ersten Glied, doch ist dies nicht der allgemeine Fall. Dieser Umstand wird in vielen Arbeiten nicht beachtet und er wird gelegentlich auch bei der Erstellung von Programmsystemen übersehen.

Die hier vorgestellte Linearisierung setzt die Stetigkeit der nichtlinearen Beziehungen voraus. Diese ist in der Kinematik im Allgemeinen auch gegeben. Die eingeprägten Kräfte können dagegen auch einen unstetigen Verlauf zeigen, wie z. B. die Coulombsche Reibkraft. Dann kann keine vollständige Linearisierung erreicht werden und es müssen andere Verfahren, z. B. die harmonische Linearisierung herangezogen werden. Für weitere Einzelheiten wird auf die Literatur verwiesen, z. B. Sextro, Popp und Magnus [62] oder Nayfeh, Mook [44].

Beispiel 5.3: Körperpendel

Die Bewegungsgleichung des Körperpendels, Bild 5.4, soll bezüglich der Nulllage $\alpha_S(t) \equiv 0$ linearisiert werden, d. h.

$$\alpha = \alpha_S + \alpha_L = \alpha_L. \tag{5.63}$$

Zunächst folgt unmittelbar aus der nichtlinearen Bewegungsgleichung mit $\sin \alpha_L \approx \alpha_L$ die lineare Differentialgleichung eines konservativen Schwingers

$$5mL^2 \ddot{\alpha}_L(t) = -3mgL\alpha_L(t). \tag{5.64}$$

Weiterhin soll der Weg über die Linearisierung der Kinematik aufgezeigt werden. Für den Ortsvektor und den Drehtensor findet man mit $\sin \alpha_L \approx \alpha_L$ und $\cos \alpha_L \approx 1 - \frac{1}{2}\alpha_L^2$ die Beziehungen der Kinematik bis zum 2. Glied

$$\mathbf{r}(\alpha_L) = \begin{bmatrix} 0 \\ \frac{3}{2}L\alpha_L \\ -\frac{3}{2}L(1 - \frac{1}{2}\alpha_L^2) \end{bmatrix}, \tag{5.65}$$

$$\mathbf{S}(\alpha_L) = \begin{bmatrix} 1 & 0 & 0 \\ 0 & 1 - \frac{1}{2}\alpha_L^2 & -\alpha_L \\ 0 & \alpha_L & 1 - \frac{1}{2}\alpha_L^2 \end{bmatrix}. \tag{5.66}$$

Die linearisierte globale Jacobi-Matrix lautet dann

$$\bar{\mathbf{J}}^T = \begin{bmatrix} 0 & \frac{3}{2}L & \frac{3}{2}L\alpha_L & 1 & 0 & 0 \end{bmatrix}. \tag{5.67}$$

Die Newton-Eulerschen Gleichungen haben die Form

$$\begin{bmatrix} 0 \\ 3mL \\ 0 \\ \frac{1}{2}mL^2 \\ 0 \\ 0 \end{bmatrix} \ddot{\alpha}_L(t) = \begin{bmatrix} 0 \\ 0 \\ -2mg \\ 0 \\ 0 \\ 0 \end{bmatrix} + \bar{\mathbf{q}}^r. \tag{5.68}$$

Wendet man (5.67) auf (5.68) an, so folgt aufgrund der Orthogonalität zwischen Reaktionskräften und Bewegungen unmittelbar wieder (5.64).

Dieses einfachste aller Beispiele liefert bereits interessante Erkenntnisse. Das Rückführmoment (Steifigkeit) des Körperpendels geht auf das quadratische Glied im Ortsvektor zurück. Bei einem Abbruch der Reihenentwicklung nach dem linearen Glied ginge die Steifigkeit des Körperpendels verloren! Die quadratischen Glieder im Drehtensor fallen dagegen heraus, die Jacobi-Matrix der Rotation ist unabhängig von α_L. Es hätte also in diesem speziellen Fall auch genügt, den Drehtensor nur bis zum linearen Glied zu entwickeln.

5.3.2 Allgemeine Mehrkörpersysteme

Die Bewegungsgleichungen eines nichtholonomen Mehrkörpersystems erhält man aus (5.19) unter Beachtung des Jordainschen Prinzips (4.25) als

$$\mathbf{M}(\mathbf{y}, \mathbf{z}, t) \cdot \dot{\mathbf{z}}(t) + \mathbf{k}(\mathbf{y}, \mathbf{z}, t) = \mathbf{q}(\mathbf{y}, \mathbf{z}, t), \tag{5.69}$$

wobei die Reaktionskräfte wiederum herausfallen. Zusätzlich wurde wieder eine Symmetrisierung des Problems erreicht. Die symmetrische $g \times g$-Massenmatrix lautet

$$\mathbf{M}(\mathbf{y}, \mathbf{z}, t) = \mathbf{L}^T \cdot \overline{\overline{\mathbf{M}}} \cdot \mathbf{L} \tag{5.70}$$

und hängt im rheonomen Fall wieder explizit von der Zeit ab. Daneben treten die $g \times 1$-Vektoren $\mathbf{k}$ und $\mathbf{q}$ der verallgemeinerten Kreiselkräfte und der verallgemeinerten eingeprägten Kräfte auf. Zwischen den Bewegungsgleichungen (5.35) für holonome Systeme und (5.69) besteht ebenfalls ein enger Zusammenhang. Dies bedeutet, dass man (5.69) auch aus (5.35) gewinnen kann. Zu diesem Zweck beachtet man die in (2.235) definierte $f \times g$-Funktionalmatrix $\mathbf{K}(\mathbf{y}, \mathbf{z}, t)$. Entsprechend (5.38) bis (5.40) gilt dann

$$\mathbf{M}(\mathbf{y}, \mathbf{z}, t) = \mathbf{K}^T \cdot \mathbf{M}(\mathbf{y}, t) \cdot \mathbf{K}, \tag{5.71}$$

$$\mathbf{k}(\mathbf{y}, \mathbf{z}, t) = \mathbf{K}^T \cdot [\mathbf{M}(\mathbf{y}, t) \cdot (\frac{\partial \dot{\mathbf{y}}}{\partial \mathbf{y}} \cdot \dot{\mathbf{y}} + \frac{\partial \dot{\mathbf{y}}}{\partial t}) + \mathbf{k}(\mathbf{y}, \dot{\mathbf{y}}, t)], \tag{5.72}$$

$$\mathbf{q}(\mathbf{y}, \mathbf{z}, t) = \mathbf{K}^T \cdot \mathbf{q}(\mathbf{y}, \dot{\mathbf{y}}, t), \tag{5.73}$$

wobei auf der rechten Seite jeweils (2.220) einzusetzen ist.

Die Bewegungsgleichungen (5.69) sind alleine nicht lösbar, sie müssen durch die Differentialgleichungen (2.220) der nichtholonomen Bindungen ergänzt werden. Weiterhin sind jetzt auch proportional-integrale Kräfte nach (3.12) zugelassen. Dies bedeutet, dass man zur Lösung das folgende gekoppelte Differentialgleichungssystem zu untersuchen hat

$$\dot{\mathbf{y}} = \dot{\mathbf{y}}(\mathbf{y}, \mathbf{z}, t), \tag{5.74}$$

$$\mathbf{M}(\mathbf{y}, \mathbf{z}, t) \cdot \dot{\mathbf{z}}(t) + \mathbf{k}(\mathbf{y}, \mathbf{z}, t) = \mathbf{q}(\mathbf{y}, \mathbf{z}, \mathbf{w}, t), \tag{5.75}$$

$$\dot{\mathbf{w}} = \dot{\mathbf{w}}(\mathbf{y}, \mathbf{z}, \mathbf{w}, t). \tag{5.76}$$

Damit sind die allgemeinen Mehrkörpersysteme vollständig beschrieben.

Beispiel 5.4: Transportkarren

Der Transportkarren, Bilder 2.18 und 5.5, besteht aus einem starren Körper K, der geführt wird durch masselose Räder auf der rauhen schiefen Ebene und eine reibungsfreie Gleitkufe. Der Massenmittelpunkt C soll mit dem Achsmittelpunkt P zusammenfallen. Dann gelten alle in Beispiel 2.14 angegebenen kinematischen Beziehungen für dieses nichtholonome System.

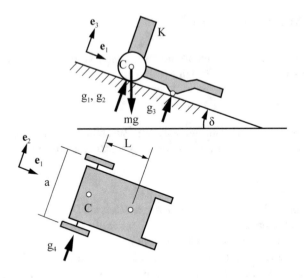

Bild 5.5: Transportkarren auf schiefer Ebene

Die Masse des Transportkarren ist m und der Trägheitstensor lautet im Inertialsystem

$$\mathbf{I} = \begin{bmatrix} I_{11} & I_{12} & I_{31} \\ I_{12} & I_{22} & I_{23} \\ I_{31} & I_{23} & I_{33} \end{bmatrix}. \tag{5.77}$$

Infolge der vier Bindungen sind vier verallgemeinerte Zwangskräfte vorhanden, die Normalkräfte g_1, g_2 und g_3 an den beiden Rädern und der Kufe sowie eine die Seitenführungskraft g_4 der Achse. Mit den Abständen a, L von Rädern und Kufe und der Drehung γ um die $\mathbf{e}_3$-Achse lauten die Reaktionskräfte und -momente im Inertialsystem

$$\mathbf{f}^r = \begin{bmatrix} 0 & 0 & 0 & -\sin\gamma \\ 0 & 0 & 0 & \cos\gamma \\ 1 & 1 & 1 & 0 \end{bmatrix} \cdot \begin{bmatrix} g_1 \\ g_2 \\ g_3 \\ g_4 \end{bmatrix}, \tag{5.78}$$

$$\mathbf{l}^r = \begin{bmatrix} \frac{a}{2}\cos\gamma & -\frac{a}{2}\cos\gamma & L\sin\gamma & 0 \\ \frac{a}{2}\sin\gamma & -\frac{a}{2}\sin\gamma & -L\cos\gamma & 0 \\ 0 & 0 & 0 & 0 \end{bmatrix} \cdot \begin{bmatrix} g_1 \\ g_2 \\ g_3 \\ g_4 \end{bmatrix}. \tag{5.79}$$

Als einzige eingeprägte Kraft wirkt die Gewichtskraft

$$\mathbf{f}^e = \begin{bmatrix} mg\sin\delta & 0 & -mg\cos\delta \end{bmatrix}. \tag{5.80}$$

Damit lauten die Newton-Eulerschen Gleichungen

$$
\underbrace{\begin{bmatrix} m\cos\gamma & 0 \\ m\sin\gamma & 0 \\ 0 & 0 \\ 0 & -I_{31} \\ 0 & -I_{23} \\ 0 & I_{33} \end{bmatrix}}_{\overline{\overline{\mathbf{M}}}\cdot\overline{\mathbf{L}}(\mathbf{y})} \cdot \underbrace{\begin{bmatrix} \dot{v} \\ \ddot{\gamma} \end{bmatrix}}_{\dot{\mathbf{z}}(t)} + \underbrace{\begin{bmatrix} -mv\dot{\gamma}\sin\gamma \\ mv\dot{\gamma}\cos\gamma \\ 0 \\ I_{23}\dot{\gamma}^2 \\ -I_{31}\dot{\gamma}^2 \\ 0 \end{bmatrix}}_{\overline{\mathbf{q}}^c(\mathbf{y},\mathbf{z})} = \underbrace{\begin{bmatrix} mg\sin\delta \\ 0 \\ -mg\cos\delta \\ 0 \\ 0 \\ 0 \end{bmatrix}}_{\mathbf{q}^e}
$$

$$
+ \underbrace{\begin{bmatrix} 0 & 0 & 0 & -\sin\gamma \\ 0 & 0 & 0 & \cos\gamma \\ 1 & 1 & 1 & 0 \\ \frac{a}{2}\cos\gamma & -\frac{a}{2}\cos\gamma & L\sin\gamma & 0 \\ \frac{a}{2}\sin\gamma & -\frac{a}{2}\sin\gamma & -L\cos\gamma & 0 \\ 0 & 0 & 0 & 0 \end{bmatrix}}_{\overline{\mathbf{Q}}(\mathbf{y})} \cdot \underbrace{\begin{bmatrix} g_1 \\ g_2 \\ g_3 \\ g_4 \end{bmatrix}}_{\mathbf{g}(t)}. \tag{5.81}
$$

Nach Linksmultiplikation mit der transponierten globalen Jacobi-Matrix $\overline{\mathbf{L}}^T$ findet man unmittelbar die Bewegungsgleichungen

$$
\underbrace{\begin{bmatrix} m & 0 \\ 0 & I_{33} \end{bmatrix}}_{\mathbf{M}} \cdot \underbrace{\begin{bmatrix} \dot{v} \\ \ddot{\gamma} \end{bmatrix}}_{\dot{\mathbf{z}}(t)} = \underbrace{\begin{bmatrix} mg\sin\delta\cos\gamma \\ 0 \end{bmatrix}}_{\mathbf{q}(\mathbf{y})}. \tag{5.82}
$$

Die Bewegungsgleichungen (5.82) beschreiben zusammen mit den kinematischen Gleichungen (2.239) das gegebene allgemeine Mehrkörpersystem vollständig. Die Differentialgleichungen können für dieses einfache Beispiel geschlossen gelöst werden. Aus der zweiten Differentialgleichung von (5.82) folgt mit den Anfangsbedingungen $\gamma_0 = 0$, $\dot{\gamma}_0 = \Omega$ eine konstante Drehgeschwindigkeit

$$
\gamma(t) = \Omega t. \tag{5.83}
$$

Damit ergibt sich aus der ersten Differentialgleichung von (5.82) mit der Anfangsbedingung $v_0 = 0$ die periodisch veränderliche Geschwindigkeit

$$
v(t) = \frac{1}{\Omega} g\sin\delta\sin\Omega t. \tag{5.84}
$$

Eine Auskunft über die Bahn des Massenmittelpunktes liefern die Bewegungsgleichungen dagegen nicht. Diese erhält man erst aus der Kinematik der nichtholonomen Bindungen (2.239), die weitere Differentialgleichungen liefern

$$
\dot{r}_1 = \frac{g\sin\delta}{\Omega}\sin\Omega t\cos\Omega t, \tag{5.85}
$$

$$\dot{r}_2 = \frac{g \sin \delta}{\Omega} \sin^2 \Omega t. \tag{5.86}$$

Mit den Anfangsbedingungen $r_{10} = r_{20} = 0$ findet man nach einer weiteren Integration

$$r_1(t) = \frac{1}{4} \frac{g \sin \delta}{\Omega^2} (1 - \cos 2\Omega t), \tag{5.87}$$

$$r_2(t) = \frac{1}{4} \frac{g \sin \delta}{\Omega^2} (2\Omega t - \sin 2\Omega t). \tag{5.88}$$

Der Transportkarren wandert also quer zur Ebene in 2-Richtung aus, er rollt nicht die Ebene in 1-Richtung hinunter, Bild 5.6. Lediglich für $\Omega = 0$ erhält man nach der l'Hospitalschen Regel

$$r_1(t) = \frac{1}{2} g t^2 \sin \delta, \qquad r_2(t) = 0, \tag{5.89}$$

d. h. der Transportkarren verhält sich dann wie ein Massenpunkt.

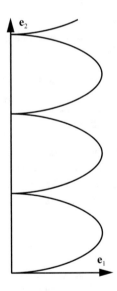

Bild 5.6: Bahn des Massenmittelpunktes C des Transportkarrens

Beispiel 5.5: Elastischer Dämpfer

Die kleinen Schwingungen eines Punktpendels sollen gedämpft werden. Zur Vermeidung harter Stöße wird ein elastischer Dämpfer vorgesehen, Bild 5.7. Es liegt dann ein System mit proportional-integralen Kräften vor. Für kleine Winkel, d. h. für $\alpha \ll 1$, findet man die

Newtonschen Gleichungen

$$m \begin{bmatrix} 0 \\ L \\ L\alpha \end{bmatrix} \ddot{\alpha}(t) = \begin{bmatrix} 0 \\ -cw(t) \\ -mg \end{bmatrix} + \overline{\mathbf{q}}^r, \tag{5.90}$$

wobei auf die explizite Bestimmung der Reaktionskräfte verzichtet wird, da diese sowieso gleich eliminiert werden. Nach Linksmultiplikation mit der transponierten Jacobi-Matrix bleibt die Bewegungsgleichung

$$mL^2 \ddot{\alpha}(t) + mgL\alpha(t) + Lcw(t) = 0. \tag{5.91}$$

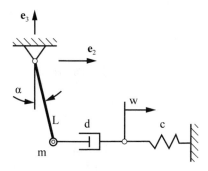

Bild 5.7: Pendel mit elastischem Dämpfer

Diese Bewegungsgleichung kann alleine nicht gelöst werden, da $w(t)$ unbekannt ist. Die Bewegungsgleichung (5.91) muss durch die Differentialgleichung der Kraftgröße $w(t)$ ergänzt werden. Aus dem Gegenwirkungsgesetz für die Schnittkräfte

$$d(L\dot{\alpha}(t) - \dot{w}(t)) = cw(t) \tag{5.92}$$

folgt

$$\dot{w}(t) = L\dot{\alpha}(t) - \frac{c}{d}w(t). \tag{5.93}$$

Die Gleichungen (5.91) und (5.93) beschreiben ein allgemeines Mehrkörpersystem.

Ein allgemeines Mehrkörpersystem der Form (5.74)-(5.76) kann nicht in die Form (5.39) eines gewöhnlichen Mehrkörpersystems transformiert werden. Umgekehrt kann jedoch ein gewöhnliches Mehrkörpersystem in der Form (5.74) dargestellt werden, was auf eine Trennung von Kinematik und Kinetik hinausläuft. Zu diesem Zweck führt man neben dem $f \times 1$-Lagevektor $\mathbf{y}(t)$ der verallgemeinerten Koordinaten einen zweiten $f \times 1$-Vektor $\mathbf{z}(t)$ ein, der die verallgemeinerten Geschwindigkeiten beschreibt. Beide Vektoren sollen durch eine reguläre $f \times f$-Matrix $\mathbf{K}(\mathbf{y},t)$ verknüpft sein,

$$\dot{\mathbf{y}}(t) = \mathbf{K}(\mathbf{y},t) \cdot \mathbf{z}(t), \tag{5.94}$$

was formal einer nichtholonomen Bindung nach (2.220) und (2.235) entspricht. Da jedoch $f = g$ gilt, folgt auch aus (2.218), dass (5.94) keine reale Bindung darstellt, da kein Freiheitsgrad verloren geht, $r = 0$. Aus (5.35) und (5.94) ergeben sich nach Linksmultiplikation mit $\mathbf{K}^T$ die Bewegungsgleichungen

$$\mathbf{K}^T(\mathbf{y},t) \cdot \mathbf{M}(\mathbf{y},t) \cdot \mathbf{K}(\mathbf{y},t) \cdot \dot{\mathbf{z}}(t)$$

$$+\mathbf{K}^T(\mathbf{y},t) \cdot \left[\mathbf{M}(\mathbf{y},t) \cdot \dot{\mathbf{K}}(\mathbf{y},\dot{\mathbf{y}},t) \cdot \mathbf{z}(t) + \mathbf{k}(\mathbf{y},\dot{\mathbf{y}},t)\right] = \mathbf{K}^T(\mathbf{y},t) \cdot \mathbf{q}(\mathbf{y},\dot{\mathbf{y}},t), \tag{5.95}$$

die natürlich nur zusammen mit (5.94) gelöst werden können. Die Bewegungsgleichungen (5.95) haben aber häufig einen einfacheren Aufbau als (5.35), wovon in der Kreiseltheorie und bei großen, nichtlinearen Mehrkörpersystemen immer wieder Gebrauch gemacht wird.

Beispiel 5.6: Schwerer Kreisel

Ein Kreisel ist ein starrer Körper mit einem Fixpunkt, Bild 5.8. Man kann in diesem Fall die Newtonschen und Eulerschen Gleichungen (3.22) und (3.30) für den Massenmittelpunkt C zu neuen Eulerschen Gleichungen zusammenfassen, die dann jedoch für den Fixpunkt 0 als Bezugspunkt gelten. Von dieser für einen einzelnen starren Körper interessanten Eigenschaft macht die Kreiseltheorie regen Gebrauch. Darüber hinaus wird auch stets ein körperfestes Koordinatensystem als Referenzsystem R herangezogen.

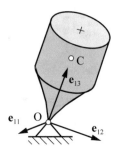

Bild 5.8: Schwerer Kreisel

Verwendet man als verallgemeinerte Koordinaten die Euler-Winkel

$$\mathbf{y}(t) = \begin{bmatrix} \psi & \vartheta & \phi \end{bmatrix} \tag{5.96}$$

mit dem Drehtensor (2.58), so gilt entsprechend (2.100) für den Drehgeschwindigkeitsvektor

$$\boldsymbol{\omega} = \mathbf{J}_R(\mathbf{y}) \cdot \dot{\mathbf{y}}(t) \tag{5.97}$$

und gemäß (2.121) für den Drehbeschleunigungsvektor

$$\boldsymbol{\alpha} = \mathbf{J}_R(\mathbf{y}) \cdot \ddot{\mathbf{y}}(t) + \dot{\mathbf{y}}(t) \cdot \mathbf{K}_R(\mathbf{y}) \cdot \dot{\mathbf{y}}(t) \tag{5.98}$$

im körperfesten Koordinatensystem. Die Bewegungsgleichungen lauten nach dem d'Alembertschen Prinzip

$$\mathbf{J}_R^T(\mathbf{y}) \cdot \mathbf{I} \cdot \mathbf{J}_R(\mathbf{y}) \cdot \ddot{\mathbf{y}}(t) + \mathbf{k}(\mathbf{y}, \dot{\mathbf{y}}) = \mathbf{q}(\mathbf{y}), \tag{5.99}$$

wobei das Moment der Gewichtskraft berücksichtigt wurde. Die Massenmatrix ist hochgradig nichtlinear, eine analytische Lösung scheint nicht möglich zu sein.

Führt man nun zusätzlich zu den verallgemeinerten Koordinaten noch die Drehgeschwindigkeiten

$$\mathbf{z}(t) = \begin{bmatrix} \boldsymbol{\omega}_1 & \boldsymbol{\omega}_2 & \boldsymbol{\omega}_3 \end{bmatrix} \tag{5.100}$$

als verallgemeinerte Geschwindigkeiten ein, so gilt

$$\boldsymbol{\omega} = \mathbf{L}_R \cdot \mathbf{z}(t), \qquad \boldsymbol{\alpha} = \mathbf{L}_R \cdot \dot{\mathbf{z}}(t) \tag{5.101}$$

mit $\mathbf{L}_R = \mathbf{J}_R \cdot \mathbf{K} = \mathbf{E} = const$. Damit vereinfachen sich die Bewegungsgleichungen erheblich zu

$$\mathbf{I} \cdot \dot{\mathbf{z}}(t) + \mathbf{k}(\mathbf{z}) = \mathbf{q}(\mathbf{y}), \tag{5.102}$$

d. h. als Massenmatrix bleibt der zeitinvariante Trägheitstensor im körperfesten System bezüglich des Fixpunktes 0. Man erkennt aber auch, dass die Bewegungsgleichungen (5.102) nicht alleine gelöst werden können. Sie müssen durch (5.94) mit $\mathbf{K}(\mathbf{y}) = \mathbf{J}_R^{-1}(\mathbf{y})$ ergänzt werden. Trotzdem ist der schwere Kreisel ein gewöhnliches Mehrkörpersystem, da die Transformation von (5.102) mit (5.71) und (5.72) auf die Form (5.99) möglich ist.

Es sei noch vermerkt, dass sich (5.102) und (5.94) im Falle der Symmetrie $I_{11} = I_{22}$ vollständig analytisch lösen lassen. Die Lösung geht auf Lagrange zurück und ist in der Literatur ausführlich beschrieben, siehe Magnus [41].

Der Ansatz (5.94) kann auch verwendet werden, um die Bewegungsgleichungen gewöhnlicher Mehrkörpersysteme in der Normalform darzustellen. Zu diesem Zweck beachtet man, dass jede positiv definite Matrix durch eine Kongruenztransformation, die einer Folge von elementaren Matrizenoperationen entspricht, in eine Einheitsmatrix überführt werden kann.
Die Normalform der Bewegungsgleichungen (5.35) ist durch (5.94) und

$$\dot{\mathbf{z}}(t) = \mathbf{K}^T(\mathbf{y}, t) \cdot \begin{bmatrix} \mathbf{q} - \mathbf{k} - \mathbf{M} \cdot \dot{\mathbf{K}}(\mathbf{y}, t) \cdot \mathbf{z} \end{bmatrix} \tag{5.103}$$

gegeben, wobei die Argumente der Größen in der Klammer nicht angeschrieben sind. Die Transformationsmatrix $\mathbf{K}(\mathbf{y}, t)$ muss dabei die Bedingungen

$$\mathbf{K}^T(\mathbf{y}, t) \cdot \mathbf{M}(\mathbf{y}, t) \cdot \mathbf{K}(\mathbf{y}, t) = \mathbf{E} \tag{5.104}$$

erfüllen, wodurch die $f \times f$-Massenmatrix in die $f \times f$-Einheitsmatrix $\mathbf{E}$ übergeführt wird. Die Normalform (5.94), (5.103) kann gegebenenfalls numerische Vorteile bieten, da die Inversion der Massenmatrix bei der Integration entfällt.

Beispiel 5.7: Normalform einer Massenmatrix

Die Massenmatrix des Doppelpendels ist durch (5.45) gegeben,

$$\mathbf{M} = mL^2 \begin{bmatrix} 2 & \cos(\alpha_1 - \alpha_2) \\ \cos(\alpha_1 - \alpha_2) & 1 \end{bmatrix}. \tag{5.105}$$

Zunächst wird die Matrix (5.105) diagonalisiert, indem die zweite Spalte bzw. Zeile nach Multiplikation mit $\cos(\alpha_1 - \alpha_2)$ von der ersten Spalte bzw. Zeile abgezogen wird. Dann werden die erste Spalte und Zeile mit dem Kehrwert der Wurzel aus dem ersten Diagonalelement multipliziert. Diese elementaren Operationen führen auf die Transformationsmatrix

$$\mathbf{K} = \frac{1}{\sqrt{mL^2}} \begin{bmatrix} \dfrac{1}{\sqrt{1 + \sin^2(\alpha_1 - \alpha_2)}} & 0 \\ \dfrac{-\cos(\alpha_1 - \alpha_2)}{\sqrt{1 + \sin^2(\alpha_1 - \alpha_2)}} & 1 \end{bmatrix}. \tag{5.106}$$

Man überzeugt sich, dass (5.105) und (5.106) die Beziehung (5.104) erfüllen.

5.4 Reaktionsgleichungen idealer Systeme

Bei der Aufstellung der Bewegungsgleichungen sind die Reaktionskräfte herausgefallen. Zur Dimensionierung von Bindungselementen (Gelenke, Lagerungen) und zur Festigkeitsabschätzung von Maschinenelementen sind jedoch auch die Reaktionskräfte von großer Bedeutung. Die äußeren Reaktionskräfte bestimmen darüber hinaus die Belastung der Umwelt durch eine Maschine, die jedoch durch einen geeigneten inneren Massenausgleich vermindert oder aufgehoben werden kann.

5.4.1 Berechnung von Reaktionskräften

Zur Berechnung der Reaktionskräfte muss man auf die Newton-Eulerschen Gleichungen (5.18) zurückgehen. Die unmittelbare Auswertung dieser Gleichungen ist jedoch ungünstig. Einmal stören die verallgemeinerten Beschleunigungen $\ddot{\mathbf{y}}(t)$ und zum anderen ist (5.18) durch die $6p \times q$-Verteilungsmatrix $\overline{\mathbf{Q}}$ bezüglich des Vektors der verallgemeinerten Zwangskräfte $\mathbf{g}(t)$ überbestimmt. Beide Probleme lassen sich mit der dem Prinzip der virtuellen Arbeit entsprechenden Orthogonalitätsbeziehung (4.16) lösen, siehe z. B. Schiehlen [59]. Multipliziert man (5.18) von links mit der $q \times 6p$-Matrix $\overline{\mathbf{Q}}^T \cdot \overline{\overline{\mathbf{M}}}^{-1}$, so erhält man die Reaktionsgleichungen in der Form eines linearen algebraischen Gleichungssystems

$$\mathbf{N}(\mathbf{y}, t) \cdot \mathbf{g}(t) = \hat{\mathbf{k}}(\mathbf{y}, \dot{\mathbf{y}}, t) - \hat{\mathbf{q}}(\mathbf{y}, \dot{\mathbf{y}}, t). \tag{5.107}$$

Dabei ist

$$\mathbf{N}(\mathbf{y}, t) = \overline{\mathbf{Q}}^T \cdot \overline{\overline{\mathbf{M}}}^{-1} \cdot \overline{\mathbf{Q}} \tag{5.108}$$

eine symmetrische, im Allgemeinen positiv definite $q \times q$-Reaktionsmatrix, während die $q \times 1$-Vektoren $\hat{\mathbf{q}}(\mathbf{y}, \dot{\mathbf{y}}, t)$ und $\hat{\mathbf{k}}(\mathbf{y}, \dot{\mathbf{y}}, t)$ den Einfluss der eingeprägten Kräfte und der Kreiselkräfte auf die Reaktionskräfte kennzeichnen.

Bei der Aufstellung der Bewegungsgleichungen kann auf die Bestimmung der Reaktionskräfte und im Besonderen auf die Bestimmung der Verteilungsmatrix $\overline{\mathbf{Q}}$ vollständig verzichtet werden, da die Bewegung davon nicht beeinflusst wird. Zur Aufstellung der Reaktionsgleichungen wird die Verteilungsmatrix $\overline{\mathbf{Q}}$ dagegen stets benötigt. Es sollen deshalb einige Überlegungen zu ihrer Bestimmung angeschlossen werden. Die erste Möglichkeit besteht aus dem anschaulich konstruktiven Vorgehen. Dabei werden jeder Bindung in einem natürlichen, an den Gelenkachsen orientierten Koordinatensystem die entsprechenden Zwangskräfte zugeordnet. Durch Transformationen werden die Zwangskräfte dann in ein gemeinsames Koordinatensystem, z. B. das Inertialsystem, übergeführt. Die zweite Möglichkeit zur Bestimmung der Verteilungsmatrix ist durch (4.13), d. h. über die impliziten Zwangsbedingungen gegeben. Dabei können die impliziten Zwangsbedingungen entweder direkt nach den kartesischen Koordinaten des Inertialsystems abgeleitet werden oder es erfolgt die Ableitung nach den verallgemeinerten Koordinaten für das freie System mit anschließender Berücksichtigung der Funktionalmatrizen (4.13).

Zur Unterstützung der Anschauung lassen sich nach (4.11) die q verallgemeinerten Zwangskräfte g_k einzeln den Reaktionskräften und -momenten zuordnen

$$\mathbf{f}_{ik}^r = \frac{\partial \boldsymbol{\phi}_k}{\partial \mathbf{x}} \cdot \frac{\partial \mathbf{x}}{\partial \mathbf{r}_i} g_k, \qquad \mathbf{l}_{ik}^r = \frac{\partial \boldsymbol{\phi}_k}{\partial \mathbf{x}} \cdot \frac{\partial \mathbf{x}}{\partial \mathbf{s}_i} g_k, \qquad i = 1(1)p, \ k = 1(1)q. \tag{5.109}$$

In (5.109) tritt der 3×1-Vektor $\partial \mathbf{s}_i$ der infinitesimalen Drehung auf. Die Beziehungen (5.109) sind immer nützlich, wenn über Betrag, Richtung oder Richtungssinn der Reaktionen auf eine bestimmte Bindung $\boldsymbol{\phi}_k$ Unklarheiten bestehen.

Werden die Bewegungsgleichungen (5.35) mit (5.40) aus den Bewegungsgleichungen (5.28) gewonnen, so gelten für die Reaktionsgleichungen (5.107) die Beziehungen

$$\mathbf{N}_{\text{holonom}}(\mathbf{y}, t) = \overline{\mathbf{G}}^T \cdot \mathbf{M}_{\text{frei}}^{-1}(\mathbf{x}, t) \cdot \overline{\mathbf{G}}, \tag{5.110}$$

$$\hat{\mathbf{k}}_{\text{holonom}}(\mathbf{y}, \dot{\mathbf{y}}, t) = \overline{\mathbf{G}}^T \cdot [\dot{\mathbf{I}} \cdot \dot{\mathbf{y}} + \mathbf{M}_{\text{frei}}^{-1} \cdot \mathbf{k}_{\text{frei}}(\mathbf{x}, \dot{\mathbf{x}})], \tag{5.111}$$

$$\hat{\mathbf{q}}_{\text{holonom}}(\mathbf{y}, \dot{\mathbf{y}}, t) = \overline{\mathbf{G}}^T \cdot \mathbf{M}_{\text{frei}}^{-1} \cdot \mathbf{q}_{\text{frei}}(\mathbf{x}, \dot{\mathbf{x}}, t). \tag{5.112}$$

Dabei sind wiederum die Argumente auf den rechten Seiten durch (5.40) zu ersetzen. Der Vergleich zwischen (5.108) und (5.110) zeigt Folgendes: Einerseits ist die Inversion der Blockdiagonalmatrix $\overline{\overline{\mathbf{M}}}$ einfacher als die Inversion von $\mathbf{M} = \overline{\mathbf{H}}^T \cdot \overline{\overline{\mathbf{M}}} \cdot \overline{\mathbf{H}}$, andererseits ist die entsprechend (4.13) definierte Matrix $\overline{\mathbf{G}}$ im Allgemeinen weniger stark besetzt als $\overline{\mathbf{Q}} = \overline{\mathbf{H}}^{-T} \cdot \overline{\mathbf{G}}$. Es empfiehlt sich deshalb, die Verteilungsmatrix $\overline{\mathbf{Q}}$ zunächst aus $\overline{\mathbf{G}}$ und $\overline{\mathbf{H}}$ zu berechnen und dann auf die Newton-Eulerschen Gleichungen gemäß (5.108) zurückzukommen.

Beispiel 5.8: Ebenes Körperpendel

Für das Körperpendel, Bild 5.9, lauten die impliziten Bindungen

$$\boldsymbol{\phi} = \begin{bmatrix} r_2 - L \sin \alpha \\ r_3 + L \cos \alpha \end{bmatrix} = \mathbf{0} \tag{5.113}$$

mit den drei Koordinaten der ebenen Bewegung, die im Vektor

$$\mathbf{x} = \begin{bmatrix} r_2 & r_3 & \alpha \end{bmatrix} \tag{5.114}$$

zusammengefasst werden können. Die globale 3×3-Jacobi-Matrix des freien Systems ist damit gleich der Einheitsmatrix, $\overline{\mathbf{H}} = \mathbf{E}$. Es gilt weiter für die 3×2-Verteilungsmatrix

$$\overline{\mathbf{Q}}^T = \overline{\mathbf{G}}^T = \frac{\partial \boldsymbol{\phi}}{\partial \mathbf{x}} = \begin{bmatrix} 1 & 0 & -L\cos\alpha \\ 0 & 1 & -L\sin\alpha \end{bmatrix}. \tag{5.115}$$

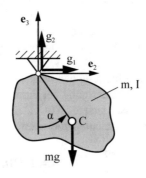

Bild 5.9: Reaktionskräfte am Körperpendel

Damit ergeben sich die Newton-Eulerschen Gleichungen im Inertialsystem zu

$$\begin{bmatrix} mL\cos\alpha \\ mL\sin\alpha \\ I \end{bmatrix} \ddot{\alpha} + mL \begin{bmatrix} -\dot{\alpha}^2 \sin\alpha \\ \dot{\alpha}^2 \cos\alpha \\ 0 \end{bmatrix} =$$
$$\begin{bmatrix} 0 \\ -mg \\ 0 \end{bmatrix} + \begin{bmatrix} 1 & 0 \\ 0 & 1 \\ -L\cos\alpha & -L\sin\alpha \end{bmatrix} \cdot \begin{bmatrix} g_1 \\ g_2 \end{bmatrix}. \tag{5.116}$$

Nach Linksmultiplikation mit $\overline{\mathbf{Q}}^T \cdot \overline{\overline{\mathbf{M}}}^{-1}$ bleibt

$$\begin{bmatrix} \dfrac{1}{m} + \dfrac{L^2}{I}\cos^2\alpha & \dfrac{L^2}{I}\sin\alpha\cos\alpha \\ \dfrac{L^2}{I}\sin\alpha\cos\alpha & \dfrac{1}{m} + \dfrac{L^2}{I}\sin^2\alpha \end{bmatrix} \cdot \begin{bmatrix} g_1 \\ g_2 \end{bmatrix} + \begin{bmatrix} 0 \\ -g \end{bmatrix} = \begin{bmatrix} -L\dot{\alpha}^2 \sin\alpha \\ L\dot{\alpha}^2 \cos\alpha \end{bmatrix}. \tag{5.117}$$

Dieses lineare Gleichungssystem bestimmt eindeutig die Lagerkräfte des Körperpendels. Nach (5.109) entspricht g_1 der horizontalen und g_2 der vertikalen Reaktionskraft, wie dies in Bild 5.9 dargestellt ist.

Beispiel 5.9: Transportkarren

Die Newton-Eulerschen Gleichungen (5.81) enthalten eine Verteilungsmatrix $\overline{\mathbf{Q}}$, die anschaulich nach Bild 5.5 zusammengestellt wurde. Man überzeugt sich leicht davon, dass auch bei nichtholonomen Systemen die verallgemeinerten Zwangskräfte durch Linksmultiplikation mit einer Matrix $\overline{\mathbf{Q}}^T \cdot \overline{\overline{\mathbf{M}}}^{-1}$ bestimmt werden können. Die Inversion des in $\overline{\overline{\mathbf{M}}}$ auftretenden 3×3-Trägheitstensors (5.77) kann dabei auch symbolisch ohne größere Schwierigkeiten mit einem Formelmanipulationsprogramm durchgeführt werden.

Die Reaktionskräfte können natürlich auch im statischen Fall, $f = 0$, ermittelt werden. Dann entfallen sämtliche Beschleunigungen, so dass die Linksmultiplikation der Newton-Eulerschen Gleichungen nicht erforderlich ist. Es gelten dann die zeitinvarianten Gleichgewichtsbedingungen der Statik

$$\overline{\mathbf{Q}} \cdot \mathbf{g} + \overline{\mathbf{q}}^e = \mathbf{0}. \tag{5.118}$$

Gewinnt man die $6p \times 6p$-Matrix $\overline{\mathbf{Q}}$ aus den impliziten Zwangsbedingungen, so findet man automatisch die Schnittkräfte in den Lagern zwischen den einzelnen Teilkörpern eines Mehrkörpersystems.

Beispiel 5.10: Statisches Punktsystem

Das in Bild 5.10 skizzierte Punktsystem ist durch die zwei impliziten Zwangsbedingungen

$$\phi_1 = r_1 - L_1 = 0, \qquad \phi_2 = r_2 - r_1 - L_2 = 0 \tag{5.119}$$

gekennzeichnet. Damit lauten die Gleichgewichtsbedingungen mit der 2×2-Verteilungsmatrix $\overline{\mathbf{Q}}$

$$\begin{bmatrix} 1 & -1 \\ 0 & 1 \end{bmatrix} \cdot \begin{bmatrix} S \\ T \end{bmatrix} + \begin{bmatrix} -m_1 g \\ -m_2 g \end{bmatrix} = \mathbf{0}, \tag{5.120}$$

woraus als Lösung

$$\begin{bmatrix} S & T \end{bmatrix} = \begin{bmatrix} (m_1 + m_2)g & m_2 g \end{bmatrix} \tag{5.121}$$

folgt. Die verallgemeinerten Zwangskräfte S und T sind in Bild 5.10 eingetragen.

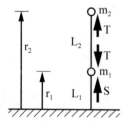

Bild 5.10: Reaktionskräfte eines statischen Punktsystems

5.4.2 Festigkeitsabschätzung

Die für die Festigkeitsberechnung maßgebenden inneren Spannungen eines Körpers können beim starren Körper nicht ermittelt werden, da ein statisch unbestimmtes Problem vorliegt. Es ist jedoch möglich, eine Festigkeitsabschätzung vorzunehmen. Zu diesem Zweck wird aus dem Reaktionskraftwinder für eine beliebig gewählte Schnittebene, Bild 3.6, eine lineare Spannungsverteilung errechnet. Die sich dabei ergebenden maximalen Spannungen können dann einer Festigkeitsabschätzung zugrunde gelegt werden. Dieses Vorgehen ist aus der Balkenstatik schon lange bekannt. Es lässt sich auf einen beliebigen starren Körper übertragen, wenn man die im Prinzip von De Saint-Venant zusammengefassten Erfahrungen berücksichtigt, dass einzelne Spannungsspitzen in einem Kontinuum nur eine lokale Wirkung haben. Das Kontinuum gleicht stark unterschiedliche Spannungen in natürlicher Weise aus.

Für eine beliebig gewählte Schnittebene A wird nach Bild 5.11 zunächst der Flächenmittelpunkt C und das Hauptachsensystem H bestimmt. Dann gilt für die Koordinaten des Flächenmittelpunktes

$$\int_A u_2 dA = 0, \qquad \int_A u_3 dA = 0 \tag{5.122}$$

und das Flächendeviationsmoment ist

$$\int_A u_2 u_3 dA = 0. \tag{5.123}$$

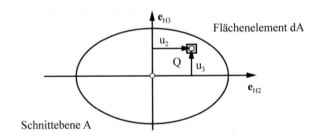

Bild 5.11: Ebener Schnitt durch einen starren Körper

Der lokale 3×1-Spannungsvektor $\mathbf{t}$ im Punkt Q wird durch den linearen Ansatz

$$\mathbf{t} = \frac{d\mathbf{f}}{dA} = \begin{bmatrix} \sigma_{11} \\ \tau_{12} \\ \tau_{13} \end{bmatrix} = \begin{bmatrix} \sigma_1 + \sigma_2 u_3 + \sigma_3 u_2 \\ \tau_2 - \tau_1 u_3 \\ \tau_3 + \tau_1 u_2 \end{bmatrix} \tag{5.124}$$

mit den sechs Koeffizienten $\sigma_1, \sigma_2, \sigma_3, \tau_1, \tau_2, \tau_3$ beschrieben. Diese Konstanten können eindeutig aus dem Reaktionskraftwinder $(\mathbf{f}, \mathbf{l})$ bestimmt werden. Der Reaktionskraftwinder lässt sich wiederum aus den Reaktionsgleichungen (5.107) bestimmen, wenn der zusätzlich durch den Schnitt entstehende starre Körper in den Newton-Eulerschen Gleichungen berücksichtigt wird. Die beiden Teilkörper des Schnitts sind dabei durch eine feste Einspannung verbunden. Im Einzelnen gilt bei Integration über die Schnittebene A für die Koordinaten des Reaktionskraftwinders

$$f_1 = \int_A \sigma_{11} dA, \qquad f_2 = \int_A \tau_{12} dA, \qquad f_3 = \int_A \tau_{13} dA, \tag{5.125}$$

$$l_1 = \int_A (u_2 \tau_{13} - u_3 \tau_{12}) dA, \qquad l_2 = \int_A u_3 \sigma_{11} dA, \qquad l_3 = - \int_A u_2 \sigma_{11} dA. \tag{5.126}$$

Setzt man nun (5.124) der Reihe nach in (5.125) und (5.126) ein, so findet man unter Berücksichtigung von (5.122) und (5.123) die Koeffizienten

$$\sigma_1 = \frac{f_1}{A}, \qquad \tau_2 = \frac{f_2}{A}, \qquad \tau_3 = \frac{f_3}{A}, \tag{5.127}$$

$$\tau_1 = \frac{l_1}{J_P}, \qquad \sigma_2 = \frac{l_2}{J_2}, \qquad \sigma_3 = - \frac{l_3}{J_3}. \tag{5.128}$$

Dabei ist A die Fläche der Schnittebene, J_2 und J_3 sind die axialen Flächenträgheitsmomente und $J_P = J_2 + J_3$ ist das polare Flächenträgheitsmoment, jeweils bezüglich des Flächenmittelpunktes. Somit können in jedem Punkt der Schnittebene die Spannungen abgeschätzt werden.

Beispiel 5.11: Rundstab

Ein starrer Rundstab (Masse $2m$, Radius R) ist links durch eine Drehfeder (Federkonstante k) gefesselt und wird rechts durch ein harmonisches Moment (Amplitude e, Frequenz Ω) beaufschlagt, Bild 5.12. Es sind die Spannungen in der Mitte des Stabes agsbzuschätzen.

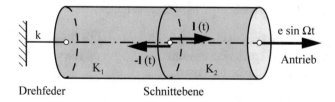

Bild 5.12: Starrer Rundstab mit harmonischem Antriebsmoment

Zum Zweck der Spannungsabschätzung wird der Rundstab in der Mitte geschnitten, so dass zwei Teilkörper K_1 und K_2 entstehen. Die freie Drehbewegung bezüglich der 1-Achse ist durch zwei verallgemeinerte Koordinaten

$$\mathbf{x}(t) = \begin{bmatrix} \alpha_1 & \alpha_2 \end{bmatrix} \tag{5.129}$$

gekennzeichnet, die starre Bindung zwischen den Körpern lautet implizit

$$\phi = \alpha_1 - \alpha_2 = 0 \tag{5.130}$$

oder mit der skalaren verallgemeinerten Lagekoordinate α explizit

$$\mathbf{x} = \begin{bmatrix} 1 & 1 \end{bmatrix} \alpha. \tag{5.131}$$

Die Eulerschen Gleichungen ergeben

$$\frac{1}{2}mR^2\ddot{\alpha}(t) = -k\alpha(t) + l(t), \tag{5.132}$$

$$\frac{1}{2}mR^2\ddot{\alpha}(t) = e\sin\Omega t - l(t), \tag{5.133}$$

woraus die Bewegungsgleichung

$$mR^2\ddot{\alpha}(t) + k\alpha(t) = e\sin\Omega t \tag{5.134}$$

und die Reaktionsgleichung

$$2l(t) - k\alpha(t) - e\sin\Omega t = 0 \tag{5.135}$$

folgen. Mit der partikulären Lösung der Bewegungsgleichung

$$\alpha(t) = \frac{1}{k - mR^2\Omega^2}e\sin\Omega t \tag{5.136}$$

findet man für den Betrag des Schnittmoments

$$l(t) = \frac{2k - mR^2\Omega^2}{k - mR^2\Omega^2}\frac{e}{2}\sin\Omega t, \tag{5.137}$$

woraus sich nach (5.128) und (5.124) die Spannungen τ_{12}, τ_{13} abschätzen lassen, die ihren größten Wert an der Oberfläche $u_2^2 + u_3^2 = R^2$ annehmen.

Werden in einem holonomen System von p starren Körpern und q Bindungen insgesamt n Schnitte durch die Körper gelegt, so erhält man n zusätzliche Körper und $6n$ zusätzliche Bindungen. Die Zahl der Freiheitsgrade bleibt davon unberührt,

$$f = 6(p + n) - (q + 6n) = 6p - q, \tag{5.138}$$

während die Zahl der Bindungen auf $q_n = q + 6n$ anwächst. Darüber hinaus müssen bei jedem Schnitt die massengeometrischen Größen und die eingeprägten Volumenkräfte angepasst werden.

5.4.3 Massenausgleich in Mehrkörpersystemen

Die äußeren Reaktionskräfte belasten die Umgebung einer Maschine. Ihre Berechnung ist deshalb von großem Interesse. Da die inneren Kräfte und Momente bei der Betrachtung des Mehrkörpersystems als Gesamtsystem nach den Gegenwirkungsgesetzen (3.7) und (3.40) herausfallen, ist es zweckmäßig, die äußeren Reaktionskräfte nicht aus den Reaktionsgleichungen (5.107), sondern unmittelbar aus den Newton-Eulerschen Gleichungen zu ermitteln. Die äußeren Reaktionskräfte und -momente werden nur durch die äußeren eingeprägten Kräfte und Momente und die Massenkräfte und Massenmomente bestimmt. Häufig sind die Massenkräfte und -momente sehr viel größer als die eingeprägten Kräfte und Momente, im Besonderen bei schnelllaufenden Maschinen. In diesen Fällen begnügt man sich mit der Untersuchung und dem Ausgleich von Massenkräften und -momenten, dem sogenannten Massenausgleich.

Massenkräfte und Massenmomente treten bei der Betrachtung des Gesamtsystems nur dann auf, wenn sich der Gesamtimpuls und der Gesamtdrall ändern. Maschinen mit konstantem Gesamtimpuls und konstantem Gesamtdrall heißen ausgeglichen oder ausgewuchtet. Die Forderung nach konstantem Gesamtimpuls ist gleichbedeutend mit der Forderung auch einer zeitinvarianten Lage des Massenmittelpunktes C des Gesamtsystems.

Für die weitere Rechnung werden die Gegenwirkungsgesetze (3.7) und (3.40) herangezogen. Mit einem Bezugspunkt O gelten für das Gesamtsystem die Beziehungen

$$\sum_{i,j=1}^{p} \mathbf{f}_{ij} = \mathbf{0}, \qquad \sum_{i,j=1}^{p} (\mathbf{l}_{ij} + \tilde{\mathbf{r}}_{0i} \cdot \mathbf{f}_{ij}) = \mathbf{0}, \tag{5.139}$$

oder

$$\mathbf{G} \cdot \overline{\mathbf{q}}^{i} = \mathbf{0}. \tag{5.140}$$

Dabei ist $\overline{\mathbf{q}}^{i}$ gemäß Schema (5.23) der $6p \times 1$-Vektor der inneren Kräfte und Momente und

$$\mathbf{G} = \left[\begin{array}{cccc|cccc} \mathbf{E} & \mathbf{E} & \dots & \mathbf{E} & \mathbf{0} & \mathbf{0} & \dots & \mathbf{0} \\ \hline \tilde{\mathbf{r}}_{01} & \tilde{\mathbf{r}}_{02} & \dots & \tilde{\mathbf{r}}_{0p} & \mathbf{E} & \mathbf{E} & \dots & \mathbf{E} \end{array} \right] \tag{5.141}$$

ist eine $6 \times 6p$-Summationsmatrix, die im Besonderen die 3×3-Matrizen $\tilde{\mathbf{r}}_{0i}$ der Ortsvektoren zu den Massenmittelpunkten C_i enthält. Die äußeren Reaktionen findet man aus den Newton-Eulerschen Gleichungen (5.18) durch Linksmultiplikation mit (5.141). Es bleibt der Reaktionskraftwinder des Gesamtsystems

$$\left[\begin{array}{c} \mathbf{f}_{ra} \\ \hline \mathbf{l}_{ra} \end{array} \right] = \mathbf{G} \cdot (\overline{\overline{\mathbf{M}}} \cdot \overline{\mathbf{J}} \cdot \ddot{\mathbf{y}}(t) + \overline{\mathbf{q}}^{c} - \overline{\mathbf{q}}^{e}). \tag{5.142}$$

Vernachlässigt man nun die eingeprägten Kräfte $\overline{\mathbf{q}}^{e}$, so sind die äußeren Reaktionskräfte und -momente gleich den Massenkräften und -momenten, die sich aus der zeitlichen Ableitung von Gesamtimpuls und Gesamtdrall ergeben,

$$\mathbf{f}_{ra} = \sum_{i=1}^{p} m_i \mathbf{a}_i = m \mathbf{a}_C, \tag{5.143}$$

$$\mathbf{l}_{ra0} = \sum_{i=1}^{p} (\mathbf{I}_i \cdot \dot{\boldsymbol{\omega}}_i + \tilde{\boldsymbol{\omega}}_i \cdot \mathbf{I}_i \cdot \boldsymbol{\omega}_i + \tilde{\mathbf{r}}_{0i} \cdot m_i \mathbf{a}_i) \tag{5.144}$$

wobei $\mathbf{a}_C$ die Beschleunigung des Massenmittelpunktes C des Gesamtsystems ist. Die Massenkräfte (5.143) werden durch die Beschleunigung des Gesamtschwerpunktes hervorgerufen, während die Massenmomente entsprechend den drei Termen in (5.144) auf eine ungleichförmige Drehung, auf eine dynamische oder eine statische Unwucht zurückgehen können. Für den Massenausgleich wird nun gefordert, dass die Massenkräfte (5.143) und die Massenmomente (5.144) verschwinden oder möglichst klein werden.

Beispiel 5.12: Auswuchten eines starren Rotors

Ein homogener Rotor (Masse M, Länge L, Radius R) ist unter dem Winkel $\gamma \ll 1$ schief eingebaut, Bild 5.13. Zum Ausgleich der dynamischen Unwucht werden in den Punkten P_2 und P_3 Ausgleichsmassen (Masse m) montiert. Die für eine vollkommene Auswuchtung erforderliche Größe der Massen soll bestimmt werden.

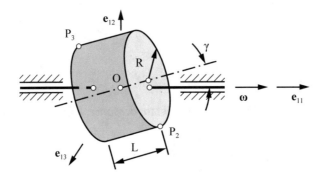

Bild 5.13: Starrer Rotor mit Ausgleichsgewichten

Im körperfesten Koordinatensystem lautet der Trägheitstensor des Rotors

$$\mathbf{I} = \begin{bmatrix} I_{11} & I_{12} & 0 \\ I_{12} & I_{22} & 0 \\ 0 & 0 & I_{22} \end{bmatrix}, \qquad I_{12} = -\frac{M}{12}(3R^2 - L^2)\gamma. \tag{5.145}$$

Der konstante Drehgeschwindigkeitsvektor ist

$$\boldsymbol{\omega} = \begin{bmatrix} \omega & 0 & 0 \end{bmatrix}. \tag{5.146}$$

Die Ortsvektoren und Beschleunigungen der Ausgleichsmassen P_2, P_3 findet man z. B. mit (2.257) als

$$\mathbf{r}_{2,3} = \pm \begin{bmatrix} (\tfrac{L}{2} + R\gamma) & (-R + \tfrac{L}{2}\gamma) & 0 \end{bmatrix}, \tag{5.147}$$

$$\mathbf{a}_{2,3} = \pm \begin{bmatrix} 0 & (-R + \tfrac{L}{2}\gamma)\omega^2 & 0 \end{bmatrix}. \tag{5.148}$$

Eingesetzt in (5.144) verbleibt für das resultierende Massenmoment im körperfesten Koordinatensystem nur die 3-Koordinate in der Form

$$l_{ra03} = \frac{M}{12}(3R^2 - L^2)\omega^2\gamma + mLR\omega^2, \tag{5.149}$$

wobei zusätzlich $m \ll M$ berücksichtigt wurde. Aus (5.149) kann man ablesen, dass mit den Ausgleichsmassen in P_2 und P_3 abgeplattete Rotoren ausgewuchtet werden können. Weiterhin folgt aus (5.149) auch die Größe der Ausgleichsmassen.

5.5 Bewegungs- und Reaktionsgleichungen nichtidealer Systeme

Nichtideale Systeme sind dann gegeben, wenn die eingeprägten Kräfte auch von den Reaktionskräften abhängen. Nach (3.13) ist dies z. B. bei Reibkräften der Fall. Dazu gehören einmal die Gleitreibkräfte, die vom Normaldruck und der momentanen Richtung der relativen Geschwindigkeit abhängen. Aber auch die Seitenführungskräfte eines elastischen Rades sind eingeprägte Kräfte, die von den Reaktionskräften bestimmt werden. Die nichtidealen Systeme haben also einen durchaus realen Hintergrund.
Die Bewegungsgleichungen (5.35) und die Reaktionsgleichungen (5.107) nehmen für nichtideale Systeme die Form

$$\mathbf{M}(\mathbf{y},t) \cdot \ddot{\mathbf{y}}(t) + \mathbf{k}(\mathbf{y},\dot{\mathbf{y}},t) = \mathbf{q}(\mathbf{y},\dot{\mathbf{y}},\mathbf{g},t), \tag{5.150}$$

$$\mathbf{N}(\mathbf{y},t) \cdot \mathbf{g}(t) + \hat{\mathbf{q}}(\mathbf{y},\dot{\mathbf{y}},\mathbf{g},t) = \hat{\mathbf{k}}(\mathbf{y},\dot{\mathbf{y}},t) \tag{5.151}$$

an. Man erkennt, dass die beiden Gleichungen miteinander gekoppelt sind und die Reaktionsgleichungen (5.151) darüber hinaus einen nichtlinearen Charakter annehmen können. Die Lösung von (5.150) und (5.151) wird dadurch sehr erschwert. Sie ist aber trotzdem meist nicht kritisch. Löst man nämlich (5.151) simultan während der Integration von (5.150), so stehen für das nichtlineare algebraische Gleichungssystem stets sehr gute Startwerte zur Verfügung. Damit ist eine gute und schnelle Konvergenz zu erwarten. Eine gewisse Vereinfachung tritt noch ein, wenn die Richtung der Reaktionskraft zeitinvariant ist, wie dies im folgenden Beispiel der Fall ist.

Beispiel 5.13: Seiltrommel

Die in Bild 5.14 dargestellte Seiltrommel gleitet auf einer Ebene mit Gleitreibungskoeffizient μ. Mit den vier wesentlichen Koordinaten des freien Systems

$$\mathbf{x}(t) = \begin{bmatrix} y_1 & x_2 & y_2 & \alpha_2 \end{bmatrix} \tag{5.152}$$

lauten die drei Bindungen

$$\phi_1 = x_2 = 0, \qquad \phi_2 = y_2 - r_2 = 0, \qquad \phi_3 = y_1 - y_2 - \alpha_2 r_1 = 0, \tag{5.153}$$

so dass als verallgemeinerte Koordinate $y_1(t)$ verbleibt. Damit findet man die expliziten

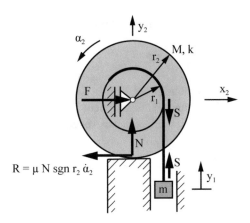

Bild 5.14: Seiltrommel mit Coulombscher Reibung

Bindungen

$$\mathbf{x} = \begin{bmatrix} y_1 \\ 0 \\ r_2 \\ \dfrac{1}{r_1}(y_1 - y_2) \end{bmatrix}. \tag{5.154}$$

Die Newton-Eulerschen Gleichungen lauten mit den in Bild 5.14 eingetragenen Größen

$$\begin{bmatrix} m \\ 0 \\ 0 \\ M\dfrac{k^2}{r_1} \end{bmatrix} \ddot{y}_1 = \begin{bmatrix} -mg \\ -\mu N \mathrm{sgn}\dot{y}_1 \\ -Mg \\ -\mu r_2 N \mathrm{sgn}\dot{y}_1 \end{bmatrix} + \begin{bmatrix} 0 & 0 & 1 \\ 1 & 0 & 0 \\ 0 & 1 & -1 \\ 0 & 0 & -r_1 \end{bmatrix} \cdot \begin{bmatrix} F \\ N \\ S \end{bmatrix}. \tag{5.155}$$

Daraus folgt die Bewegungsgleichung

$$\underbrace{\left(m + M\dfrac{k^2}{r_1^2}\right)}_{\mathbf{M}} \underbrace{\ddot{y}_1}_{\ddot{\mathbf{y}}(t)} = \underbrace{-mg - \mu \dfrac{r_2}{r_1} N \mathrm{sgn}\dot{y}_1}_{\mathbf{q}(\dot{\mathbf{y}}, \mathbf{g})} \tag{5.156}$$

und die Reaktionsgleichungen lauten

$$\underbrace{\begin{bmatrix} \dfrac{1}{M} & 0 & 0 \\ 0 & \dfrac{1}{M} & -\dfrac{1}{M} \\ 0 & -\dfrac{1}{M} & \dfrac{1}{m} + \dfrac{1}{M} + \dfrac{r_1^2}{Mk^2} \end{bmatrix}}_{\mathbf{N}} \cdot \underbrace{\begin{bmatrix} F \\ N \\ S \end{bmatrix}}_{\mathbf{g}(t)} + \underbrace{\begin{bmatrix} -\dfrac{\mu}{M} N \mathrm{sgn}\dot{y}_1 \\ -g \\ \dfrac{g}{Mk^2} N \mathrm{sgn}\dot{y}_1 \end{bmatrix}}_{\hat{\mathbf{q}}(\dot{\mathbf{y}}, \mathbf{g})} = \mathbf{0}. \tag{5.157}$$

Im vorliegenden Fall ist die Normalkraft **N** zeitinvariant, da bei geeigneten Anfangsbedingungen immer $\dot{y}_1(t) < 0$ gilt. Es ist aber offensichtlich, dass auch in diesem Fall (5.156) nicht ohne (5.157) gelöst werden kann.

Bei der Untersuchung von Kontaktproblemen können auch elastische Mehrkörpersysteme verwendet werden. Wie Eberhard [19] gezeigt hat, ist es dabei oft zweckmäßig, zwischen Mehrkörpersystemmodellen und Finite-Elemente-Modellen umzuschalten, um eine effizientere Integration zu ermöglichen.

5.6 Kreiselgleichungen von Satelliten

Mehrkörpersysteme eignen sich auch zur Modellierung von Satelliten mit im Inneren bewegten Massen. Die Gesamtbewegung setzt sich dann aus der Bahnbewegung des Massenmittelpunktes und der Drehbewegung um den Massenmittelpunkt zusammen. Die Bahnbewegung wird in der Himmelsmechanik ausführlich untersucht und kann als gegeben angenommen werden. Die Drehbewegung und damit die Orientierung gehorcht den Gesetzen der Kreisellehre. Im Besonderen kann die Bahnbewegung in den Kreiselgleichungen des Satelliten eliminiert werden, wodurch sich die Zahl der Freiheitsgrade um drei verringert.

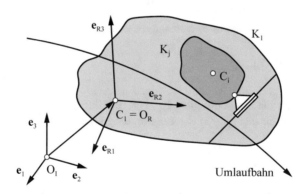

Bild 5.15: Satelliten mit im Inneren bewegten Massen

Das Gehäuse des Satelliten wird als Grundkörper K_1 gewählt, Bild 5.15. Im Inneren bewegen sich die Massen K_j, $j = 2(1)p$. Als bewegtes Referenzsystem $\{0_R; \mathbf{e}_{R\alpha}\}$ dient ein gehäusefestes Koordinatensystem $\{C_1; \mathbf{e}_{1\alpha}\}$, $\alpha = 1(1)3$, im Massenmittelpunkt C_1 des Gehäuses. Dann können sowohl der $6p \times 1$-Lagevektor $\mathbf{x}$ des freien Systems als auch der $f \times 1$-Lagevektor des gebundenen Systems wie folgt zerlegt werden,

$$\mathbf{x}(t) = \left[\begin{array}{c} \mathbf{r}_R \\ -- \\ \mathbf{x}_R \end{array} \right], \qquad \mathbf{y}(t) = \left[\begin{array}{c} \mathbf{r}_R \\ -- \\ \mathbf{y}_R \end{array} \right], \tag{5.158}$$

wobei $\mathbf{r}_R$ den 3×1-Ortsvektor der Bahnbewegung des Gehäusemassenmittelpunktes darstellt,

Bild 5.15. Mit den $3p \times 3$-Matrizen

$$\overline{\mathbf{E}} = [\; \mathbf{E} \quad \mathbf{E} \quad \dots \quad \mathbf{E} \;]^T, \qquad \overline{\mathbf{0}} = [\; \mathbf{0} \quad \mathbf{0} \quad \dots \quad \mathbf{0} \;]^T, \tag{5.159}$$

die sich aus 3×3-Einheits- und Nullmatrizen aufbauen, lautet dann die globale Jacobi-Matrix

$$\overline{\mathbf{J}} = \left[\begin{array}{c|c} \overline{\mathbf{E}} & \overline{\mathbf{J}}_{RT} \\ \hline \overline{\mathbf{0}} & \overline{\mathbf{J}}_{RR} \end{array} \right]. \tag{5.160}$$

Unterteilt man weiterhin die $6p \times 6p$-Blockdiagonalmatrix (5.20) in vier $3p \times 3p$-Matrizen

$$\overline{\overline{\mathbf{M}}} = \left[\begin{array}{c|c} \overline{\overline{\mathbf{M}}}_T & \mathbf{0} \\ \hline \mathbf{0} & \overline{\overline{\mathbf{M}}}_R \end{array} \right], \tag{5.161}$$

so erhält man die Bewegungsgleichungen (5.35) in der Form

$$m\ddot{\mathbf{r}}_R(t) + \overline{\mathbf{E}}^T \cdot \overline{\overline{\mathbf{M}}}_T \cdot \overline{\mathbf{J}}_{RT} \cdot \ddot{\mathbf{y}}_R(t) + \mathbf{k}_r = \mathbf{q}_r, \tag{5.162}$$

$$[\; \overline{\mathbf{J}}_{RT}^T \cdot \overline{\overline{\mathbf{M}}}_T \cdot \overline{\mathbf{J}}_{RT} + \overline{\mathbf{J}}_{RR}^T \cdot \overline{\overline{\mathbf{M}}}_R \cdot \overline{\mathbf{J}}_{RR} \;] \cdot \ddot{\mathbf{y}}_R(t) + \overline{\mathbf{J}}_{RT}^T \cdot \overline{\overline{\mathbf{M}}}_T \cdot \overline{\mathbf{E}} \cdot \ddot{\mathbf{r}}_R(t) + \mathbf{k}_y = \mathbf{q}_y \tag{5.163}$$

mit der skalaren Gesamtmasse m des Systems, die aus

$$m\mathbf{E} = \sum_{i=1}^{p} m_i \mathbf{E} = \overline{\mathbf{E}}^T \cdot \overline{\overline{\mathbf{M}}}_T \cdot \overline{\mathbf{E}} \tag{5.164}$$

folgt. Man erkennt, dass die Bahnbewegung $\mathbf{r}_R$ in (5.163) durch (5.162) eliminiert werden kann. Die Kreiselgleichungen für den $(f-3) \times 1$-Lagevektor $\mathbf{y}_R$ des Satelliten nehmen schließlich die Form

$$\mathbf{M}_R(\mathbf{y}_R, t) \cdot \ddot{\mathbf{y}}_R(t) + \mathbf{k}_R(\mathbf{y}_R, \dot{\mathbf{y}}_R, t) = \mathbf{q}_R \tag{5.165}$$

an. Hierbei ist allerdings zu bedenken, dass die verallgemeinerten Kräfte $\mathbf{q}_R$, zu denen auch das Gravitationsmoment zählt, von der Bahnbewegung $\mathbf{r}_R$ abhängen können. Die Bahnbewegung $\mathbf{r}_R$ des Gehäusemassenmittelpunktes kann aber wegen der im Verhältnis zum Bahnradius kleinen Abmessungen eines Satelliten stets gleich der Bahnbewegung des Massenmittelpunktes des gesamten Satelliten gesetzt werden. Die Bahnbewegung des Massenmittelpunktes ist aus der Himmelsmechanik bekannt, im einfachsten Fall wird sie durch die Keplerschen Gesetze festgelegt. Führt der Satellit um mehr als eine Achse große Drehbewegungen aus, so ist es zweckmäßig, die Drehgeschwindigkeiten als verallgemeinerte Geschwindigkeiten einzuführen und damit (5.165) in die Form (5.74) überzuführen. Zusätzliche Vereinfachungen ergeben sich, wenn sich im Inneren des Satelliten symmetrische Rotoren mit konstanter Drehzahl bewegen. Dann ist ein Gyrostat gegeben, siehe z. B. Magnus [41] oder Wittenburg [74].

5.7 Formalismen für Mehrkörpersysteme

Die Aufstellung der Bewegungs- und Reaktionsgleichungen ist für große Mehrkörpersysteme eine nichttriviale Aufgabe, die zahlreiche Rechenoperationen umfasst. Es sind deshalb seit den 1960iger Jahren rechnergestützte Formalismen entwickelt worden, die zunächst rein numerische, heute aber auch symbolische Gleichungen liefern.

Die numerischen Formalismen liefern für lineare Mehrkörpersysteme die Koeffizienten der Systemmatrizen (5.59) in Zahlenform. Im nichtlinearen Fall erzeugen die numerischen Formalismen die für jeden Integrationsschritt erforderlichen Zahlenwerte der Bewegungsgleichungen (5.35) im Rahmen eines umfassenden Simulationsprogrammes. Als Ergebnis erhält man Zeitverläufe der verallgemeinerten Koordinaten. Im Gegensatz dazu liefern die symbolischen Formalismen zusätzliche Informationen. Bei linearen Mehrkörpersystemen lässt sich erkennen, welchen Einfluss die Systemparameter auf die einzelnen Koeffizienten der Systemmatrizen (5.59) haben. Das Ergebnis liegt in der gleichen Form vor, wie man es bei einer herkömmlichen Rechnung mit Papier und Bleistift erhält. Ein symbolischer Formalismus entlastet den Ingenieur von der Ausführung umfangreicher und häufig fehlerbehafteter Zwischenrechnungen, alle relevanten Informationen bleiben jedoch erhalten. Auch im nichtlinearen Fall erhält man vollständige Differentialgleichungen, die z. B. die Art der Kopplungen im System erkennen lassen. Die symbolisch bestimmten, linearen oder nichtlinearen Bewegungsgleichungen können dann mit jedem verfügbaren Integrationsprogramm gelöst werden. Die Trennung von Aufstellung und Lösung der Bewegungsgleichungen erleichtert die Beurteilung von Ergebnissen erheblich.

Weiterhin unterscheidet man zwischen nichtrekursiven und rekursiven Formalismen. Die rekursiven Formalismen nutzen spezielle Topologieeigenschaften von Mehrkörpersystemen aus, um die numerische Effizienz zu erhöhen.

Die kommerziellen Programme für die Dynamik von Mehrkörpersystemen wie z. B. Simpack, Recurdyn, VL.Motion oder MSc.Adams erlauben eine effiziente Dynamikanalyse mit vielfältigen Anwendungen in der Industrie. Die Forschungscodes wie z. B. Neweul-M^2 oder Robotran bieten zusätzlich die Möglichkeit die Modellierungsansätze und die numerischen Lösungsverfahren zu beeinflussen und eigene Ideen zu testen.

5.7.1 Nichtrekursive Formalismen

An dieser Stelle soll der symbolische Formalismus, auf dem Neweul-M^2 beruht, kurz beschrieben werden, siehe Kurz et al. [36]. Neweul-M^2 ist ein Forschungscode auf der Grundlage der Newton-Eulerschen Gleichungen und den Prinzipen von d'Alembert und Jourdain, der in seiner ersten Version bereits in den 1970er Jahren an der Universität Stuttgart von Kreuzer [34], Kreuzer und Schiehlen [35] und anderen entwickelt wurde. Neweul-M^2 generiert soweit möglich und sinnvoll Bewegungsgleichungen in Minimalform (5.35) bzw. (5.74)-(5.76), die mit jedem Code für die Lösung von gewöhnlichen Differentialgleichungen integriert werden können. Nähere Einzelheiten finden sich unter www.itm.uni-stuttgart.de/software/neweul-m. Für sehr komplexe Systeme stehen in Neweul-M^2 auch rekursive Algorithmen zur Verfügung und es gibt auch viele Erweiterungen z. B. zur Einbindung flexibler Körper, zur Modellreduktion oder zu Online-Schädigungsberechnungen. Allerdings lassen sich dann i. A. die Bewegungsgleichungen nicht mehr voll-symbolisch angeben und daher soll hier nur der Grundalgorithmus anhand eines einfachen Beispiels verdeutlicht werden. Neweul-M^2 beruht auf Matlab mit der

Symbolic Math Toolbox (entweder auf Maple- oder Mupad-Basis) und kann in verschiedenen Modi verwendet werden.

Das Doppelpendel in Bild 5.16 soll im Folgenden als bewusst einfaches kleines Beispiel modelliert und simuliert werden.

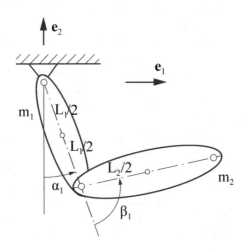

Bild 5.16: Beispiel Zweikörperpendel

Speziell für den unerfahrenen Benutzer oder Einsteiger eignet sich die Verwendung der graphischen Benutzerschnittstelle, siehe Bild 5.17.

Allerdings wird die GUI auch gerne zum Aufbau eines später in Textdateien weiter detaillierten Grundmodells verwendet und es kann beliebig zwischen der graphischen Benutzerschnittstelle und der Fileschnittstelle gewechselt werden. In Bild 5.18 ist eine einfach verständliche ASCII-Eingabedatei für Neweul-M^2 dargestellt. Es können beliebige Matlab-Kommandos mit den Neweul-M^2-Kommandos kombiniert werden und es steht damit eine sehr leistungsfähige Programmumgebung zur Verfügung.

Einige Erklärungen dazu. Zunächst wird mit `newSys()` ein neues System angelegt und es werden mit `newGenCoord()` verallgemeinerte Koordinaten sowie mit `newUserVarkonst()` Variablen festgelegt. Danach werden mit `newBody()` die Körper festgelegt. Man kann dabei flexibel symbolische und numerische Größen mischen und es können auch direkt Formeln eingegeben werden. Hier werden die symbolischen Fähigkeiten der Symbolic Math Toolbox genutzt. Anschließend kann man mit `newForceElement()` Kraftelemente definieren und es ist damit die komplette Kinematik und Kinetik beschrieben. Mit `calcEqMotNonLin()` können mit Hilfe der in diesem Buch beschriebenen Methoden die nichtlinearen Bewegungsdifferentialgleichungen aufgestellt werden und mit `writeMbsNonLin()` werden diese geschrieben. Diese symbolischen Gleichungen können wie bei einer Rechnung von Hand vom Menschen gelesen werden und können dann für die Simulation in Matlab genutzt werden oder auch für den externen Gebrauch mit anderen Simulationsprogrammen exportiert werden. Mit `createAnimationWindow()` bzw. `defineGraphics()` wird eine einfache Animation vorbereitet, in die aber auch komplexe CAD Körper eingebunden werden können. In die Matlab-Struktur `sys.par.timeInt` können nun Anfangsbedingungen festgelegt werden und

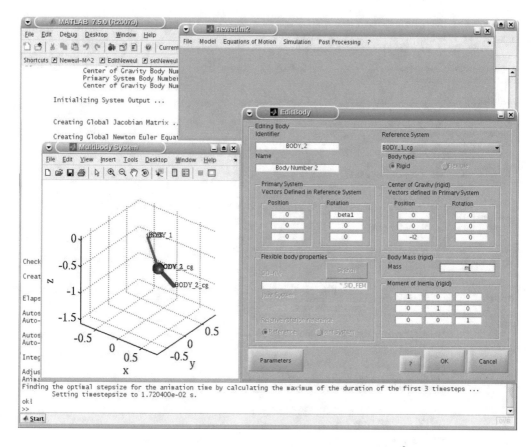

Bild 5.17: Graphische Benutzerschnittstelle von Neweul-M^2

`timeInt()` führt die Zeitsimulation durch. Deren Ergebnisse können nun graphisch angeschaut werden, siehe Bild 5.19 für einen Zeitplot der beiden Zustandsgrößen α_1 und β_1, oder direkt als bewegte Animation `animTimeInt()` angeschaut werden, siehe Bild 5.20.

Das Ausgabeprotokoll von Neweul-M^2 kann in Bild 5.21 betrachtet werden. Es ist darin gut zu erkennen, wie der interne Berechnungsablauf ist. Nach der Berechnung der Kinematik werden die globalen Newton-Euler-Gleichungen aufgestellt und alle notwendigen kinematischen und kinetischen Größen geschrieben. Anschließend werden notwendige Daten für die Zeitsimulation geschrieben.

Als Beispiel für typische Neweul-M^2 Ausgaben sind in Bild 5.22 die symbolischen Ausdrücke zu den beiden Vektorkoordinaten der verallgemeinerten Kreiselkräfte **k** sowie der verallgemeinerten Kräfte **q** angegeben.

Zur optionalen Berechnung aller oder einiger Reaktionskräfte stehen auch die Newton-Euler-schen Gleichungen des Gesamtsystems zur Verfügung. Daraus können die rein algebraischen Reaktionsgleichungen (5.107) bei Bedarf gewonnen werden.

```
% new system definition
newSys('Id','DP', 'Name','double pendulum',...
    'Gravity','[0; -g; 0]','frameOfReference','ISYS');

% generalized coordinates
newGenCoord('alpha1','beta1');

newUserVarKonst('l1',1,'b1',0.05,'m1',19.625, ...
    'l2',0.7,'b2',0.04,'m2',8.792,'T1',0,'T2',0);

% body defintions
newBody('Id','P1', ...
        'Name','Pendulum 1', ...
        'RefSys','ISYS', ...
        'RelRot','[0; 0; alpha1]', ...
        'CgPos','[l1/2; 0; 0]', ...
        'Mass','m1', ...
        'Inertia','[m1/12*(2*b1^2) 0 0; 0 m1/12*(l1^2+b1^2) 0; 0 0 m1/12*(l1^2+b1^2)]');
newBody('Id','P2', ...
        'Name','Pendulum 2', ...
        'RefSys','P1', ...
        'RelPos','[l1; 0; 0]', ...
        'RelRot','[0; 0; beta1]', ...
        'CgPos','[l2/2; 0; 0]', ...
        'Mass','m2', ...
        'Inertia','[m2/12*(2*b2^2) 0 0; 0 m2/12*(l2^2+b2^2) 0; 0 0 m2/12*(l2^2+b2^2)]');

% force elements
newForceElem('Id','FELEM_1', ...
                'Name','Force Element Pendulum 1', ...
                'Type','General', ...
                'Ksys1','P1', ...
                'Ksys2','ISYS', ...
                'DirDef','P1', ...
                'ForceLaw','[0; 0; 0; 0; 0; T1]');
newForceElem('Id','FELEM_2', ...
                'Name','Force Element Pendulum 2', ...
                'Type','General', ...
                'Ksys1','P2', ...
                'Ksys2','P1', ...
                'DirDef','P2', ...
                'ForceLaw','[0; 0; 0; 0; 0; T2]');

% create nonlinear equations of motion
calcEqMotNonLin;

% write functions for numerical evaluation
writeMbsNonLin;

% initialize animation
createAnimationWindow;
defineGraphics;      % model-specific!

% set initial conditions and run time integration
sys.par.timeInt.y0 = zeros(sys.dof,1);
sys.par.timeInt.Dy0 = zeros(sys.dof,1);
sys.par.timeInt.y0(1) = 56/180*pi;
sys.par.timeInt.y0(2) = 15/180*pi;
sys.results.timeInt = timeInt(sys.par.timeInt.y0, sys.par.timeInt.Dy0, ...
'Time',[0 10]);
animTimeInt;
```

Bild 5.18: Neweul-M^2 Eingabedatei

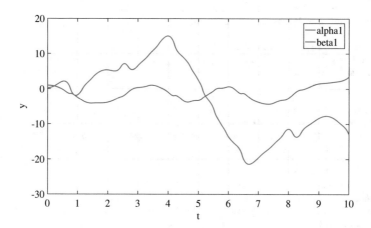

Bild 5.19: Zeitverlauf der verallgemeinerten Koordinaten für das Zweikörperpendel

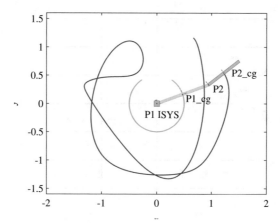

Bild 5.20: Animationsdarstellung Zweikörperpendel

```
Creating New System ... ok!
Generating Nonlinear Equations of Motion ...
Preparations ... ok!
Calculating Relative Kinematic Values  ok!
Calculating Absolute Kinematic Values ...
Inertial System ... ok!
Primary System Pendulum 1 ... ok!
Center of Gravity Pendulum 1 ... ok!
Primary System Pendulum 2 ... ok!
Center of Gravity Pendulum 2 ... ok!
ok!
Creating Global Jacobian Matrix ... ok!
Creating Global Newton Euler Equations ...
Mass Matrix, Gen. Coriolis, Centrifugal and Gyroscopic Forces, Gravitation ...
Pendulum 1 ... ok!
Pendulum 2 ... ok!
Forces of Force Elements ...
Force Element Pendulum 1 ... ok!
Force Element Pendulum 2 ... ok!
Simplifying the Equations of Motion ...
Mass Matrix ... ok!
Local accelerations of frame of reference ... ok!
Coriolis and centrifugal forces ... ok!
Inner elastic forces ... ok!
ok!
Creating Functions for Numerical Evaluation ...
Auxiliary Functions ... ok!
Functions for the Coordinate Systems ... ok!
Functions for the System Dynamics ... ok!
Functions for the Equations of Motion ... ok!
ok!
Initializing the Animation ... ok!
Drawing coordinate systems ... ok!
Creating graphic objects ...
ok!
Animating Simulation results ...
Finding the optimal stepsize for the animation time by calculating
the maximum of the duration of the first 3 timesteps ...
Setting timestepsize to 1.974830e-02 s.
```

Bild 5.21: Neweul-M^2 Protokoll-Datei

```
sys.eqm.k
ans =
 -(Dbeta1*l1*l2*m2*sin(beta1)*(2*Dalpha1 + Dbeta1))/2
                (Dalpha1^2*l1*l2*m2*sin(beta1))/2
sys.eqm.q
ans =
 T1 - (g*l2*m2*cos(alpha1 + beta1))/2 - (g*l1*m1*cos(alpha1))/2 - g*l1*m2*cos(alpha1)
                                T2 - (g*l2*m2*cos(alpha1 + beta1))/2
```

Bild 5.22: Neweul-M^2 Matlab-Ausgabe

5.7.2 Rekursive Formalismen

Bei der numerischen Lösung der Bewegungsgleichungen (5.35) von großen Mehrkörpersystemen in Minimalform erweist sich die Inversion der häufig vollbesetzten Massenmatrix als aufwendig. Deshalb wurden rekursive Verfahren entwickelt, welche diese Inversion vermeiden und damit die numerischen Effizienz steigern, siehe Hollerbach [31], Bae und Haug [3], Haug [29], Brandl, Johanni und Otter [10], Schiehlen [58]. Die Grundlagen der rekursiven Formalismen sollen hier für holonome Mehrkörpersysteme vorgestellt werden.

Eine wichtige Voraussetzung für rekursive Formalismen ist die Ketten- oder Baumtopologie des betrachteten Mehrkörpersystems, Bild 5.23.

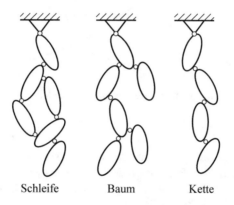

Schleife   Baum   Kette

Bild 5.23: Topologie von Mehrkörpersystemen

Eine Schleifenstruktur ist nicht direkt zugelassen. Treten dennoch Schleifen auf, so werden sie durch Aufschneiden in eine Baumtopologie zurückgeführt und es müssen einige wenige algebraische Schließbedingungen eingehalten werden. Die rekursive Kinematik macht von der Relativbewegung zweier benachbarter Körper und den zugehörigen lokalen Bindungen Gebrauch, Bild 5.24.

Der absolute 6×1-Bewegungswinder $\mathbf{w}_i$ des starren Körper K_i mit dem körperfesten Bezugspunkt O_i setzt sich gemäß (2.86) aus dem 3×1-Geschwindigkeitsvektor $\mathbf{v}_{Oi}$ des Bezugspunkts und dem 3×1-Drehgeschwindigkeitsvektor $\boldsymbol{\omega}_i$ zusammen. Der Bewegungswinder beschreibt eindeutig den Geschwindigkeitszustand des Körpers K_i. Der absolute Bewegungswinder $\mathbf{w}_i$ wird nun auf den absoluten Bewegungswinder $\mathbf{w}_{i-1}$ des Vorgängerkörpers K_{i-1} und die verallgemeinerten Relativgeschwindigkeiten $\dot{\mathbf{y}}_i$ im Gelenk P_{i-1} zwischen beiden Körper bezogen. Dann gilt

$$\underbrace{\begin{bmatrix} \mathbf{v}_{Oi} \\ \boldsymbol{\omega}_i \end{bmatrix}}_{\mathbf{w}_i} = \mathbf{S}_{i,i-1} \cdot \underbrace{\begin{bmatrix} \mathbf{E} & -\tilde{\mathbf{r}}_{Oi-1,Oi} \\ \mathbf{0} & \mathbf{E} \end{bmatrix}}_{\mathbf{C}_i} \cdot \underbrace{\begin{bmatrix} \mathbf{v}_{Oi-1} \\ \boldsymbol{\omega}_{i-1} \end{bmatrix}}_{\mathbf{w}_{i-1}} + \mathbf{S}_{i,i-1} \cdot \underbrace{\begin{bmatrix} \mathbf{J}_{Ti} \\ \mathbf{J}_{Ri} \end{bmatrix}}_{\mathbf{J}_i} \cdot \dot{\mathbf{y}}_i, \qquad (5.166)$$

wobei $\mathbf{S}_{i,i-1}$ eine 6×6-Blockdiagonalmatrix mit zwei Blöcken des relativen 3×3-Drehtensors zwischen den körperfesten Koordinatensystemen i und $i-1$ ist. Die 6×6-Matrix $\mathbf{C}_i$ wird nach (2.255) durch den Ortsvektor zwischen den Punkten O_{i-1} und O_i bestimmt, während die $6 \times f_i$-

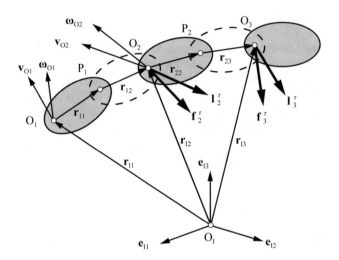

Bild 5.24: Relativbewegung zweier Körper

Matrix $\mathbf{J}_i$ sich aus den relativen Jacobi-Matrizen der Translation und Rotation zusammensetzt. Dabei gilt für die Gesamtzahl der Freiheitsgrade des Systems weiterhin $f = \sum_{i=1}^{p} f_i$, siehe auch (2.197). Nach den Regeln der Relativbewegung gemäß Abschnitt 2.4 bleibt für die absolute Beschleunigung entsprechend (2.257) und (2.258)

$$\mathbf{b}_i = \mathbf{C}_i \cdot \mathbf{b}_{i-1} + \mathbf{J}_i \cdot \ddot{\mathbf{y}}_i + \boldsymbol{\beta}_i(\dot{\mathbf{y}}_i, \mathbf{w}_{i-1}), \tag{5.167}$$

wobei die 6×1-Vektoren $\mathbf{b}_i$ bzw. $\mathbf{b}_{i-1}$ die Translations- und Rotationsbeschleunigungen zusammenfassen, während die restlichen, von den Geschwindigkeiten abhängigen Terme im 6×1-Vektor $\boldsymbol{\beta}_i$ zu finden sind. Für das gesamte Mehrkörpersystem lässt sich die absolute Beschleunigung mit den $6p \times 1$-Vektoren $\mathbf{b}$ und $\boldsymbol{\beta}$ sowie den $6p \times 6p$-Matrizen $\mathbf{C}$ und $\mathbf{J}$ angeben,

$$\mathbf{b} = \mathbf{C} \cdot \mathbf{b} + \mathbf{J} \cdot \ddot{\mathbf{y}} + \boldsymbol{\beta}. \tag{5.168}$$

Dabei ist die Geometriematrix $\mathbf{C}$ eine untere Blocknebendiagonalmatrix, während die Jacobi-Matrix $\mathbf{J}$ Diagonalgestalt hat

$$\mathbf{C} = \begin{bmatrix} \mathbf{0} & \mathbf{0} & \mathbf{0} & \cdots & \mathbf{0} \\ \mathbf{C}_2 & \mathbf{0} & \mathbf{0} & \cdots & \mathbf{0} \\ \mathbf{0} & \mathbf{C}_3 & \mathbf{0} & \cdots & \mathbf{0} \\ \vdots & \vdots & \ddots & \ddots & \vdots \\ \mathbf{0} & \mathbf{0} & \mathbf{0} & \mathbf{C}_p & \mathbf{0} \end{bmatrix}, \quad \mathbf{J} = \begin{bmatrix} \mathbf{J}_1 & \mathbf{0} & \mathbf{0} & \cdots & \mathbf{0} \\ \mathbf{0} & \mathbf{J}_2 & \mathbf{0} & \cdots & \mathbf{0} \\ \mathbf{0} & \mathbf{0} & \mathbf{J}_3 & \cdots & \mathbf{0} \\ \vdots & \vdots & \ddots & \ddots & \vdots \\ \mathbf{0} & \mathbf{0} & \mathbf{0} & \mathbf{0} & \mathbf{J}_p \end{bmatrix}. \tag{5.169}$$

Aus (5.168) erhält man die nichtrekursive Form der Absolutbeschleunigung

$$\mathbf{b} = (\mathbf{E} - \mathbf{C})^{-1} \cdot \mathbf{J} \cdot \ddot{\mathbf{y}} + \overline{\boldsymbol{\beta}}, \tag{5.170}$$

wobei wiederum die globale $6p \times f$-Jacobi-Matrix $\overline{\mathbf{J}}$, siehe auch (5.21), auftritt

$$\overline{\mathbf{J}} = (\mathbf{E} - \mathbf{C})^{-1} \cdot \mathbf{J} = \begin{bmatrix} \mathbf{J}_1 & \mathbf{0} & \mathbf{0} & \cdots & \mathbf{0} \\ \mathbf{C}_2 \cdot \mathbf{J}_1 & \mathbf{J}_2 & \mathbf{0} & \cdots & \mathbf{0} \\ \mathbf{C}_3 \cdot \mathbf{C}_2 \cdot \mathbf{J}_1 & \mathbf{C}_3 \cdot \mathbf{J}_2 & \mathbf{J}_3 & \cdots & \mathbf{0} \\ \vdots & \vdots & \ddots & \ddots & \vdots \\ * & * & * & \cdots & \mathbf{J}_p \end{bmatrix}. \tag{5.171}$$

Durch die Kettentopologie des Mehrkörpersystems ist die globale Jacobi-Matrix $\overline{\mathbf{J}}$ eine untere Dreiecksmatrix.

Die Newtonsche Gleichung und die Eulersche Gleichung werden für den Körper K_i im körperfesten Koordinatensystem mit dem Knotenpunkt O_i angeschrieben, wobei der absolute Beschleunigungswinder $\mathbf{b}_i$ und der Kraftwinder $\mathbf{q}_i$ der äußeren Kräfte und Momente verwendet werden,

$$\underbrace{\begin{bmatrix} m_i \mathbf{E} & m_i \tilde{\mathbf{r}}_{OiCi}^T \\ m_i \tilde{\mathbf{r}}_{OiCi} & \mathbf{I}_{Oi} \end{bmatrix}}_{\mathbf{M}_i \,=\, const.} \cdot \underbrace{\begin{bmatrix} \mathbf{a}_{Oi} \\ \boldsymbol{\alpha}_{Oi} \end{bmatrix}}_{\mathbf{b}_i} + \underbrace{\begin{bmatrix} m_i \tilde{\boldsymbol{\omega}}_i \cdot \tilde{\boldsymbol{\omega}}_i \cdot \mathbf{r}_{OiCi} \\ \tilde{\boldsymbol{\omega}}_i \cdot \mathbf{I}_{Oi} \cdot \boldsymbol{\omega}_i \end{bmatrix}}_{\mathbf{k}_i} = \underbrace{\begin{bmatrix} \mathbf{f}_i \\ \mathbf{l}_{Oi} \end{bmatrix}}_{\mathbf{q}_i}. \tag{5.172}$$

Dabei ist die 6×6-Massenmatrix $\mathbf{M}_i$ konstant. Der Kraftwinder $\mathbf{q}_i$ wird nun in einen eingeprägten Kraftwinder und einen Kraftwinder der Reaktionen aufgeteilt, wobei der Letztere durch die Reaktionen in den Gelenken O_i und O_{i+1} bestimmt wird

$$\mathbf{q}_i = \mathbf{q}_i^e + \mathbf{q}_i^r, \qquad \mathbf{q}_i^r = \mathbf{Q}_i \cdot \mathbf{g}_i - \mathbf{C}_{i+1}^T \cdot \mathbf{Q}_{i+1} \cdot \mathbf{g}_{i+1}. \tag{5.173}$$

Weiterhin sind $\mathbf{Q}_i$ bzw. $\mathbf{Q}_{i+1}$ die $6 \times q_i$-Verteilungsmatrizen in den entsprechenden Gelenken, während die transponierte Geometriematrix $\mathbf{C}_{i+1}^T$ die Transformation des Kraftwinders $\mathbf{q}_{i+1}^{(r)}$ nach O_i übernimmt und das Gegenwirkungsgesetz Anwendung findet. Dabei gilt für die Gesamtzahl der Bindungen des Systems weiterhin $q = \sum_{i=1}^{p} q_i$, siehe auch (2.197). Damit stehen $18p$ globale Gleichungen nach (5.170), (5.172) und (5.173) für das gesamte Mehrkörpersystem zur Verfügung

$$\mathbf{b} = \overline{\mathbf{J}} \cdot \ddot{\mathbf{y}} + \overline{\boldsymbol{\beta}}, \tag{5.174}$$

$$\overline{\overline{\mathbf{M}}} \cdot \mathbf{b} + \overline{\mathbf{k}} = \mathbf{q}^{(e)} + \mathbf{q}^{(r)}, \tag{5.175}$$

$$\mathbf{q}^{(r)} = (\mathbf{E} - \mathbf{C})^T \cdot \mathbf{Q} \cdot \mathbf{g} = \overline{\overline{\mathbf{Q}}} \cdot \mathbf{g} \tag{5.176}$$

mit den $18p$ Unbekannten in den Vektoren $\mathbf{b}$, $\mathbf{y}$, $\mathbf{q}^{(r)}$, $\mathbf{g}$. Weiterhin tritt die globale dünn besetzte Verteilungsmatrix $\overline{\mathbf{Q}}$ auf, welche nur Blöcke auf der Diagonale und der oberen Nebendiagonale aufweist

$$\overline{\mathbf{Q}} = \begin{bmatrix} \mathbf{Q}_1 & -\mathbf{C}_2 \cdot \mathbf{Q}_2 & \mathbf{0} & \cdots & \mathbf{0} \\ \mathbf{0} & \mathbf{Q}_2 & -\mathbf{C}_3 \cdot \mathbf{Q}_3 & \cdots & \mathbf{0} \\ \mathbf{0} & \mathbf{0} & \mathbf{Q}_3 & \cdots & \mathbf{0} \\ \vdots & \vdots & \ddots & \ddots & \vdots \\ \mathbf{0} & \mathbf{0} & \mathbf{0} & \mathbf{0} & \mathbf{Q}_p \end{bmatrix}. \tag{5.177}$$

Setzt man nun (5.174) und (5.176) in (5.175) ein und wendet man die Orthogonalitätbeziehung $\bar{\mathbf{J}}^T \cdot \bar{\mathbf{Q}} = \mathbf{0}$ nach (4.16) an, so erhält man die Bewegungsgleichungen in der bekannten Minimalform (5.35). Die $f \times f$-Massenmatrix ist allerdings voll besetzt,

$$
\mathbf{M} = \begin{bmatrix}
\mathbf{J}_1^T \cdot (\mathbf{M}_1 + \mathbf{C}_2^T \cdot (\mathbf{M}_2 + \\ +\mathbf{C}_3^T \cdot \mathbf{M}_3 \cdot \mathbf{C}_3) \cdot \mathbf{C}_2) \cdot \mathbf{J}_1 & \mathbf{J}_1^T \cdot \mathbf{C}_2^T (\mathbf{M}_2 + \mathbf{C}_3^T \cdot \mathbf{M}_3 \cdot \mathbf{C}_3) \cdot \mathbf{J}_2 & \mathbf{J}_1^T \cdot \mathbf{C}_2^T \cdot \mathbf{C}_3^T \cdot \mathbf{M}_3 \cdot \mathbf{J}_3 \\[2ex]
\mathbf{J}_2^T \cdot (\mathbf{M}_2 + \\ +\mathbf{C}_3^T \cdot \mathbf{M}_3 \cdot \mathbf{C}_3) \cdot \mathbf{C}_2 \cdot \mathbf{J}_1 & \mathbf{J}_2^T \cdot (\mathbf{M}_2 + \mathbf{C}_3^T \cdot \mathbf{M}_3 \cdot \mathbf{C}_3) \cdot \mathbf{J}_2 & \mathbf{J}_2^T \cdot \mathbf{C}_3^T \cdot \mathbf{M}_3 \cdot \mathbf{J}_3 \\[2ex]
\mathbf{J}_3^T \cdot \mathbf{M}_3 \cdot \mathbf{C}_3 \cdot \mathbf{C}_2 \cdot \mathbf{J}_1 & \mathbf{J}_3^T \cdot \mathbf{M}_3 \cdot \mathbf{C}_3 \cdot \mathbf{J}_2 & \mathbf{J}_3^T \cdot \mathbf{M}_3 \cdot \mathbf{J}_3
\end{bmatrix}, \quad (5.178)
$$

und der $f \times 1$-Vektor $\mathbf{k}$ der Kreisel- und Coriolis-Kräfte hängt nicht nur von den verallgemeinerten Koordinaten, sondern auch von den absoluten Geschwindigkeiten mit dem globalen Bewegungswinder $\mathbf{w}$ ab

$$
\mathbf{k} = \mathbf{k}(\mathbf{y}, \dot{\mathbf{y}}, \mathbf{w}). \tag{5.179}
$$

Die Massenmatrix (5.178) weist auf Grund der Kettentopologie des Mehrkörpersystems eine charakteristische Bauform auf, die mit einer Gauß-Transformation, siehe z. B. Bronstein et al. [12] und einer Rekursionsformel direkt ausgewertet werden kann.

Damit ergeben sich drei Schritte, um die verallgemeinerten Beschleunigungen $\ddot{\mathbf{y}}$ zu bestimmen, welche bei der Integration der Bewegungsgleichungen benötigt werden.

Schritt 1: Vorwärtsrekursion zur Bestimmung der absoluten Bewegung beginnend mit dem Grundkörper $i = 1$. Die Bewegung des nicht zum System gehörenden Körpers $i = 0$ muss bekannt sein. Häufig dient das Inertialsystem als Körper $i = 0$, so dass dessen absolute Beschleunigung verschwindet.

Schritt 2: Rückwärtsrekursion beginnend mit dem Endkörper $i = p$ mit einer Gauß-Transformation. Als Ergebnis dieses Schrittes bleiben die Bewegungsgleichungen

$$
\hat{\mathbf{M}} \cdot \ddot{\mathbf{y}} + \hat{\mathbf{k}} = \hat{\mathbf{q}} \tag{5.180}
$$

wobei die $f \times f$-Massenmatrix $\hat{\mathbf{M}}$ eine untere Dreiecksmatrix ist

$$
\hat{\mathbf{M}} = \begin{bmatrix}
\mathbf{J}_1^T \cdot \tilde{\mathbf{M}}_1 \cdot \mathbf{J}_1 & \mathbf{0} & \mathbf{0} \\
\mathbf{J}_2^T \cdot \tilde{\mathbf{M}}_2 \cdot \mathbf{C}_2 \cdot \mathbf{J}_1 & \mathbf{J}_2^T \cdot \tilde{\mathbf{M}}_2 \cdot \mathbf{J}_2 & \mathbf{0} \\
\mathbf{J}_3^T \cdot \tilde{\mathbf{M}}_3 \cdot \mathbf{C}_3 \cdot \mathbf{C}_2 \cdot \mathbf{J}_1 & \mathbf{J}_3^T \cdot \tilde{\mathbf{M}}_3 \cdot \mathbf{C}_3 \cdot \mathbf{J}_2 & \mathbf{J}_3^T \cdot \tilde{\mathbf{M}}_3 \cdot \mathbf{J}_3
\end{bmatrix} \tag{5.181}
$$

Die Blöcke in (5.181) erhält man aus der $f_i \times f_i$-Rückwärts-Rekursionsformel

$$
\tilde{\mathbf{M}}_{i-1} = \mathbf{M}_{i-1} + \mathbf{C}_i^T \cdot (\tilde{\mathbf{M}}_i - \tilde{\mathbf{M}}_i \cdot \mathbf{J}_i \cdot (\mathbf{J}_i^T \cdot \tilde{\mathbf{M}}_i \cdot \mathbf{J}_i)^{-1} \cdot \mathbf{J}_i^T \cdot \tilde{\mathbf{M}}_i) \cdot \mathbf{C}_i \tag{5.182}
$$

where

$$
\tilde{\mathbf{M}}_3 = \mathbf{M}_3 \qquad i = 3, 2. \tag{5.183}
$$

Da für ein Mehrkörpersystem mit Kettenstruktur in Abhängigkeit von der lokalen Bindung $f_i \leq 5$ gilt, sind nur kleine Matrizen zu invertieren.

Schritt 3: Vorwärtsrekursion zur Bestimmung der verallgemeinerten Beschleunigungen $\ddot{y}$ beginnend mit $i = 1$.

Bei Bedarf lassen sich ohne zusätzlichen Rechnenaufwand auch die verallgemeinerten Zwangskräfte angeben. Es ist offensichtlich, dass ein rekursiver Algorithmus einen zusätzlichen numerischen Aufwand bedingt. Deshalb bringt die Rekursion erst bei mehr als 8-10 Körpern eine echte Effizienzsteigerung gegenüber der direkten Matrizeninversion. Es sind auch Erweiterungen für Schleifentopologien vorgeschlagen worden, siehe Bae und Haug [3] oder Saha und Schiehlen [56]. Wegen der möglichen Effizienzsteigerung haben die rekursiven Formalismen auch Eingang in kommerzielle Programme gefunden.

6 Finite-Elemente-Systeme

Ein Finite-Elemente-System erhält man anschaulich durch die Zerlegung eines nichtstarren Kontinuums in geometrisch einfache Teilkörper, die an diskreten Knotenpunkten miteinander verbunden sind. Das Materialgesetz, wie z. B. das linearelastische Hookesche Materialgesetz, führt dann auf innere Kräfte und Momente, die in der Steifigkeitsmatrix eines einzelnen finiten Elements ihren Niederschlag finden. Die Knotenpunkte der Elemente sind durch holonome Bindungen miteinander verknüpft, darüber hinaus können an den Knotenpunkten äußere Kräfte und Momente angreifen. Viele Details zur Finite-Elemente-Methode sind z. B. in Zienkiewicz, Taylor [77], Chapelle und Bathe [15], Knothe und Wessels [33] oder Wriggers [76] zu finden.

Die globalen Bewegungsgleichungen des Gesamtsystems werden durch einen Zusammenbauprozess aus den lokalen Bewegungsgleichungen der finiten Elemente gewonnen. Es werden deshalb zuerst die lokalen Bewegungsgleichungen betrachtet. Dabei ist es in diesem Buch nicht möglich oder erwünscht, die große Vielfalt heute eingeführter finiter Elemente im Einzelnen darzustellen. Vielmehr sollen die Grundgedanken für das Tetraederelement aufgezeigt und am Beispiel des Balkenelements im Einzelnen erläutert werden. Das räumliche Balkenelement schließt als Sonderfälle den Zug-Druck-Stab, den Torsionsstab und den ebenen Balken mit ein. Das d'Alembertsche Prinzip wird sowohl zur Bestimmung der lokalen Bewegungsgleichungen als auch zur Aufstellung der globalen Systemgleichungen herangezogen. Dabei werden kleine Verformungen vorausgesetzt, wie dies in der linearisierten Strukturdynamik üblich ist.

Ein Balkensystem ist ein aus starren Teilkörpern und finiten Balkenelementen aufgebautes Ersatzsystem. Infolge der großen Starrkörperbewegungen führen dann auch die finiten Balkenelemente große Bewegungen bei häufig kleinen Deformationen aus. Es müssen deshalb zusätzlich die Gesetze der Relativbewegung berücksichtigt werden. Abschließend werden noch einige Hinweise zur Festigkeitsberechnung für Finite-Elemente-Systeme gegeben.

6.1 Lokale Bewegungsgleichungen

Die lokalen Bewegungsgleichungen eines Finite-Elemente-Systems gelten für einzelne, freie Elemente, die keinen äußeren Bindungen unterliegen. Ohne Einschränkung der Allgemeinheit genügt es deshalb, ein beliebiges finites Element K zu betrachten. Zur Aufstellung der lokalen Bewegungsgleichungen wird die Impulsbilanz (3.63) mit dem durch das Hookesche Gesetz gegebenen Spannungstensor und den in den Knotenpunkten wirkenden Einzelkräften herangezogen. Die Impulsbilanz (3.63) kann aber trotzdem nicht ausgewertet werden, da die Deformation im elastischen Element K unbekannt ist.

Zur Lösung des Problems wird das finite Element nun inneren Bindungen durch die Einführung von Ansatzfunktionen unterworfen. Diese zunächst sehr willkürlich erscheinende Voraussetzung hat sich in der Mechanik aber seit Jahrhunderten bewährt. So stellt z. B. die bekannte Bernoullische Hypothese der Balkenbiegung auch eine innere Bindung dar: die Balkenquerschnitte sollen eben und senkrecht zur Balkenachse bleiben. Einfache, aber bereits sehr wirkungsvolle innere Bindungen erhält man durch die Voraussetzung einer konstanten Dehnung, was einer linearen

Ansatzfunktion entspricht. Die lokalen Bewegungsgleichungen sollen nun für ein Tetraederele-ment und ein räumliches Balkenelement vorgestellt werden.

6.1.1 Tetraederelement

Nach Bild 6.1 gilt für die aktuelle Konfiguration $K(t)$ eines Tetraederelements

$$\mathbf{r}(\boldsymbol{\rho},t) = \boldsymbol{\rho} + \mathbf{C}(\boldsymbol{\rho}) \cdot \mathbf{x}(t) \tag{6.1}$$

mit dem 12×1-Lagevektor

$$\mathbf{x}(t) = \begin{bmatrix} \mathbf{w}_1 & \mathbf{w}_2 & \mathbf{w}_3 & \mathbf{w}_4 \end{bmatrix} \tag{6.2}$$

und der 3×12-Jacobi-Matrix

$$\mathbf{J}(\boldsymbol{\rho}) = \mathbf{C}(\boldsymbol{\rho}), \tag{6.3}$$

welche der Matrix der Ansatzfunktionen entspricht. Das Tetraederelement hat also $e = 12$ Frei-heitsgrade. Aus (6.1) erhält man für die Beschleunigung

$$\mathbf{a}(\boldsymbol{\rho},t) = \mathbf{C}(\boldsymbol{\rho}) \cdot \ddot{\mathbf{x}}(t) \tag{6.4}$$

und die virtuellen Größen lauten

$$\delta\mathbf{r} = \mathbf{C} \cdot \delta\mathbf{x}, \tag{6.5}$$

$$\delta\mathbf{e} = \mathbf{B} \cdot \delta\mathbf{x} = \mathcal{V} \cdot \mathbf{A} \cdot \delta\mathbf{x}. \tag{6.6}$$

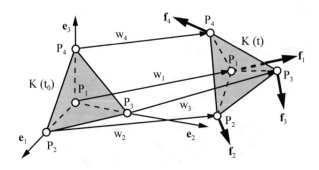

Bild 6.1: Finites Tetraederelement

Berücksichtigt man noch das Hookesche Materialgesetz (3.68), so folgen mit dem d'Alembert-schen Prinzip (4.31) die lokalen Bewegungsgleichungen in der Form

$$\mathbf{M} \cdot \ddot{\mathbf{x}}(t) + \mathbf{K} \cdot \mathbf{x}(t) = \mathbf{q}(t). \tag{6.7}$$

Dabei ist

$$\mathbf{M} = \rho \int_V \mathbf{C}^T \cdot \mathbf{C} \, dV \tag{6.8}$$

die zeitinvariante 12×12-Massenmatrix,

$$\mathbf{K} = \int_V \mathbf{B}^T \cdot \mathbf{H} \cdot \mathbf{B} \, dV \tag{6.9}$$

die ebenfalls zeitinvariante 12×12-Steifigkeitsmatrix und im 12×1-Vektor $\mathbf{q}(t)$ sind die eingeprägten Volumen- und Oberflächenkräfte zusammengefasst

$$\mathbf{q}(t) = \rho \int_V \mathbf{C}^T \cdot \mathbf{f} \, dV + \int_A \mathbf{C}^T \cdot \mathbf{t}^e \, dA. \tag{6.10}$$

Dabei umfassen die eingeprägten Oberflächenkräfte die in den vier Knotenpunkten wirkenden oder auf diese projizierten verallgemeinerten Kräfte

$$\int_A \mathbf{C}^T \cdot \mathbf{t}^e \, dA = \begin{bmatrix} \mathbf{f}_1 & \mathbf{f}_2 & \mathbf{f}_3 & \mathbf{f}_4 \end{bmatrix}, \tag{6.11}$$

die in Bild 6.1 eingetragen sind. Die Elemente der Matrizen und Vektoren sollen hier nicht angegeben werden, sie können in der Literatur nachgelesen werden, z. B. in [15]. Die häufig verwendeten linearen Ansatzfunktionen $\mathbf{C} = \mathbf{D} + \mathbf{E} \cdot \boldsymbol{\rho}$ entsprechen den inneren Bindungen einer konstanten Dehnung im ganzen Tetraederelement.

6.1.2 Räumliches Balkenelement

Wegen seiner großen technischen Bedeutung wird nun das räumliche Balkenelement, Bild 6.2, ausführlicher behandelt. In der technischen Biegelehre wird zunächst vorausgesetzt, dass die Querschnitte eines Balkens eben und senkrecht zur Balkenachse bleiben. Dies führt auf die inneren Bindungen eines kontinuierlichen Balkens, welche die folgende Gestalt haben

$$\mathbf{r}(\boldsymbol{\rho},t) = \begin{bmatrix} \rho_1 + u(\rho_1,t) + \beta(\rho_1,t)\rho_3 - \gamma(\rho_1,t)\rho_2 \\ \rho_2 + v(\rho_1,t) - \alpha(\rho_1,t)\rho_3 \\ \rho_3 + w(\rho_1,t) + \alpha(\rho_1,t)\rho_2 \end{bmatrix}. \tag{6.12}$$

Dabei kennzeichnen u, v und w die Verschiebungskoordinaten der Balkenachse $\boldsymbol{\rho} = [\rho_1 \ \ 0 \ \ 0]$ und α, β und γ stellen die Drehungen der Balkenquerschnitte dar. Wegen der Orthogonalität von Balkenachse und Querschnitt gilt weiterhin

$$\beta = -\frac{\partial w}{\partial \rho_1} = -w', \qquad \gamma = \frac{\partial v}{\partial \rho_1} = v'. \tag{6.13}$$

Man bezeichnet u auch als die Längsverschiebung infolge einer Zug-Druckbelastung, v und w

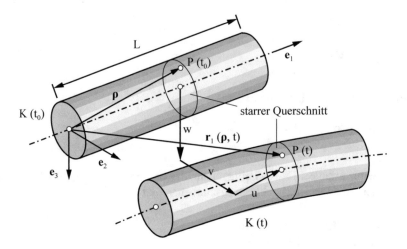

Bild 6.2: Räumliches Balkenelement

beschreiben die Durchbiegung und α stellt den Torsionswinkel dar.

Jeder Querschnitt des Balkens wird also durch einen Punkt auf der Balkenachse mit der Koordinate ρ_1 beschrieben und hat sechs Freiheitsgrade. Die Balkenachse ist andererseits ein eindimensionales Kontinuum mit $a \to \infty$ Freiheitsgraden. Damit folgt, dass der kontinuierliche Balken nach (6.12) insgesamt $f = 6a$ mit $a \to \infty$ Freiheitsgrade aufweist. Der Balken kann deshalb auch als eindimensionales polares Kontinuum aufgefasst werden. Da die Theorie polarer Kontinua nicht eingeführt wurde, wird hier nur die Behandlung des Balkens als nichtpolares Kontinuum mit inneren Bindungen fortgeführt.

Das finite Balkenelement erhält man aus (6.12) durch die zusätzliche Einführung innerer Bindungen. Dabei ist für die Längsverschiebung und die Torsion ein linearer Ansatz möglich, wie er sich z. B. auch bei der Lösung des elastostatischen Problems ergibt. Aus

$$u(\rho_1, t) = c_1(t) + \rho_1 c_2(t) \tag{6.14}$$

folgt nach der Anpassung der Randbedingungen an den Balkenenden,

$$u(0, t) = u_l(t) = c_1(t), \tag{6.15}$$
$$u(L, t) = u_r(t) = c_1(t) + Lc_2(t), \tag{6.16}$$

und der mNormierung der Koordinate ρ_1 die Ansatzfunktion

$$u(x, t) = \begin{bmatrix} (1-x) & x \end{bmatrix} \cdot \begin{bmatrix} u_l(t) & u_r(t) \end{bmatrix}, \qquad x = \frac{\rho_1}{L}. \tag{6.17}$$

Ebenso erhält man

$$\alpha(x, t) = \begin{bmatrix} (1-x) & x \end{bmatrix} \cdot \begin{bmatrix} \alpha_l(t) & \alpha_r(t) \end{bmatrix}, \qquad x = \frac{\rho_1}{L}. \tag{6.18}$$

Für die Durchbiegungen ist dagegen aufgrund der Randbedingungen mindestens ein kubischer

Ansatz erforderlich, da nach (6.13) die Drehungen β, γ mit den Durchbiegungen w, v verknüpft sind, und es sind vier Randbedingungen zu erfüllen. So findet man mit dem Ansatz

$$v(\rho_1, t) = c_1(t) + \rho_1 c_2(t) + \rho_1^2 c_3(t) + \rho_1^3 c_4(t) \tag{6.19}$$

nach Anpassung an die Randbedingungen und Normierung der Koordinate ρ_1 die Ansatzfunktion

$$v(x, t) = \begin{bmatrix} (1-x)^2(1+2x) \\ x(1-x)^2 L \\ x^2(3-2x) \\ -x^2(1-x)L \end{bmatrix} \cdot \begin{bmatrix} v_l(t) \\ \gamma_l(t) \\ v_r(t) \\ \gamma_r(t) \end{bmatrix}, \qquad x = \frac{\rho_1}{L}. \tag{6.20}$$

Entsprechende Ausdrücke erhält man auch für $w(x, t)$, wobei die Vorzeichen der mit L multiplizierten Elemente zu vertauschen sind weil $w' = -\beta$ ist.

Das finite Balkenelement hat also 12 Freiheitsgrade, die den Starrkörperbewegungen der Querschnitte am linken und rechten Balkenende entsprechen. Da jedoch (6.17), (6.18) und (6.20) entkoppelt sind, können die Elementmatrizen für die einzelnen Belastungsfälle unabhängig voneinander bestimmt werden.

Aus (6.12) und (6.17) folgt zunächst die Jacobi-Matrix für die Längsverschiebung des finiten Balkenelements

$$\mathbf{C}(x) = \begin{bmatrix} 1-x & x \\ 0 & 0 \\ 0 & 0 \end{bmatrix}. \tag{6.21}$$

Die Massenmatrix für die Balkenlängsverschiebung lautet damit nach (6.8)

$$\mathbf{M} = \rho A L \int\limits_0^1 \begin{bmatrix} (1-x)^2 & (1-x)x \\ (1-x)x & x^2 \end{bmatrix} dx. \tag{6.22}$$

Nach Auswertung der Integrale bleibt für die Massenmatrix

$$\mathbf{M} = \frac{\rho A L}{6} \begin{bmatrix} 2 & 1 \\ 1 & 2 \end{bmatrix}. \tag{6.23}$$

Dabei ist A die konstante Querschnittsfläche des Balkens mit der Masse $m = \rho A L$.

Zur Berechnung der Steifigkeitsmatrix werden zunächst die Dehnung und die Spannung ermittelt. Aus (6.17) folgt der eindimensionale Verzerrungszustand zu

$$\mathbf{e}(t) = \begin{bmatrix} -\frac{1}{L} & \frac{1}{L} \\ 0 & 0 \\ 0 & 0 \\ 0 & 0 \\ 0 & 0 \\ 0 & 0 \end{bmatrix} \cdot \begin{bmatrix} u_l(t) \\ u_r(t) \end{bmatrix}, \tag{6.24}$$

der mit dem Hookeschen Gesetz (3.68) auf einen dreidimensionalen Spannungszustand führt,

$$\boldsymbol{\sigma} = \frac{E}{(1-v)(1-2v)} \begin{bmatrix} -\dfrac{1-v}{L} & \dfrac{1-v}{L} \\ -\dfrac{v}{L} & \dfrac{v}{L} \\ -\dfrac{v}{L} & \dfrac{v}{L} \\ 0 & 0 \\ 0 & 0 \\ 0 & 0 \end{bmatrix}, \tag{6.25}$$

was der Erfahrung widerspricht. Man erkennt, dass lediglich für verschwindende Querdehnungen, $v = 0$, ein eindimensionaler Spannungszustand vorliegt. Die Ursache dieses Widerspruchs liegt darin begründet, dass in (6.12) nicht nur ebene, sondern auch starre Querschnitte vorausgesetzt werden. Beim freien Balkenelement kann nun der Widerspruch dadurch behoben werden, dass in (6.12) zusätzliche Terme eingeführt werden, die den Einfluss der Querdehnung berücksichtigen. Dann ergibt sich ein dreidimensionaler Verzerrungszustand und ein eindimensionaler Spannungszustand. Allerdings kann dann das Balkenelement nicht mehr über die ganze Querschnittsfläche mit einem starren Körper verbunden werden, da dann die geometrischen Randbedingungen verletzt sind. Eine vollständige Lösung dieses Dilemmas lässt sich nur durch eine genauere Modellierung des Übergangs zwischen einem starren Körper und dem Balken, z. B. durch räumliche Tetraederelemente, finden. Für die ingenieurwissenschaftliche Praxis kann man sich entweder durch ein radialverschiebliches Lager zwischen Balken und Starrkörper oder durch ein anisotropes Materialgesetz behelfen. Beide Varianten führen zu einem mit der Erfahrung verträglichen Ergebnis (Prinzip von Saint Venant). In der Literatur wird in der Regel das anisotrope Materialgesetz verwendet. Es vereinfacht die Berechnung der Elementmatrizen und wird deshalb auch hier herangezogen.

An die Stelle der Matrix (3.69) des Hookeschen Materialgesetzes tritt beim Balken somit die Beziehung

$$\mathbf{H} = \begin{bmatrix} 1+v & 0 & 0 & | & & & \\ 0 & 1+v & 0 & | & & \mathbf{0} & \\ 0 & 0 & 1+v & | & & & \\ -- & -- & -- & | & -- & -- & -- \\ & & & | & \frac{1}{2} & 0 & 0 \\ & \mathbf{0} & & | & 0 & \frac{1}{2} & 0 \\ & & & | & 0 & 0 & \frac{1}{2} \end{bmatrix} \frac{E}{1+v}. \tag{6.26}$$

Damit lautet die Steifigkeitsmatrix für die Balkenlängsverschiebung nach (6.9)

$$\mathbf{K} = \frac{AE}{L} \int_0^1 \begin{bmatrix} 1 & -1 \\ -1 & 1 \end{bmatrix} dx. \tag{6.27}$$

Ausgewertet bleibt für die Steifigkeitsmatrix

$$\mathbf{K} = \frac{AE}{L} \begin{bmatrix} 1 & -1 \\ -1 & 1 \end{bmatrix}. \tag{6.28}$$

Setzt man weiterhin eine konstante Massenkraftdichte $\mathbf{f} = [n \quad 0 \quad 0]$ mit der konstanten spezifischen Längsbelastung n voraus, so gilt für die verallgemeinerten Kräfte

$$\mathbf{q}(t) = \rho AL \int_0^1 \begin{bmatrix} 1-x & 0 & 0 \\ x & 0 & 0 \end{bmatrix} \cdot \begin{bmatrix} n \\ 0 \\ 0 \end{bmatrix} dx + \int_{A_\ell} \begin{bmatrix} 1 \\ 0 \end{bmatrix} t_1^e dA + \int_{A_r} \begin{bmatrix} 0 \\ 1 \end{bmatrix} t_1^e dA$$

$$= \frac{\rho ALn}{2} \begin{bmatrix} 1 \\ 1 \end{bmatrix} + \begin{bmatrix} N_l(t) \\ N_r(t) \end{bmatrix}. \tag{6.29}$$

Dabei sind $N_{l,r}$ die Normalkräfte, die auf die Normalspannungen am linken und rechten Balkenende zurückgehen.

Aus (6.12) und (6.18) findet man die Jacobi-Matrix für die Torsion des finiten Balkenelements

$$\mathbf{C}(x, \rho_2, \rho_3) = \begin{bmatrix} 0 & 0 \\ -(1-x)\rho_3 & -x\rho_3 \\ (1-x)\rho_2 & x\rho_2 \end{bmatrix}. \tag{6.30}$$

Die Massenmatrix (6.8) hat für die Torsion die Form

$$\mathbf{M} = \rho L \int_0^1 \int_A \begin{bmatrix} (1-x)^2 & (1-x)x \\ (1-x)x & x^2 \end{bmatrix} (\rho_2^2 + \rho_3^2) dA = \frac{\rho L J_P}{6} \begin{bmatrix} 2 & 1 \\ 1 & 2 \end{bmatrix}, \tag{6.31}$$

wobei das polare Flächenträgheitsmoment J_P auftritt. Weiterhin gilt für die Steifigkeitsmatrix der Torsion nach (6.9) mit (6.6), (6.26) und (6.30)

$$\mathbf{K} = \frac{E}{2(1+v)L} \int_0^1 \int_A \begin{bmatrix} 1 & -1 \\ -1 & 1 \end{bmatrix} (\rho_2^2 + \rho_3^2) dA = \frac{GJ_P}{L} \begin{bmatrix} 1 & -1 \\ -1 & 1 \end{bmatrix}, \tag{6.32}$$

wobei der Schubmodul $G = E/2(1+v)$ verwendet wird.

Als verallgemeinerte Kräfte bleiben die Momente $M_{Tl,r}$ der Schubspannungen in den Querschnitten am linken und rechten Ende

$$\mathbf{q}(t) = \int_{A_l} \begin{bmatrix} 0 & \rho_3 & -\rho_2 \\ 0 & 0 & 0 \end{bmatrix} \cdot \begin{bmatrix} t_{1l}^e \\ t_{2l}^e \\ t_{3l}^e \end{bmatrix} dA$$

$$+ \int_{A_r} \begin{bmatrix} 0 & 0 & 0 \\ 0 & \rho_3 & -\rho_2 \end{bmatrix} \cdot \begin{bmatrix} t_{1r}^e \\ t_{2r}^e \\ t_{3r}^e \end{bmatrix} dA = \begin{bmatrix} M_{Tl}(t) \\ M_{Tr}(t) \end{bmatrix}. \tag{6.33}$$

Aus (6.12), (6.13) und (6.20) findet man für die Jacobi-Matrix der Durchbiegung v und die Drehung γ des finiten Balkenelements

$$\mathbf{C}(x,\rho_2) = \begin{bmatrix} 6x(1-x)\rho_2 & -(1-4x+3x^2) & -6x(1-x)\frac{\rho_2}{L} & x(2-3x)\rho_2 \\ (1-x)^2(1+2x) & x(1-x)^2L & x^2(3-2x) & -x^2(1-x)L \\ 0 & 0 & 0 & 0 \end{bmatrix}. \quad (6.34)$$

Damit lassen sich, wie oben gezeigt, die Massen- und Steifigkeitsmatrix berechnen. Man erhält nach einigen Zwischenrechnungen schließlich für die Massenmatrix der Durchbiegung

$$\mathbf{M} = \frac{\rho AL}{420} \begin{bmatrix} 156 & 22L & 54 & -13L \\ 22L & 4L^2 & 13L & -3L^2 \\ 54 & 13L & 156 & -22L \\ -13L & -3L^2 & -22L & 4L^2 \end{bmatrix} + \frac{\rho J_3}{30L} \begin{bmatrix} 36 & 3L & -36 & 3L \\ 3L & 4L^2 & -3L & -L^2 \\ -36 & -3L & 36 & -3L \\ 3L & -L^2 & -3L & 4L^2 \end{bmatrix}, \quad (6.35)$$

wobei J_3 das Flächenträgheitsmoment bezüglich der 3-Achse des Querschnittes ist. Weiterhin lautet die Steifigkeitsmatrix der Durchbiegung

$$\mathbf{K} = \frac{EJ_3}{L^3} \begin{bmatrix} 12 & 6L & -12 & 6L \\ 6L & 4L^2 & -6L & 2L^2 \\ -12 & -6L & 12 & -6L \\ 6L & 2L^2 & -6L & 4L^2 \end{bmatrix}. \quad (6.36)$$

Die verallgemeinerten Kräfte werden durch die Querkräfte und die Biegemomente am linken und rechten Balkenende bestimmt zu

$$\mathbf{q}(t) = \begin{bmatrix} Q_{2l}(t) & M_{3l}(t) & Q_{2r}(t) & M_{3r}(t) \end{bmatrix}. \quad (6.37)$$

Entsprechende Matrizen und Vektoren gelten für die Durchbiegung w und die Drehung β.
Damit stehen auch die lokalen Bewegungsgleichungen für ein finites Balkenelement bezüglich kleiner Bewegungen gegenüber dem Inertialsystem zur Verfügung. Sie gelten unter der Voraussetzung, dass die Balkenlängsachse mit der 1-Achse des Inertialsystems zusammenfällt. Ist dies nicht der Fall, so sind entsprechende Koordinatentransformationen durchzuführen, siehe z. B. Link [39].

6.2 Globale Bewegungsgleichungen

Finite Elemente dienen der Modellierung von Konstruktionen, d. h. sie müssen zu einem Gesamtsystem zusammengefügt werden. Zu diesem Zweck werden die freien finiten Elemente äußeren Bindungen unterworfen. Die äußeren Bindungen werden in den verallgemeinerten Koordinaten der einzelnen Elemente, d. h. in ihren Knotenpunktskoordinaten, formuliert. Damit verbleibt ein Gesamtsystem mit einer reduzierten Anzahl f von Freiheitsgraden. In der Strukturdynamik, wo nur kleine Bewegungen gegenüber dem Inertialsystem auftreten, empfiehlt es sich, die Bindungen auch in den Koordinaten des Inertialsystems auszudrücken.
Fasst man nun die verallgemeinerten Koordinaten des Gesamtsystems von p finiten Elementen

zum $f \times 1$-Lagevektor

$$\mathbf{y}(t) = \begin{bmatrix} y_1 & y_2 & \dots & y_f \end{bmatrix} \tag{6.38}$$

zusammen, so lassen sich die Bindungen stets wie folgt ausdrücken,

$$\mathbf{x}_i(t) = \mathbf{I}_i \cdot \mathbf{y}(t), \qquad i = 1(1)p, \tag{6.39}$$

wobei $\mathbf{x}_i(t)$ der $e_i \times 1$-Lagevektor des i-ten finiten Elementes ist und $\mathbf{I}_i$ eine im Allgemeinen konstante $e_i \times f$-Jacobi-Matrix darstellt. Aus dem d'Alembertschen Prinzip (4.24) folgen dann die Bewegungsgleichungen des Gesamtsystems für lineare finite Elemente in der Form

$$\mathbf{M} \cdot \ddot{\mathbf{y}}(t) + \mathbf{K} \cdot \mathbf{y}(t) = \mathbf{q}(t) \tag{6.40}$$

mit der $f \times f$-Massenmatrix

$$\mathbf{M} = \sum_{i=1}^{p} \mathbf{I}_i^T \cdot \mathbf{M}_i \cdot \mathbf{I}_i, \tag{6.41}$$

der $f \times f$-Steifigkeitsmatrix

$$\mathbf{K} = \sum_{i=1}^{p} \mathbf{I}_i^T \cdot \mathbf{K}_i \cdot \mathbf{I}_i \tag{6.42}$$

und dem Vektor der verallgemeinerten Kräfte

$$\mathbf{q} = \sum_{i=1}^{p} \mathbf{I}_i^T \cdot \mathbf{q}_i. \tag{6.43}$$

In der Strukturdynamik erhält man also in der Regel lineare konservative Schwingungssysteme. Häufig werden jedoch noch Dämpfungseinflüsse mit der so genannten Bequemlichkeitshypothese berücksichtigt. Zu diesem Zweck wird (6.40) durch eine Dämpfungsmatrix $\mathbf{D}$, multipliziert mit der ersten Ableitung des Lagevektors $\mathbf{y}(t)$ ergänzt. Für die Dämpfungsmatrix nimmt man oft nach der Rayleigh Hypothese

$$\mathbf{D} = a\,\mathbf{M} + b\,\mathbf{K}, \qquad a, b = \text{const.} \tag{6.44}$$

an, wodurch sich die Matrizen $\mathbf{M}$, $\mathbf{D}$ und $\mathbf{K}$ simultan diagonalisieren lassen, was aeiner modalen Dämpfung sämtlicher Eigenformen entspricht.

Weit verbreitet ist auch die 'lumped-mass-method'. Dabei wird auf die konsistente Berechnung der Massenmatrix $\mathbf{M}$ verzichtet und die Masse m_i des i-ten finiten Elements gleichmäßig auf seine Knotenpunkte verteilt. Dadurch ist die Massenmatrix stets diagonal, was bei einer hohen Zahl von Elementen einen rechentechnischen Vorteil darstellen kann. Im Übrigen sei darauf hingewiesen, dass die Aufstellung der Matrizen (6.41) und (6.42) sowie die Lösung der entstehenden Gleichungen in der Praxis heute mit kommerziellen Programmsystemen erfolgt. Trotzdem sollte jedem Benutzer solcher Programme der theoretische Hintergrund geläufig sein, um die Ergebnisse richtig interpretieren zu können. Weitere Einzelheiten sind z. B. bei Chapelle und Bathe [15] oder Wriggers [76] zu finden.

Die Bewegungsgleichungen (6.40) enthalten auch die Elastostatik von Tragwerken. Mit $\ddot{\mathbf{y}}(t) = \dot{\mathbf{y}}(t) = \mathbf{0}$ kann man die statische Deformation einer Konstruktion berechnen,

$$\mathbf{y}_{\text{stat}} = \mathbf{K}^{-1} \cdot \mathbf{q}. \tag{6.45}$$

Die dafür erforderliche Matrixinversion kann unter Ausnutzung der Bandstruktur der Steifigkeitsmatrix effizient ausgeführt werden.

Beispiel 6.1: Fachwerkschwingungen

Das in Bild 6.3 skizzierte elastische Fachwerk besteht aus zwei Stäben (Längen L und $\sqrt{2}L$, Querschnitt A, Elastizitätsmodul E) und einem Massenpunkt (Masse M), also insgesamt $p = 3$ Elementen. Die Masse der Stäbe kann im Verhältnis zur Masse M des Punktes vernachlässigt werden. Damit lauten die lokalen Bewegungsgleichungen des freigeschnittenen Systems, wenn auf das Anschreiben der Reaktionskräfte verzichtet wird,

$$\frac{AE}{L} \begin{bmatrix} 1 & -1 \\ -1 & 1 \end{bmatrix} \cdot \begin{bmatrix} u_{1l} \\ u_{1r} \end{bmatrix} = \mathbf{0}, \tag{6.46}$$

$$\frac{AE}{\sqrt{2}L} \begin{bmatrix} 1 & -1 \\ -1 & 1 \end{bmatrix} \cdot \begin{bmatrix} u_{2l} \\ u_{2r} \end{bmatrix} = \mathbf{0}, \tag{6.47}$$

$$M \begin{bmatrix} 1 & 0 \\ 0 & 1 \end{bmatrix} \cdot \begin{bmatrix} \ddot{u}_{31} \\ \ddot{u}_{32} \end{bmatrix} = \begin{bmatrix} 0 \\ -Mg \end{bmatrix}. \tag{6.48}$$

Die Bindungen sind gegeben durch

$$\mathbf{x} = \begin{bmatrix} u_{1l} \\ u_{1r} \\ u_{2l} \\ u_{2r} \\ u_{31} \\ u_{32} \end{bmatrix} = \begin{bmatrix} 0 & 0 \\ 1 & 0 \\ 0 & 0 \\ 1/\sqrt{2} & -1/\sqrt{2} \\ 1 & 0 \\ 0 & 1 \end{bmatrix} \cdot \begin{bmatrix} y_1 \\ y_2 \end{bmatrix}. \tag{6.49}$$

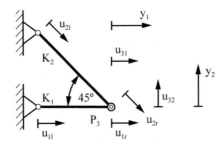

Bild 6.3: Elastisches Fachwerk

Damit findet man gemäß (6.41) bis (6.43) die Bewegungsgleichungen

$$M \begin{bmatrix} 1 & 0 \\ 0 & 1 \end{bmatrix} \cdot \begin{bmatrix} \ddot{y}_1 \\ \ddot{y}_2 \end{bmatrix} + \frac{AE}{2\sqrt{2}L} \begin{bmatrix} 2\sqrt{2}+1 & -1 \\ -1 & 1 \end{bmatrix} \cdot \begin{bmatrix} y_1 \\ y_2 \end{bmatrix} = \begin{bmatrix} 0 \\ -Mg \end{bmatrix}. \qquad (6.50)$$

Für die statische Auslenkung erhält man dann

$$\mathbf{y}_{stat} = \frac{L}{AE} \begin{bmatrix} 1 & 1 \\ 1 & 1+2\sqrt{2} \end{bmatrix} \cdot \begin{bmatrix} 0 \\ -Mg \end{bmatrix} = -\frac{MgL}{AE} \begin{bmatrix} 1 \\ 1+2\sqrt{2} \end{bmatrix}. \qquad (6.51)$$

Der Massenpunkt weicht also unter der Wirkung seines Gewichtes nach links unten aus.

Die Methode der finiten Elemente ist definitionsgemäß ein Näherungsverfahren. Man kann aber zeigen, dass die Methode gegen die exakte Lösung konvergiert, wenn nur die Zahl der finiten Elemente genügend groß gewählt wird. Darüber hinaus ist eine monotone Konvergenz gewährleistet, wenn konforme Ansatzfunktionen verwendet werden, die einen stetigen Verschiebungsverlauf über die Elementgrenzen hinweg gewähren. Die linearen Ansatzfunktionen des Tetraederelements und die Ansatzfunktion (6.19) für die Balkenbiegung entsprechen der Forderung nach der Konformität. Die Genauigkeit des Ergebnisses lässt sich also u. a. dadurch überprüfen, dass die Modellierung mit einer unterschiedlichen Anzahl finiter Elemente durchgeführt wird.

6.3 Flexible Mehrkörpersysteme

In der Maschinendynamik findet man häufig Mehrkörpersysteme, die aus starren und elastischen Körpern aufgebaut sind. So können z. B. Industrieroboter als flexible Mehrkörpersysteme modelliert werden. Die Gelenke werden dabei als starre Körper und die Arme als elastische Balken betrachtet. Im Gegensatz zur Strukturdynamik führen die Balken in der Maschinendynamik große Starrkörperbewegungen aus, denen kleine elastische Verzerrungen überlagert sind. Es ist deshalb zweckmäßig, neben den Starrkörperkoordinaten zumindest für die Beschreibung der Verzerrungen elastische Koordinaten einzuführen.

Im Falle kleiner elastischer Verzerrungen bietet sich dazu die Methode des bewegten Bezugssystems an. Dabei wird die Bewegung des elastischen Körpers in eine große nichtlineare Bewegung des Bezugssystems und eine linearisierte elastische Deformation bezüglich dieses Systems aufgeteilt. Die typischerweise kleinen elastischen Verformungen können mit Hilfe der linearen Finite Elemente Methode (FEM) durch die relativen Knotenpunktskoordinaten im bewegten Bezugssystems angenähert werden und somit durch eine lineare Differentialgleichung zweiter Ordnung beschrieben werden. Aufgrund der resultierenden hohen Anzahl an elastischen Freiheitsgraden kann die Modellreduktion ein entscheidender Schritt bei der effizienten Simulation sein.

Im Falle großer elastischer Verzerrungen hat sich die Methode der Absoluten Knotenpunktskoordinaten bewährt. Dabei werden keine finite Rotationen als Knotenkoordinaten genutzt, sondern absolute Verschiebungen und materielle Ableitungen der Knotenkoordinaten eingeführt. Auf eine Reduktion der Freiheitsgrade wird verzichtet. Somit lassen sich auch nichtlineare Effekte wie große Verformungen oder plastisches Materialverhalten berücksichtigen, was allerdings mit einem sehr hohen zeitlichen Rechenaufwand einhergeht.

Mechanische Systeme mit elastischen Körpern werden allgemein als Flexible Mehrkörpersysteme (FMKS) oder auch als Elastische Mehrkörpersysteme (EMKS) bezeichnet. Die in Abschnitt 6.1 eingeführten Finite Elemente Matrizen enthalten bei entsprechender Bindung noch Starrkörperbewegungen.

Die Deformation eines starren Balkenelements, Bild 6.4, erhält man aus (6.20) mit den zusätzlichen inneren Bindungen

$$v_r = v_l + L\gamma_l, \qquad \gamma_r = \gamma_l, \qquad \gamma_l \ll 1 \tag{6.52}$$

oder

$$v(x,t) = \begin{bmatrix} 1 & xL \end{bmatrix} \cdot \begin{bmatrix} v_l(t) \\ \gamma_l(t) \end{bmatrix} . \tag{6.53}$$

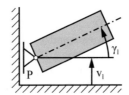

Bild 6.4: Starres Balkenelement

Damit folgen aus (6.35) und (6.36) die Elementmatrizen

$$\mathbf{M} = \frac{m}{6} \begin{bmatrix} 6 & 3L \\ 3L & 2L^2 + 6N^2 \end{bmatrix}, \qquad \mathbf{K} = \mathbf{0}, \tag{6.54}$$

mit der Abkürzung $N^2 = \rho J_3 L/m$. Dabei ist $m = \rho A L$ die Masse des starren Balkens mit dem Querschnitt A und der Länge L. Weiterhin kennzeichnet N die Trägheit der lokalen Drehmasse, die auf eine Querschnittsfläche mit dem Flächenträgheitsmoment J_3 zurückgeht. Weiterhin folgt für die verallgemeinerten Kräfte

$$\mathbf{q}(t) = \begin{bmatrix} Q_l(t) + Q_r(t) & M_l(t) + M_r(t) + LQ_r(t) \end{bmatrix} . \tag{6.55}$$

Diese Matrizen und Vektoren bestimmen die Gleichungen der ebenen Bewegung eines starren Balkens, die auch aus Impuls- und Drallsatz bezüglich des Knotenpunktes P_l gewonnen werden können.

6.3.1 Relative Knotenpunktkoordinaten im bewegten Bezugssystem

Zur Untersuchung kleiner Strukturschwingungen in Flexiblen Mehrkörpersystemen hat die Methode des bewegten Bezugssystems im Ingenieurwesen eine weite Verbreitung gefunden, siehe z. B. Schwertassek and Wallrapp [60], Geradin and Cardona [24], Bauchau [5], Seifried [61], and Shabana [66]. In der englischen Literatur wird diese Methode als Floating Frame of Reference Formulation (FFRF) bezeichnet. Das Vorgehen im Einzelnen wird nun mit Bild 6.5 für ein ebenes Balkenelement erklärt.

Die großen Starrkörperbewegungen werden durch ein körperfestes Koordinatensystem am linken

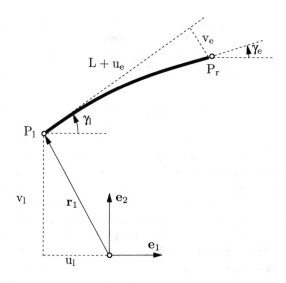

Bild 6.5: Relative Koordinaten für ein flexibles Balkenelement

Balkenknoten P_l beschrieben während die elastischen Verformungen durch relative Koordinaten gekennzeichnet sind. Damit lautet der $3 \times l$-Lagevektor der großen Starrkörperbewegungen am linken Knoten P_l

$$\mathbf{x}_s = [u_l \ v_l \ \gamma_l] \tag{6.56}$$

und für die kleinen elastischen Verformungen definiert man den $3 \times l$-Lagevektor

$$\mathbf{x}_e = [u_e \ v_e \ \gamma_e], \quad u_e \ll L, \quad v_e \ll L, \quad \gamma_e \ll 1. \tag{6.57}$$

Diese beiden Lagevektoren beschreiben die $f = 6$ Knotenkoordinaten entsprechend den 6 Freiheitsgraden eines ebenen Balkenelements bei ebenen Bewegungen. Damit erhält man die globalen Bewegungsgleichungen in der Form

$$\begin{bmatrix} \mathbf{M}_s(\mathbf{x}_s) & \vline & \mathbf{M}_{se}(\mathbf{x}) \\ \hline \mathbf{M}_{es}(\mathbf{x}) & \vline & \mathbf{M}_e \end{bmatrix} \cdot \begin{bmatrix} \ddot{\mathbf{x}}_s(t) \\ \hline \ddot{\mathbf{x}}_e(t) \end{bmatrix} + \begin{bmatrix} \mathbf{0} & \vline & \mathbf{0} \\ \hline \mathbf{0} & \vline & \mathbf{K}_e \end{bmatrix} \cdot \begin{bmatrix} \mathbf{x}_s(t) \\ \hline \mathbf{x}_e(t) \end{bmatrix} + \mathbf{k}(\mathbf{x}, \dot{\mathbf{x}}) = \mathbf{q}(t). \tag{6.58}$$

Im Besonderen ist die Steifigkeitsmatrix $\mathbf{K}$ in den Bewegungsgleichungen (6.58) konstant, und sie entspricht in der Regel der Steifigkeitsmatrix der Finite Elemente Modellierung des betrachteten flexiblen Körpers. Als Folge der gewählten relativen Koordinaten und dem damit verbundenen Bewegten Bezugssystem ist die Massenmatrix voll besetzt und hängt von mehreren oder allen Knotenpunktskoordinaten ab, welche in der FFRF als verallgemeinerte Koordinaten dienen. Für die Massenmatrix $\mathbf{M}(\mathbf{x})$ werden spezielle Ortsintegralmatrizen benötigt wie z. B. Schwertassek und Wallrapp [60] und Shabana [66] gezeigt haben. Die Ortsintegralmatrizen sind allerdings zeitinvariant und können vor der eigentlichen Simulation des FMKS berechnet werden, was einen großen numerischen Vorteil bedeutet. Weiterhin repräsentiert der Vektor $\mathbf{k}(\mathbf{x}, \dot{\mathbf{x}})$ Coriolis- und Kreiselkräfte infolge der großen Starrkörperbewegung und der Vektor $\mathbf{q}(t)$ fasst die verallgemeinerten eingeprägten Kräfte zusammen.

6.3.2 Absolute Knotenpunktskoordinaten im Inertialsystem

Die Methode des bewegten Bezugssystems (FFRF) ist sehr wertvoll für Ingenieuraufgaben, bei denen die Starrkörperbewegung die eigentliche Arbeitsbewegung darstellt und die Strukturschwingungen lediglich als Störung der Bewegungsablaufes auftreten. Durch eine geeignete Konstruktion der Systems und die damit verträglichen Arbeitsabläufe bleiben die Strukturschwingungen in der Regel klein. Daneben gibt es aber auch Systeme mit hohen Anforderungen an den Leichtbau und geringer Steifigkeit wie z. B. die Rotorblätter eines Hubschraubers, siehe Bauchau, Bottasso and Nikishkov [6]. Für solche Systeme erlaubt die FFRF keine sinnvolle Modellierung und zwar nicht einmal für deren Starrkörperbewegung wie Shabana [63, 64] zeigte. Zur Lösung solcher Aufgaben hat Shabana die Absolute Nodal Coordinate Formulation (ANCF) vorgeschlagen, welche nun für die ebene Bewegung eines flexiblen Balkenelements nach Bild 6.6 vorgestellt wird.

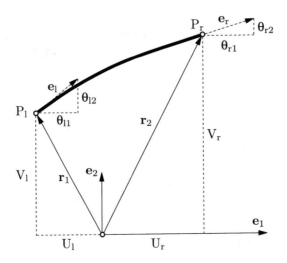

Bild 6.6: Absolutkoordinaten eines ebenen flexiblen Balkenlelements

Die Gesamtbewegung eines flexiblen Balkens lässt sich durch zwei Knotenpunkte im Inertialsystem beschreiben, den linken P_l und den rechten P_r, um die inkrementelle Formulierung der Drehbewegung bei finiten Elementen mit großen Rotationen zu vermeiden. Diese kann bei der Modellierung infolge der Linearisierung von Rotationen zu Fehlern und Instabilitäten führen. Damit umfasst die globale Bewegung die exakte Starrkörperbewegung und die großen elastischen Deformationen in einem 8×1-Vektor

$$\mathbf{e}(t) = [U_l \ V_l \ \Theta_{l1} \ \Theta_{l2} \ U_r \ V_r \ \Theta_{r1} \ \Theta_{r2}] . \tag{6.59}$$

Dabei wird die Drehung der Querschnitte an den Knotenpunkten durch die Einsvektoren $\mathbf{e}_l$, und $\mathbf{e}_r$ beschrieben, und sie ist nicht auf kleine Winkel beschränkt. Deshalb wird die Starrkörperbewegung immer richtig modelliert. Die Koordinaten des Lagevektors $\mathbf{e}_r$ sind nicht unabhängig voneinander. Berücksichtigt man die beiden Zwangsbedingungen. z. B.,

$$\Theta_{l1}^2 + \Theta_{l2}^2 = 1, \quad \Theta_{r1}^2 + \Theta_{r2}^2 = 1, \tag{6.60}$$

dann beschreibt der Lagevektor (6.59) die $f = 6$ Freiheitsgrade eines ebenen flexiblen Balkenelements. Die erweiterten Bewegungsgleichungen lauten

$$\mathbf{M} \cdot \ddot{\mathbf{e}}(t) + \mathbf{K}(\mathbf{e}) \cdot \mathbf{e}(t) = \mathbf{Q}(t). \tag{6.61}$$

Nunmehr ist die Massenmatrix $\mathbf{M}$ konstant während die Steifigkeitsmatrix $\mathbf{K}(\mathbf{e})$ hochgradig nichtlinear ist. Für die Berechnung der Steifigkeitsmatrix werden kubische globale Ansatzfunktionen benötigt, und die Steifigkeitsmatrix von der klassischen Finite Elemente Methode ist nicht mehr gültig. Die Berechnung der nichtlinearen Steifigkeitsmatrix wird von Shabana [66] im Einzelnen erläutert. Bei der Simulation der Bewegung ist die konstante Massenmatrix sehr wertvoll, da die laufende Invertierung der Massenmatrix entfällt. Der Preis, der dafür zu bezahlen ist, entsteht durch den zusätzlichen Aufwand mit der nichtlinearen Steifigkeitsmatrix.
Beide Formulierungen, FFRF und ANCF, wurden von Escalona et al. [21] für ein Kurbelgetriebe miteinander verglichen. Zunächst wurden kleine Strukturschwingungen betrachtet wie sie konstruktionsbedingt im Motorenbau vorliegen. Die Bewegung des Kolbens und die Verformung des Kurbelmittelpunktes zeigten erwartungsgemäß nur geringe Abweichungen. Mit numerischen Experimenten konnten die Unterschiede zwischen FFRF and ANCF im Fall großer Verzerrungen aufgezeigt werden.

6.3.3 Ebene Balkensysteme

Für die Diskussion von Balkensystemen beschränken wir uns auf ein einseitig eingespanntes Balkenelement, Bild 6.7, mit verschwindender Längsdehnung und einer Bewegung in der vertikalen Ebene e_1, e_2 unter dem Einfluss der Schwerkraft. Dann verbleiben die Starrkörperkoordinaten v_l und γ_l sowie die elastischen Koordinaten v_e und γ_e. Nach Bild 6.7 gilt für die Koordinaten am rechten Balkenende P_r

$$v_r = v_l + L \sin \gamma_l + v_e, \quad \gamma_r = \gamma_l + \gamma_e. \tag{6.62}$$

Weiterhin nehmen die inneren Bindungen (6.12) im Falle der ebenen Bewegung, d. h. $u = w = \alpha = \beta = 0$ im Falle der ebenen Biegung, gemäß (2.134) mit (6.34) die folgende Form an

$$\mathbf{r}(\boldsymbol{\rho}, t) = \underbrace{\begin{bmatrix} 0 \\ 1 \\ 0 \end{bmatrix}}_{\mathbf{e}_2} v_l + \mathbf{S}(\gamma_l) \cdot \left\{ \underbrace{\begin{bmatrix} \rho_1 \\ \rho_2 \\ \rho_3 \end{bmatrix}}_{\boldsymbol{\rho}} + \right. \tag{6.63}$$

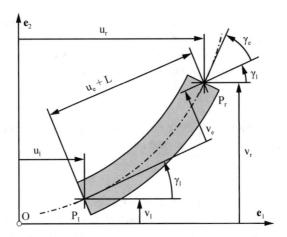

Bild 6.7: Einseitig gelagertes elastisches Balkenelement

$$+ \underbrace{\begin{bmatrix} -6x(1-x)\rho_2/L & x(2-3x)\rho_2 \\ x^2(3-2x) & -x^2(1-x)L \\ 0 & 0 \end{bmatrix}}_{\mathbf{A}_e(x,\rho_2)} \cdot \underbrace{\begin{bmatrix} v_e \\ \gamma_e \end{bmatrix}}_{\mathbf{x}_e} \Bigg\}, \qquad \rho_1 = xL.$$

Man erkennt, dass (6.63) für $\gamma_l \ll 1$ mit (6.12), (6.13) und (6.20) übereinstimmt. Die Jacobi-Matrix für große Bewegungen v_l, γ_l erhält man nun unter der Voraussetzung kleiner elastischer Deformationen

$$|v_e| \ll L, \qquad |\gamma_e| \ll 1 \tag{6.64}$$

in der Form

$$\mathbf{C}(x, \rho_2, \gamma_l) = \begin{bmatrix} \mathbf{e}_2 & | & \dfrac{\partial \mathbf{S}}{\partial \gamma_l} \cdot \boldsymbol{\rho} & | & \mathbf{S} \cdot \mathbf{A_e} \end{bmatrix}. \tag{6.65}$$

Nach längerer Zwischenrechnung findet man nun die Massenmatrix und die Steifigkeitsmatrix für den Fall schlanker Balken $|\rho_2|, |\rho_3| \ll \rho_1$ bzw. $J_3 \ll m/\rho L^3$ mit dem Lagevektor

$$\mathbf{x}(t) = \begin{bmatrix} v_l & \gamma_l & | & v_e & \gamma_e \end{bmatrix} \tag{6.66}$$

in der Form

$$
\mathbf{M} = \frac{m}{420}
\begin{bmatrix}
420 & 210L\cos\gamma_l & \vline & 210\cos\gamma_l & -35L\cos\gamma_l \\
210L\cos\gamma_l & 140L^2 & \vline & 147L & -21L^2 \\
\text{---} & \text{---} & \vline & \text{---} & \text{---} \\
210L\cos\gamma_l & 147L & \vline & 156 & -22L \\
-35L\cos\gamma_l & -21L^2 & \vline & -22L & 4L^2
\end{bmatrix}
\tag{6.67}
$$

und

$$
\mathbf{K} = \frac{EJ_3}{L^3}
\begin{bmatrix}
0 & 0 & \vline & 0 & 0 \\
0 & 0 & \vline & 0 & 0 \\
\text{--} & \text{--} & \vline & \text{--} & \text{--} \\
0 & 0 & \vline & 12 & -6L \\
0 & 0 & \vline & -6L & 4L^2
\end{bmatrix}.
\tag{6.68}
$$

Daneben tritt noch eine Coriolis- Coriolis-Kraft auf

$$
\mathbf{k} = \frac{m}{12}
\left[\ (-6L\dot{\gamma}_l - 6\dot{v}_e + L\dot{\gamma}_e)\quad 0\ \vline\ 0\quad 0\ \right]\dot{\gamma}_l \sin\gamma_l
\tag{6.69}
$$

und die verallgemeinerte Gewichtskraft lautet

$$
\mathbf{q} = -\frac{mg}{12}
\left[\ 12\quad 6L\cos\gamma_l\ \vline\ 6\cos\gamma_l\quad -L\cos\gamma_l\ \right].
\tag{6.70}
$$

Man erkennt zunächst, dass die Starrkörperbewegungen mit den elastischen Bewegungen über die Coriolis-Kraft nach (6.69) nichtlinear gekoppelt sind. Darüber hinaus ist durch die voll besetzte Massenmatrix (6.67) eine lineare Kopplung der Trägheitskräfte gegeben. Lediglich die Steifigkeitsmatrix (6.68) der elastischen Kräfte ist definitionsgemäß entkoppelt. Weiterhin wirken die Gewichtskräfte nach (6.70) auf sämtliche Bewegungen ein. Damit sind einige gegenüber der Strukturmechanik neue Erscheinungen aufgezeigt. Im Besonderen sei darauf hingewiesen, dass die Voraussetzung (6.64) durch eine genügend große Steifigkeit des Balkens erreicht werden muss, $mg \ll EJ_2/L^3$ bzw. $m\dot{\gamma}^2 \ll EJ_3/L^3$, da bei der vorliegenden, auf die 2-Richtung beschränkten Betrachtung sonst destabilisierende Zentrifugalkräfte ins Spiel kommen. Bei geringerer Biegesteifigkeit des Balkens muss die in der 1,2-Ebene gekoppelte Bewegung betrachtet werden. Die Kopplung geht dabei entweder auf eine kinematische Bindung infolge der als undehnbar angenommenen Balkenachse zurück oder sie hat ihre Ursache in der elastischen Kopplung zwischen Längsverschiebung und Biegung. Die richtige Modellierung eines elastischen Systems ist also wesentlich schwieriger als die Bildung eines starren Mehrkörpersystems.

Als Ergebnis erhält man somit die lokalen Bewegungsgleichungen eines nichtlinear bewegten, elastischen Balkenelements in einer gegenüber (5.2) und (6.7) erweiterten Form

$$
\mathbf{M}(\mathbf{x}) \cdot \ddot{\mathbf{x}}(t) + \mathbf{K} \cdot \mathbf{x}(t) + \mathbf{k}(\mathbf{x}, \dot{\mathbf{x}}) = \mathbf{q}(t).
\tag{6.71}
$$

Der Vektor $\mathbf{k}$ der Coriolis- oder Kreiselkräfte geht dabei auf die großen Starrkörperbewegungen zurück, während die Steifigkeitsmatrix $\mathbf{K}$ die kleinen elastischen Verformungen kennzeichnet. Die einzelnen starren Körper und die finiten Elemente eines Balkensystems müssen nun noch zum Gesamtsystem zusammengefasst werden. Zu diesem Zweck werden die lokalen $e_i \times 1$-Lagevektoren $\mathbf{x}_i$ durch den $e \times 1$-Lagevektor $\mathbf{y}(t)$ des Gesamtsystems beschrieben. Die dabei nach (6.39) auftretenden Jacobi-Matrizen $\mathbf{I}_i$ sind im Allgemeinen nicht mehr konstant.

Unterteilt man weiterhin den $f \times 1$-Lagevektor $\mathbf{y}(t)$ in einen Lagevektor $\mathbf{y}_s(t)$ der Starrkörperbewegungen und einen Lagevektor $\mathbf{y}_e(t)$ der elastischen Schwingungen,

$$\mathbf{y}(t) = [\mathbf{y}_s \quad \mathbf{y}_e], \tag{6.72}$$

so erhält man unter Anwendung von (6.41) bis (6.43) die globalen Bewegungsgleichungen

$$\left[\begin{array}{c|c} \mathbf{M}_s(\mathbf{y}_s) & \mathbf{M}_{se}(\mathbf{y}) \\ \hline \mathbf{M}_{es}(\mathbf{y}) & \mathbf{M}_e \end{array}\right] \cdot \left[\begin{array}{c} \ddot{\mathbf{y}}_s(t) \\ \hline \ddot{\mathbf{y}}_e(t) \end{array}\right] + \left[\begin{array}{c|c} \mathbf{0} & \mathbf{0} \\ \hline \mathbf{0} & \mathbf{K}_e \end{array}\right] \cdot \left[\begin{array}{c} \mathbf{y}_s(t) \\ \hline \mathbf{y}_e(t) \end{array}\right] + \mathbf{k} = \mathbf{q}. \tag{6.73}$$

Zur Lösung der globalen Bewegungsgleichungen (6.73) kann man in zwei Schritten eine Näherung erhalten. Zuerst werden die großen, im Allgemeinen nichtlinearen Starrkörperbewegungen berechnet. Dann werden die linearen elastischen Schwingungen mit der Starrkörperbewegung als gegebener Soll-Bewegung bestimmt. Es ist jedoch zu beachten, dass die linearen Differentialgleichungen im Allgemeinen zeitvariante Koeffizienten haben und zusätzlichen äußeren Erregungen infolge der Starrkörperbewegungen unterliegen.

Beispiel 6.2: Balkenpendel

Das in Bild 6.8 dargestellte Balkenpendel besteht aus zwei Körpern, einem gelenkig gelagerten schlanken Balken (Masse m_1, Länge L, Biegesteifigkeit EJ_3), und einem Massenpunkt (Masse m_2) am rechten Knotenpunkt.

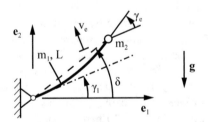

Bild 6.8: Elastisches Balkenpendel

Die lokalen Bewegungsgleichungen des Balkens sind durch (6.71) mit (6.66) bis (6.70) gegeben zusammen mit der Zwangsbedingung $v_l = 0$. Damit lautet der lokale Lagevektor

$$\mathbf{x}_1(t) = [0 \quad \gamma_l \quad v_e \quad \gamma_e]. \tag{6.74}$$

Der Massenpunkt bewegt sich auf einer Kreisbahn, da die Balkenlänge infolge der kleinen Durchbiegung als konstant angesehen werden kann. Für die Bewegung des Massenpunkts gilt daher die Gleichung

$$m_2 L^2 \ddot{\delta}(t) = -m_2 g L \cos \delta(t) + L Q_r \tag{6.75}$$

mit dem in Bild 6.8 eingeführten Winkel $\delta(t)$ und der unbekannten Reaktionskraft Q_r. Für die skalare Lagegröße des Massenpunktes am rechten Balkenende verbleibt also die Bindung

$$x_2(t) = \delta(t) = \gamma_l(t) + \frac{1}{L} v_e(t).$$ (6.76)

Das Balkensystem hat $f = 3$ Freiheitsgrade, die durch den 3×1-Lagevektor

$$\mathbf{y}(t) = \begin{bmatrix} \gamma_l & v_e & \gamma_e \end{bmatrix}$$ (6.77)

beschrieben werden. Mit den durch Bild 6.8 gegebenen Bindungen lauten dann die Jacobi-Matrizen

$$\mathbf{I}_1 = \begin{bmatrix} 0 & 0 & 0 \\ 1 & 0 & 0 \\ 0 & 1 & 0 \\ 0 & 0 & 1 \end{bmatrix}, \qquad \mathbf{I}_2 = \begin{bmatrix} 1 & \frac{1}{L} & 0 \end{bmatrix}.$$ (6.78)

Die globalen Bewegungsgleichungen nehmen somit die Form (6.73) an. Im Einzelnen findet man die Bewegungsgleichung der Starrkörperbewegung für $v_e = \gamma_e = 0$ zu

$$\frac{1}{3}(m_1 + 3m_2)L^2 \ddot{\gamma}_l + \frac{1}{2}(m_1 + 2m_2)gL \cos \gamma_l = 0.$$ (6.79)

Die elastischen Schwingungen führen auf die Bewegungsgleichungen

$$\frac{m_1}{210} \begin{bmatrix} 78 + 210\frac{m_2}{m_1} & -11L \\ -11L & 2L^2 \end{bmatrix} \cdot \begin{bmatrix} \ddot{v}_e \\ \ddot{\gamma}_e \end{bmatrix} + \frac{EJ_3}{L^3} \begin{bmatrix} 12 & -6L \\ -6L & 4L^2 \end{bmatrix} \cdot \begin{bmatrix} v_e \\ \gamma_e \end{bmatrix}$$

$$= -\frac{m_1 g}{12} \cos \gamma_l \begin{bmatrix} 6 + 12\frac{m_2}{m_1} \\ -L \end{bmatrix} - \frac{m_1 L}{420} \begin{bmatrix} 147 + 420\frac{m_2}{m_1} \\ -21L \end{bmatrix} \ddot{\gamma}_l$$

$$+ \frac{m_2 g \sin \gamma_l}{L} \begin{bmatrix} 1 & 0 \\ 0 & 0 \end{bmatrix} \cdot \begin{bmatrix} v_e \\ \gamma_e \end{bmatrix}.$$ (6.80)

In diesen Bewegungsgleichungen ist der genaue Beschleunigungsverlauf $\ddot{\gamma}_l(t)$ nicht bekannt, er wird durch (6.79) angenähert. Man erkennt weiterhin in (6.80), dass elastische Strukturschwingungen vor allem durch hohe Beschleunigungsspitzen angeregt werden. Wird die Starrkörperbewegung durch einen Servomotor gesteuert, so ist zur Vermeidung von Schwingungen darauf zu achten, dass keine Beschleunigungsimpulse, z. B. durch plötzliches Antreiben oder Abbremsen auftreten. Diese Erkenntnis entspricht der täglichen Erfahrung.

Weiterhin beinhaltet (6.80) auch die statische Durchbiegung des Balkens. Setzt man in (6.80) alle Beschleunigungen gleich Null und nimmt den Massenpunkt weg, so erhält man unmittelbar die Durchbiegung eines durch Eigengewicht belasteten, horizontal fest eingespannten Balkens,

$$\begin{bmatrix} v_e \\ \gamma_e \end{bmatrix} = -\frac{m_1 g L^2}{24 E J_3} \begin{bmatrix} 3L \\ 4 \end{bmatrix}.$$

(6.81)

Für die statischen Durchbiegungen eines Balkens findet man aus den obigen Beziehungen stets die exakten Werte, da die Ansatzfunktion (6.20) die Differentialgleichung der Elastostatik des Balkens exakt löst.

Für die Untersuchung großer Deformationen in flexiblen Mehrkörpersystemen hat die auf Shabana [64] zurückgehende Methode der absoluten Knotenpunktsvariablen eine weite Verbreitung gefunden. Bei einem elastischen Balkenelement nach Bild 6.7 werden dabei die verallgemeinerten relativen Koordinaten $u_l, v_l, \gamma_l, u_e, v_e, \gamma_e$ ersetzt durch die verallgemeinerten absoluten Koordinaten $u_l, v_l, \gamma_l, u_r, v_r, \gamma_r$, wobei die Winkel an den Balkenenden durch die Steigung der Balkenachse bestimmt werden und eine Ansatzfunktion dritter Ordnung für die Längsdehnung verwendet wird.

Flexible Mehrkörpersysteme mit relativen Knotenpunktskoordinaten im bewegten Bezugssystem zeichnen sich durch eine Trennung der Starrkörperbewegungen und der elastischen Strukturschwingungen aus, die wie in Abschnitt 6.3.1 gezeigt durch Finite Elemente modelliert werden. Während die Zahl der Freiheitsgrade der Starrkörperbewegungen vergleichsweise klein ist, kann die Zahl der Freiheitsgrade der elastischen Strukturschwingungen sehr groß werden. Durch die hohe Zahl der elastischen Freiheitsgrade können die Effizienz und die Genauigkeit der Simulationen stark beeinträchtigt werden. Deshalb ist es sehr wichtig diejenigen elastischen Koordinaten auszuwählen, die in enger Wechselwirkung mit den Starrkörperbewegungen stehen und somit die größte Bedeutung für das betrachtete Problem haben. Zu diesem Zweck stehen Methoden zur Modellreduktion zur Verfügung, die sich auch auf Mehrkörpersysteme anwenden lassen.

Unter traditionell eingesetzten Methoden zur Reduktion mechanischer Systeme sind modale Reduktionsverfahren, meist die Craig-Bampton Methode, die der Component-Mode-Synthesis zugeordnet wird. Die Qualität der reduzierten Modelle hängt dabei entscheidend von der Erfahrung bei der Auswahl der Moden ab. Die Unterscheidung zwischen wichtigen und unwichtigen Moden ist bei komplexen Strukturen nur schwer möglich und erfordert viel Erfahrung. Alternativ können moderne Verfahren eingesetzt werden, die sich in zwei Kategorien einteilen lassen: Die Reduktion mit Hilfe von Moment-Matching, z. B. auf der Basis von Krylov-Unterräumen, und die auf der Singular Value Decomposition (SVD) bzw. Gramschen Matrizen beruhenden Reduktionsverfahren. Die beiden modernen Verfahren werden erfolgreich für flexible Mehrkörpersysteme eingesetzt. Lehner und Eberhard [38] verwenden Krylov-Unterräume mit Anpassung an die Momente des Originalsystems um reduzierte Modelle flexibler Mehrkörpersysteme aufzubauen. Fehr und Eberhard [23] beschreiben den Simulationsprozess für flexible Mehrkörpersysteme mit Gramschen Reduktionsverfahren. Diese neuen Reduktionsverfahren sowie modale Verfahren sind in Morembs, einer am Institut für Technische und Numerische Mechanik entwickelten Software, enthalten. Für nähere Informationen siehe www.itm.uni-stuttgart.de/research/model_reduction .

6.4 Festigkeitsberechnung

Während bei Mehrkörpersystemen nur eine Festigkeitsabschätzung über die Reaktionskräfte in Schnitten durch starre Körper möglich ist, kann bei Finite-Elemente-Systemen die Festigkeit genauer berechnet werden.

Ausgangspunkt der Festigkeitsberechnung bei finiten Elementen ist das Hookesche Stoffgesetz

$$\boldsymbol{\sigma} = \mathbf{H} \cdot \mathbf{e}. \tag{6.82}$$

Der 6×1-Verzerrungsvektor $\mathbf{e}$ ist dabei nach (2.149) durch die Ansatzfunktionen festgelegt. Damit gilt für den Spannungsvektor eines finiten Elements

$$\boldsymbol{\sigma}_i(\boldsymbol{\rho}_i, t) = \mathbf{H} \cdot \mathbf{B}_i(\boldsymbol{\rho}_i) \cdot \mathbf{I}_i \cdot \mathbf{y}(t), \qquad i = 1(1)p. \tag{6.83}$$

Man sieht also, dass die Spannungsberechnung die Kenntnis der Bewegung $\mathbf{y}(t)$ des Gesamtsystems voraussetzt. Zur Festigkeitsberechnung müssen also die Spannungen $\boldsymbol{\sigma}_i$ in den finiten Elementen ermittelt werden. Beim Übergang von einem Element zum benachbarten Element treten Spannungssprünge auf. Dies kann durch Wahl einer geeigneten Ansatzfunktion verringert werden. Häufig hilft man sich jedoch dadurch, dass die Spannungen in den Knotenpunkten gemittelt werden.

Die Methode der finiten Elemente ist in der Strukturdynamik in den letzten Jahrzehnten mit sehr großem Erfolg entwickelt und angewandt worden. Es stehen heute bewährte Programmsysteme zur Verfügung, wie z. B. Nastran, Ansys, Permas, Abaqus, Patran, Marc. Die Programmsysteme für finite Elemente übernehmen nicht nur die Aufstellung der globalen Bewegungsgleichungen, sondern auch deren Lösung. Die Ein- und Ausgabe erfolgt meist über graphische Benutzerinterfaces, so dass der Nutzer nur noch wenige Kenntnisse über das verwendete Programmsystem benötigt und diese in der Regel auch nicht hat. Deshalb sind Ergänzungen oder Erweiterungen der Programme durch den Nutzer oft nicht ohne Weiteres möglich. Zumindest für die Einarbeitung in die Methode ist es daher zweckmäßig, kleine Programme selbst zu entwerfen oder einzusetzen.

7   Kontinuierliche Systeme

Die Bewegung eines elastischen Körpers kann sowohl mit der Methode der Mehrkörpersysteme als auch mit der Methode der finiten Elemente nur näherungsweise beschrieben werden. Das elastische Kontinuum hat bei einer verfeinerten Modellierung durch infinitesimale Teilkörper unendlich viele Freiheitsgrade, seine Bewegung wird lokal durch partielle Differentialgleichungen bestimmt. Es werden zuerst die lokalen Cauchyschen Bewegungsgleichungen für ein freies Kontinuum und für den elastischen Balken als Kontinuum mit inneren Bindungen angegeben, die beide durch die Randbedingungen zu ergänzen sind. Die globalen Bewegungsgleichungen erhält man dann mit den Eigenfunktionen, die den Randbedingungen genügen müssen. Dabei kommt wiederum das d'Alembertsche Prinzip zum Tragen. Die globalen Bewegungsgleichungen beschreiben nun die Bewegung eines elastischen Körpers exakt. Allerdings ist damit die Lösung eines unendlich-dimensionalen Eigenwertproblems verbunden, die nur bei geometrisch einfachen Körpern gelingt. Deshalb haben kontinuierliche Systeme für die technische Praxis keine so große Bedeutung wie die bisher genannten Näherungsverfahren. Beschränkt man sich auf eine endliche Anzahl von Eigenfunktionen, wie dies bei der technischen Modalanalyse der Fall ist, dann stellen auch die kontinuierliche Systeme eine Näherung dar.

7.1 Lokale Bewegungsgleichungen

Schneidet man aus einem Kontinuum ein infinitesimales Volumenelement heraus, so gelten dafür die Cauchyschen Bewegungsgleichungen (3.64), (3.65), dargestellt mit der Differentialoperatorenmatrix $\mathscr{V}$ in der kompakten Form (3.67)

$$\rho \mathbf{a} = \rho \mathbf{f} + \mathscr{V}^T \cdot \boldsymbol{\sigma}. \tag{7.1}$$

Beachtet man weiterhin das Stoffgesetz (3.68) und setzt man kleine Bewegungen gegenüber dem Inertialsystem voraus, $\mathbf{r}(t) = \mathbf{0}$, $\mathbf{S}(t) = \mathbf{0}$, so folgen aus (7.1) mit (2.143) die lokalen Bewegungsgleichungen eines freien Kontinuums zu

$$\rho \ddot{\mathbf{w}}(\boldsymbol{\rho},t) = \mathscr{V}^T \cdot \mathbf{H} \cdot \mathscr{V} \cdot \mathbf{w}(\boldsymbol{\rho},t) + \rho \mathbf{f}. \tag{7.2}$$

Zur Lösung der Bewegungsgleichungen sind weiterhin die Randbedingungen an der Oberfläche des freien Kontinuums erforderlich, sie können entweder geometrisch als Zwangsbedingungen

$$\mathbf{w}(\boldsymbol{\rho},t) = \mathbf{w}_r(\boldsymbol{\rho},t), \qquad \boldsymbol{\rho} \in A_r, \tag{7.3}$$

und/ oder dynamisch als eingeprägte Oberflächenkräfte

$$\mathbf{t}(\boldsymbol{\rho},t) = \mathbf{t}_e(\boldsymbol{\rho},t), \qquad \boldsymbol{\rho} \in A_e \tag{7.4}$$

© Springer Fachmedien Wiesbaden GmbH, ein Teil von Springer Nature 2020
W. Schiehlen und P. Eberhard, *Technische Dynamik*,
https://doi.org/10.1007/978-3-658-31373-9_7

gegeben sein, siehe Bild 7.1. Eine strenge Lösung der Bewegungsgleichungen ist nur in einfachen Fällen möglich.

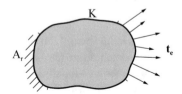

Bild 7.1: Randbedingungen eines Kontinuums

Man kann jedoch innere Bindungen vorgeben, wodurch sich häufig nützliche Näherungen finden lassen. Dieses Vorgehen ist z. B. beim Balken üblich.

Für einen kontinuierlichen Balken mit starren Querschnitten lautet nach (6.12) und (6.13) der 3×1-Verschiebungsvektor

$$
\mathbf{w}(\boldsymbol{\rho},t) = \underbrace{\begin{bmatrix} 1 & 0 & 0 & 0 & \vline & \rho_2\frac{\partial}{\partial\rho_1} & \rho_3\frac{\partial}{\partial\rho_1} \\ 0 & 1 & 0 & \rho_3 & \vline & 0 & 0 \\ 0 & 0 & 1 & -\rho_2 & \vline & 0 & 0 \end{bmatrix}}_{\mathscr{W}} \cdot \underbrace{\begin{bmatrix} u \\ v \\ w \\ \alpha \\ --- \\ (-v) \\ (-w) \end{bmatrix}}_{\boldsymbol{\zeta}(\rho_1,t)}, \tag{7.5}
$$

wobei $\mathscr{W}$ eine 3×6-Differentialoperatorenmatrix und $\boldsymbol{\zeta}(\rho_1,t)$ ein 6×1-Vektor von verallgemeinerten Funktionen ist. Die sechs verallgemeinerten Funktionen müssen einerseits voneinander unabhängig sein, andererseits sind sie aber durch Differentiationen miteinander verknüpft. Deshalb werden in (7.5) die negativen Funktionen $(-v)$, $(-w)$ gesondert mitgeführt. Setzt man nun (7.5) in (7.2) ein und wendet das d'Alembertsche Prinzip in der Form (4.33) an, so findet man für ein infinitesimales Balkenelement

$$
\int_A \mathscr{W}^T \cdot \rho\mathscr{W} \cdot \ddot{\boldsymbol{\zeta}}dA = \int_A \mathscr{W}^T \cdot \rho\mathbf{f}dA + \int_A \mathscr{W}^T \cdot \mathscr{V}^T \cdot \mathbf{H} \cdot \mathscr{V} \cdot \mathscr{W} \cdot \boldsymbol{\zeta}dA, \tag{7.6}
$$

wobei wegen der infinitesimalen Länge $d\rho_1$ des Elements nur über die Schnittebene A zu integrieren ist. Wählt man nun ein Hauptachsensystem mit dem Flächenmittelpunkt der Schnittebene als Ursprung, so erhält man entkoppelte Bewegungsgleichungen für die verallgemeinerten Funktionen u, v, w und α. Die resultierende Gleichung für die Längsverschiebung lautet

$$
\rho A\ddot{u}(x,t) = \frac{EA}{L^2}u''(x,t) + n(x,t), \qquad x = \frac{\rho_1}{L}, \qquad u'' = \frac{\partial^2 u}{\partial x^2}, \tag{7.7}
$$

mit der Streckenlast $n(x,t)$ und den geometrischen Randbedingungen

$$u(x_i,t) = u_r(x_i,t), \qquad x_i \in \{0,1\} \tag{7.8}$$

und/ oder den Normalkräften an den Balkenenden als den dynamischen Randbedingungen

$$N_i(t) = \int\limits_A \sigma_{11i}dA = \frac{EA}{L}u'(x_i,t), \qquad x \in \{0,1\}. \tag{7.9}$$

Dabei wurde eine Normierung der Koordinate ρ_1 bezüglich der Balkenlänge L vorgenommen. Die Bewegungsgleichung (7.7) ist eine hyperbolische partielle Differentialgleichung. Für den Torsionswinkel $\alpha(x,t)$ erhält man eine (7.7) entsprechende Differentialgleichung, wobei die Schnittfläche A durch das polare Flächenträgheitsmoment J_P und der Elastizitätsmodul E durch den Schubmodul G zu ersetzen sind. Die Durchbiegungen führen im Fall schlanker Balken $\rho_2 \ll L, \rho_3 \ll L$ dagegen auf parabolische partielle Differentialgleichungen. Für die Durchbiegung in 2-Richtung gilt

$$\rho A \ddot{v}(x,t) = -\frac{EJ_3}{L^4}v^{IV}(x,t) + q(x,t), \tag{7.10}$$

wobei $q(x,t)$ eine Streckenlast darstellt und die Randbedingungen

$$v(x,t) = v_r(x,t), \qquad v'(x,t) = v'_r(x,t), \qquad x \in \{0,1\} \tag{7.11}$$

und/ oder die Biegemomente und Querkräfte an den Balkenenden

$$M(t) = \int\limits_A \rho_2\sigma_{11}dA = \frac{EJ_3}{L^2}v''(x,t), \tag{7.12}$$

$$Q(t) = \int\limits_A \tau_{12}dA = \frac{EJ_3}{L^3}v'''(x,t), \qquad x \in \{0,1\}, \tag{7.13}$$

zu beachten sind. Entsprechende Beziehungen gelten für die Durchbiegung in 3-Richtung. Die lokalen Bewegungsgleichungen können noch in zahlreichen anderen Varianten angegeben werden. So lassen sich z. B. ohne Schwierigkeiten veränderliche Querschnitte und/oder die Massenträgheitsmomente des infinitesimalen Balkenelements berücksichtigen. Darüber hinaus sind auch Kopplungen zwischen den hier dargestellten elementaren Stabschwingungen möglich.

7.2 Eigenfunktionen von Stäben

Als erster Schritt zur Lösung der partiellen Differentialgleichungen der Bewegung eines Stabes werden die homogenen Differentialgleichungen betrachtet. So erhält man z. B. für die Längsverschiebung aus (7.7) mit $n(x,t) = 0$ die homogene Differentialgleichung

$$\rho A \ddot{u}(x,t) = \frac{EA}{L^2}u''(x,t), \tag{7.14}$$

die ebenfalls den Randbedingungen (7.8) oder (7.9) genügen muss. Mit dem Produktansatz

$$u(x,t) = U(x)y(t) \tag{7.15}$$

findet man an Stelle von (7.14) die beiden gewöhnlichen Differentialgleichungen

$$\ddot{y}(t) + \omega^2 y(t) = 0, \tag{7.16}$$

$$U''(x) + \beta^2 U(x) = 0, \qquad \beta^2 = \frac{\rho L^2}{E} \omega^2. \tag{7.17}$$

Da die orts- und zeitabhängigen Größen nun getrennt auftreten, bezeichnet man (7.15) oft auch als Separationsansatz.

Durch (7.17) ist ein Eigenwertproblem mit der allgemeinen Lösung

$$U(x) = C_1 \sin \beta x + C_2 \cos \beta x \tag{7.18}$$

gegeben. Die Integrationskonstanten C_1, C_2 werden dabei durch die Randbedingungen (7.8) und/oder (7.9) bestimmt. Aus der sich dabei ergebenden charakteristischen Gleichung folgen dann f Eigenfrequenzen und f Eigenfunktionen, $f = 1(1)\infty$, welche die Lösung des Problems kennzeichnen. Mit den f Eigenfunktionen kann dann im Besonderen die allgemeine Lösung aufgebaut werden.

Beispiel 7.1: Beidseitig eingespannter Stab

Die Randbedingungen eines Stabes mit Einheitslänge werden ausschließlich durch (7.8) bestimmt,

$$u(0,t) = 0, \qquad u(1,t) = 0. \tag{7.19}$$

Die charakteristische Gleichung lautet somit

$$\sin \beta = 0. \tag{7.20}$$

Die Nullstellen der charakteristischen Gleichung führen auf die Eigenwerte

$$\beta_f = f\pi, \qquad f = 1(1)\infty, \tag{7.21}$$

die Eigenfrequenzen

$$\omega_f = f\frac{\pi}{L}\sqrt{\frac{E}{\rho}}, \qquad f = 1(1)\infty \tag{7.22}$$

und die Eigenfunktionen

$$U_f(x) = C_1 \sin(f\pi x), \qquad f = 1(1)\infty. \tag{7.23}$$

Die ersten drei Eigenfunktionen sind in Bild 7.2 dargestellt. Die Eigenfunktionen sind stets von einem skalaren Faktor abhängig und können normiert werden.

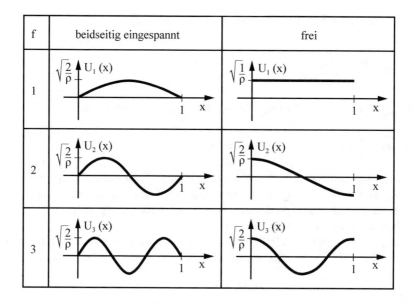

Bild 7.2: Normierte Eigenfunktionen eines Stabes

Beispiel 7.2: Freier Stab

Die Randbedingungen eines Stabes mit Einheitslänge werden nun durch (7.9) festgelegt, die charakteristische Gleichung ist durch

$$\beta = 0 \qquad \text{oder} \qquad \sin \beta = 0 \tag{7.24}$$

gegeben. Die Eigenwerte lauten

$$\beta_f = (f-1)\pi, \qquad f = 1(1)\infty \tag{7.25}$$

und die Eigenfunktionen haben die Form

$$U_f(x) = C_2 \cos\left[\,(f-1)\pi x\,\right], \qquad f = 1(1)\infty. \tag{7.26}$$

Der erste Eigenwert $\beta = 0$ kennzeichnet die Starrkörperbewegung des freien Stabes, die höheren Eigenwerte beschreiben die elastischen Schwingungen. Die ersten drei Eigenfunktionen sind in Bild 7.2 dargestellt.

Das Eigenwertproblem hat im Falle zweier zeitinvarianter geometrischer Randbedingungen

$$u(x_i, t) = u_r(x_i), \qquad x_i \in \{0,1\}, \tag{7.27}$$

immer eine besonders einfache Form, da die charakteristische Gleichung unmittelbar aus (7.18) gefunden werden kann. Liegen dagegen eine oder zwei dynamische Randbedingungen vor, so muss (7.18) noch zusätzlich differenziert werden. Dies lässt sich vermeiden, wenn die dynamischen Randbedingungen durch diskrete, an den Balkenenden angreifende Volumenkräfte ersetzt werden. Dazu führt man die Dirac-Funktion bezüglich der Balkenachse ein,

$$\delta(x-x_i) = 0 \qquad \text{für } x \neq x_i, \qquad \int_0^1 \delta(x-x_i)dx = 1. \tag{7.28}$$

Für die Bewegungsgleichung der Längsbewegung des Balkens bleibt somit

$$\rho A \ddot{u}(x,t) = \frac{EA}{L^2}u''(x,t) + \frac{N_i(t)}{L}\delta(x-x_i) + n(x,t), \qquad x_i \in \{0,1\} \tag{7.29}$$

mit den Randbedingungen (7.27). Durch die Darstellung (7.29) werden also die Auswirkungen der dynamischen Randbedingungen vom homogenen auf den inhomogenen Lösungsanteil verschoben, was numerisch günstig sein kann. Weiterhin lassen sich mit (7.29) die globalen Bewegungsgleichungen elegant formulieren.

Auch für die Durchbiegung eines Balkens lässt sich das oben geschilderte Verfahren anwenden. Dabei bleibt (7.16) unverändert erhalten, während das Eigenwertproblem die Form

$$U^{IV}(x) - \gamma^4 U(x) = 0, \qquad \gamma^4 = \frac{\rho A L^4}{EJ_3}\omega^2 \tag{7.30}$$

annimmt. Seine allgemeine Lösung lautet

$$U(x) = C_1\cos(\gamma x) + C_2\sin(\gamma x) + C_3\cosh(\gamma x) + C_4\sinh(\gamma x), \tag{7.31}$$

wobei die Integrationskonstanten durch vier Randbedingungen bestimmt werden. Eine Tabelle mit Eigenwerten und Eigenfunktionen unterschiedlich gelagerter Balken ist z. B. bei Holzweißig und Dresig [18] oder Demeter [17] zu finden.

7.3 Globale Bewegungsgleichungen

Ein kontinuierliches System hat unendlich viele Freiheitsgrade. Dies kommt bei der Lösung des Eigenwertproblems, z. B. in (7.21), auch unmittelbar zum Ausdruck. Verwendet man die Zeitfunktionen $y_f(t)$, $f = 1(1)\infty$, als verallgemeinerte Koordinaten und die Eigenfunktionen $U_f(t)$, $f = 1(1)\infty$, als Ansatzfunktion, so lässt sich die allgemeine Lösung für die Längsverschiebung durch

$$u(x,t) = \mathbf{J}(x) \cdot \mathbf{y}(t) \tag{7.32}$$

darstellen, wobei

$$\mathbf{y}(t) = \begin{bmatrix} y_1 & y_2 & \cdots & y_f \end{bmatrix}, \qquad f \to \infty, \tag{7.33}$$

den $f \times 1$-Lagevektor darstellt und

$$\mathbf{J}(x) = \begin{bmatrix} U_1 & U_2 & \cdots & U_f \end{bmatrix}, \qquad f \to \infty, \tag{7.34}$$

die $f \times 1$ Jacobi-Matrix beschreibt.

Setzt man nun (7.32) in die lokale Bewegungsgleichung (7.29) ein und wendet man das d'Alembertsche Prinzip (4.33) auf den gesamten Balken an, so bleibt für normierte Eigenfunktionen als Ergebnis

$$\ddot{\mathbf{y}}(t) + \boldsymbol{\omega}^2 \cdot \mathbf{y}(t) = \mathbf{q}(t). \tag{7.35}$$

Durch die Normierung wird nämlich die $f \times f$-Massenmatrix gerade zur Einheitsmatrix,

$$\mathbf{M} = \mathbf{E} = \int_0^1 \mathbf{J}^T(x) \cdot \rho \mathbf{J}(x) dx, \tag{7.36}$$

was für alle positiv definiten selbstadjungierten Differentialgleichungs-Eigenwertprobleme gilt. Man sagt auch, dass die Eigenfunktionen zueinander orthogonal sind. Die $f \times f$-Frequenzmatrix

$$\boldsymbol{\omega}^2 = \mathbf{diag}\{\omega_1^2 \quad \omega_2^2 \quad \dots \quad \omega_f^2\} = -\int_0^1 \mathbf{J}(x)\frac{E}{L^2} \cdot \mathbf{J}''(x) dx, \qquad f \to \infty, \tag{7.37}$$

entspricht der positiv definiten Steifigkeitsmatrix für die jeweiligen Randbedingungen (7.27). Weiterhin ist der $f \times 1$-Vektor der verallgemeinerten Kräfte gegeben als

$$\mathbf{q}(t) = \frac{1}{A} \int_0^1 \mathbf{J}(x) n(x,t) dx + \sum_i \mathbf{J}(x_i) \frac{N_i(t)}{AL}, \qquad x_i \in \{0,1\}. \tag{7.38}$$

Der letzte Term in (7.38) tritt nur auf, wenn eine oder zwei dynamische Randbedingungen (7.9) gegeben sind. Er verschwindet, wenn lediglich geometrische Randbedingungen vorliegen, die auf Reaktionskräfte führen. Im Übrigen gilt (7.38) auch für Einzelkräfte, die an jeder beliebigen Stelle des Balkens angreifen.

Die globalen Bewegungsgleichungen (7.35) müssen noch durch die Anfangsbedingungen ergänzt werden,

$$u(x, t_0) = \mathbf{J}(x) \cdot \mathbf{y}(t_0), \tag{7.39}$$
$$\dot{u}(x, t_0) = \mathbf{J}(x) \cdot \dot{\mathbf{y}}(t_0). \tag{7.40}$$

Mit Hilfe von (7.36) folgt daraus

$$\mathbf{y}(t_0) = \int_0^1 \mathbf{J}(x) \rho u(x, t_0) dx, \tag{7.41}$$

$$\dot{\mathbf{y}}(t_0) = \int_0^1 \mathbf{J}(x) \rho \dot{u}(x, t_0) dx. \tag{7.42}$$

Damit ist die globale Lösung vollständig bekannt. Die Tatsache, dass die Eigenfunktionen (Eigenformen, Eigenmoden) dabei die entscheidende Rolle spielen, hat auch zu der Bezeichnung Modalanalyse geführt.

Die Modalanalyse ist ebenso für die Durchbiegung von Balken gültig. Sie ist darüber hinaus auch auf beliebige kontinuierliche Systeme übertragbar, jedoch gelingt die allgemeine Lösung des Eigenwertproblems nur selten.

Die Modalanalyse beschreibt eindimensionale kontinuierliche Systeme exakt. Die erreichte Genauigkeit muss jedoch mit einer unendlichen Systemordnung erkauft werden. Da andererseits aus der Schwingungslehre bekannt ist, dass die hohen Eigenfrequenzen nur einen geringen Beitrag zur tatsächlichen Bewegung leisten, wird in der Praxis die Modalanalyse auf eine endliche Anzahl von Freiheitsgraden beschränkt. Damit ist die Modalanalyse ebenfalls zu einem technischen Näherungsverfahren geworden, wobei als Ansatzfunktionen gerade die Eigenfunktionen Verwendung finden. Somit zeichnet sich die technische Modalanalyse dadurch aus, dass ihre Ansatzfunktionen wenigstens exakte partikuläre Lösungen darstellen. Im Besonderen eignen sich solche partikuläre Lösungen zum Vergleich mit Ergebnissen der Methode der Mehrkörpersysteme und der Methode der finiten Elemente.

Beispiel 7.3: Harmonisch angeregter Stab

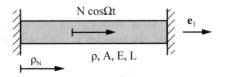

Bild 7.3: Harmonisch angeregter Stab

Ein beiderseitig eingespannter Stab, Bild 7.3, wird durch die Einzelkraft $N(t) = N\cos\Omega t$ an der Stelle $\rho_N = Lx_N$ harmonisch angeregt. Dann gilt für die verallgemeinerte Kraft nach (7.38)

$$q_f(t) = \frac{N}{AL}U_f(x_N)\cos\Omega t.\tag{7.43}$$

Die globalen Bewegungsgleichungen (7.35) lauten somit

$$\ddot{y}_f(t) + \omega_f^2 y(t) = U_f(x_N)\frac{N}{AL}\cos\Omega t, \qquad f = 1(1)\infty\tag{7.44}$$

und für die partikuläre Lösung findet man

$$y_f(t) = \frac{U_f(x_N)}{\omega_f^2 - \Omega^2}\frac{N}{AL}\cos\Omega t, \qquad f = 1(1)\infty.\tag{7.45}$$

Die Verschiebung des Stabes ist nach (7.32) also

$$u(x,t) = \sum_{f=1}^{\infty}\frac{U_f(x)U_f(x_N)}{\omega_f^2 - \Omega^2}\frac{N}{AL}\cos\Omega t.\tag{7.46}$$

Für $\Omega \to \omega_f$ und $N \to 0$ folgt daraus

$$u(x,t) = \alpha U_f(x) \cos \Omega t \tag{7.47}$$

mit einem konstanten Faktor α. Dieses Ergebnis entspricht der bekannten Tatsache, dass sich bei einer kleinen Erregung eines kontinuierlichen Systems mit der f-ten Eigenfrequenz genau die f-te Eigenform ausbildet.

Kontinuierliche Systeme können ebenso wie Finite Elemente Systeme mit Mehrkörpersystemen kombiniert werden. Solange die zusätzlichen starren Körper den Balkenbewegungen reibungsfrei folgen, kann man entweder das Eigenwertproblem (7.17) neu formulieren oder die globalen Bewegungsgleichungen (7.35) werden entsprechend erweitert. Kommen dagegen auch mehrdimensionale Kopplungen und/ oder Dämpfungskräfte ins Spiel, so bleibt nur noch die zweite Möglichkeit. Damit sind noch einmal die Grenzen der Modalanalyse aufgezeigt.

8 Zustandsgleichungen mechanischer Systeme

In den vorangegangenen Kapiteln wurden die Bewegungsgleichungen mechanischer Systeme hergeleitet. Diese Bewegungsgleichungen sollen nun einheitlich in der Form von Zustandsgleichungen dargestellt werden. Der Begriff der Zustandsgleichungen ist vor allem in der Systemdynamik und der Systemtheorie gebräuchlich, doch auch in der Technischen Dynamik ist es nützlich mit Eingangs-, Zustands- und Ausgangsgrößen zu arbeiten. Die Zustandsgrößen, zu denen z. B. die verallgemeinerten Koordinaten gehören, können in unterschiedlicher Weise gewählt werden. Es bestehen jedoch Transformationsgesetze zwischen den einzelnen Darstellungen. In diesem Kapitel werden im Besonderen die linearen Systeme betrachtet, die durch Ähnlichkeits- bzw. Kongruenztransformationen in eine Normalform gebracht werden können.

8.1 Nichtlineare Zustandsgleichungen

In mechanischen Systemen werden Kräfte und Bewegungen verknüpft, die sowohl Eingangs- als auch Ausgangsgrößen darstellen können, Bild 8.1. Sind alle Kräfte vorgegeben, so lassen sich als Ausgangsgrößen des Systems die freien Bewegungen bestimmen. Dies entspricht dem direkten Problem der Dynamik. Werden umgekehrt alle gebundenen Bewegungen als Eingangsgrößen aufgefasst, so bleiben als unbekannte Ausgangsgrößen die Reaktionskräfte. Deren Bestimmung wird als indirektes oder inverses Problem der Dynamik bezeichnet. Neben diesen Grenzfällen gibt es noch zahlreiche Mischformen. Im Weiteren werden nur das direkte Problem und die Bewegungsdifferentialgleichungen des gemischten Problems dargestellt.

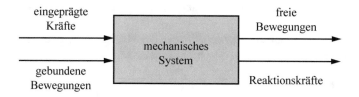

Bild 8.1: Ein- und Ausgangsgrößen eines mechanischen Systems

Die Zustandsgrößen mechanischer Ersatzsysteme sind durch die Lagegrößen $y_i(t), i = 1(1)f$, die Geschwindigkeitsgrößen $z_i(t), i = 1(1)g$, und die Kraftgrößen $w_i(t), i = 1(1)h$, gegeben. Fasst man alle Zustandsgrößen zu einem $n \times 1$-Zustandsvektor $\mathbf{x}(t)$ zusammen, so gilt für gewöhnliche Mehrkörpersysteme, Finite-Elemente-Systeme und kontinuierliche Systeme

$$\mathbf{x}(t) = \begin{bmatrix} \mathbf{y}(t) & \dot{\mathbf{y}}(t) \end{bmatrix}, \qquad n = 2f, \tag{8.1}$$

während sich für allgemeine Mehrkörpersysteme

$$\mathbf{x}(t) = \begin{bmatrix} \mathbf{y}(t) & \mathbf{z}(t) & \mathbf{w}(t) \end{bmatrix}, \qquad n = f + g + h \tag{8.2}$$

ergibt. Die Eingangsgrößen sind durch die frei verfügbaren Stellkräfte und sonstige, im Allgemeinen als Störungen bezeichnete Kräfte bestimmt. Die r Eingangsgrößen werden zu einem $r \times 1$-Eingangsvektor

$$\mathbf{u} = \mathbf{u}(t), \qquad r \leq n, \tag{8.3}$$

zusammengefasst. Die Ausgangsgrößen entsprechen in der Technischen Dynamik häufig einzelnen Zustandsgrößen, doch es sind auch Linearkombinationen von Eingangs- und Ausgangsgrößen möglich.

Die globalen Bewegungsgleichungen (5.28), (5.35), (5.74), (6.40) und (7.35) lassen sich jeweils mit (8.1) bis (8.3) durch die nichtlinearen Zustandsgleichungen

$$\dot{\mathbf{x}}(t) = \mathbf{a}(\mathbf{x}, \mathbf{u}, t), \qquad \mathbf{x}(t_0) = \mathbf{x}_0, \tag{8.4}$$

darstellen, wobei $\mathbf{a}$ eine $n \times 1$-Vektorfunktion und $\mathbf{x}_0$ den $n \times 1$-Vektor der Anfangsbedingungen beschreibt. Damit ist eine Vektordifferentialgleichung erster Ordnung gegeben, die sich unmittelbar für die numerische Lösung eignet.

8.2 Lineare Zustandsgleichungen

Aus den nichtlinearen Zustandsgleichungen (8.4) erhält man durch Linearisierung, soweit dies physikalisch zulässig ist, die für die technische Praxis außerordentlich wichtigen linearen Zustandsgleichungen

$$\dot{\mathbf{x}}(t) = \mathbf{A}(t) \cdot \mathbf{x}(t) + \mathbf{B}(t) \cdot \mathbf{u}(t), \qquad \mathbf{x}(t_0) = \mathbf{x}_0. \tag{8.5}$$

Dabei ist $\mathbf{A}(t)$ die $n \times n$-Systemmatrix und $\mathbf{B}(t)$ die $n \times r$-Eingangsmatrix. Die Zustandsgleichungen (8.5) kennzeichnen ein zeitvariantes System, während für konstante Matrizen $\mathbf{A}$ und $\mathbf{B}$ ein zeitinvariantes System gegeben ist.

Für gewöhnliche lineare Mehrkörpersysteme haben die Matrizen eine charakteristische Struktur. Aus (5.59) erhält man mit (8.1) und $\mathbf{u}(t) = \mathbf{h}(t)$ die Matrizen

$$\mathbf{A} = \left[\begin{array}{c|c} \mathbf{0} & \mathbf{E} \\ \hline -\mathbf{M}^{-1} \cdot \mathbf{Q} & -\mathbf{M}^{-1} \cdot \mathbf{P} \end{array} \right], \qquad \mathbf{B} = \left[\begin{array}{c} \mathbf{0} \\ \hline \mathbf{M}^{-1} \end{array} \right], \tag{8.6}$$

die auch für Finite-Elemente-Systeme und kontinuierliche Systeme gelten. Zur Bildung der Matrizen $\mathbf{A}$ und $\mathbf{B}$ wird bei mechanischen Systemen stets die Inverse $\mathbf{M}^{-1}$ der Massenmatrix benötigt. Da die Massenmatrix linearer Systeme positiv definit ist, kann deren Inverse immer gebildet werden.

8.3 Transformation linearer Gleichungen

Die Wahl der Zustandsgrößen beeinflusst die Matrizen der Zustandsgleichungen (8.5). Da der Verlauf neiner mechanischen Bewegung aber nicht von der Wahl der Zustandsgrößen abhängen

kann, muss zwischen verschiedenen Beschreibungen ein mathematischer Zusammenhang bestehen. Dieser wird durch Transformationsgesetze vermittelt.
Die Beziehung zwischen zwei unterschiedlichen $n \times 1$-Zustandsvektoren $\mathbf{x}(t)$ und $\hat{\mathbf{x}}(t)$ wird bei linearen, zeitinvarianten Systemen durch eine konstante und reguläre $n \times n$-Transformationsmatrix $\mathbf{T}$ vermittelt

$$\mathbf{x}(t) = \mathbf{T} \cdot \hat{\mathbf{x}}(t). \tag{8.7}$$

Setzt man (8.7) in die Zustandsgleichungen (8.5) ein, so bleibt

$$\mathbf{T} \cdot \dot{\hat{\mathbf{x}}}(t) = \mathbf{A} \cdot \mathbf{T} \cdot \hat{\mathbf{x}}(t) + \mathbf{B} \cdot \mathbf{u}(t) \tag{8.8}$$

oder

$$\dot{\hat{\mathbf{x}}}(t) = \hat{\mathbf{A}} \cdot \hat{\mathbf{x}}(t) + \hat{\mathbf{B}} \cdot \mathbf{u}(t) \tag{8.9}$$

mit dem Transformationsgesetz für die Systemmatrix

$$\hat{\mathbf{A}} = \mathbf{T}^{-1} \cdot \mathbf{A} \cdot \mathbf{T} \tag{8.10}$$

und der Eingangsmatrix

$$\hat{\mathbf{B}} = \mathbf{T}^{-1} \cdot \mathbf{B}. \tag{8.11}$$

Das Transformationsgesetz (8.10) beschreibt eine Ähnlichkeitstransformation. Dadurch wird die besondere Struktur der Matrizen (8.6) im Allgemeinen zerstört. Es gibt jedoch spezielle Transformationsmatrizen, welche die Struktur der Matrizen (8.6) nicht verändern. Eine solche Transformationsmatrix ist durch

$$\mathbf{T} = \left[\begin{array}{c|c} \mathbf{U} & \mathbf{0} \\ \hline \mathbf{0} & \mathbf{U} \end{array} \right] \tag{8.12}$$

gegeben, wobei $\mathbf{U}$ eine konstante, reguläre $f \times f$-Matrix ist.
Ebenso wie die Zustandsgrößen kann man auch die Lagegrößen beliebig wählen. Dann besteht zwischen zwei verschiedenen Lagevektoren $\mathbf{y}(t)$ und $\hat{\mathbf{y}}(t)$ der Zusammenhang

$$\mathbf{y}(t) = \mathbf{U} \cdot \hat{\mathbf{y}}(t). \tag{8.13}$$

Setzt man (8.13) in (5.60) ein, so findet man für lineare, zeitinvariante Systeme

$$\mathbf{M} \cdot \mathbf{U} \cdot \ddot{\hat{\mathbf{y}}}(t) + (\mathbf{D} + \mathbf{G}) \cdot \mathbf{U} \cdot \dot{\hat{\mathbf{y}}}(t) + (\mathbf{K} + \mathbf{N}) \cdot \mathbf{U} \cdot \hat{\mathbf{y}}(t) = \mathbf{h}(t) \tag{8.14}$$

wobei $\mathbf{M} \cdot \mathbf{U}$ eine unsymmetrische Matrix darstellt. Verlangt man nun wieder die ursprünglich vorhandene Symmetrie der Massenmatrix, so muss (8.14) von links mit $\mathbf{U}^T$ multipliziert werden. Dann bleibt

$$\hat{\mathbf{M}} \cdot \ddot{\hat{\mathbf{y}}}(t) + (\hat{\mathbf{D}} + \hat{\mathbf{G}}) \cdot \dot{\hat{\mathbf{y}}}(t) + (\hat{\mathbf{K}} + \hat{\mathbf{N}}) \cdot \hat{\mathbf{y}}(t) = \hat{\mathbf{h}}(t), \tag{8.15}$$

woraus man das Transformationsgesetz für alle Matrizen in der Form

$$\hat{\mathbf{M}} = \mathbf{U}^T \cdot \mathbf{M} \cdot \mathbf{U} \tag{8.16}$$

und für den Erregervektor als

$$\hat{\mathbf{h}}(t) = \mathbf{U}^T \cdot \mathbf{h}(t) \tag{8.17}$$

abliest. Das Transformationsgesetz (8.16) heißt Kongruenztransformation.

Bei der Aufstellung der Bewegungsgleichungen nach dem d'Alembertschen Prinzip sind immer wieder Kongruenztransformationen aufgetreten, wobei neben den quadratischen Transformationsmatrizen, wie z. B. in (5.29), auch rechteckige Transformationsmatrizen, wie in (5.36), (6.41) oder (7.36) zu finden waren. Das d'Alembertsche Prinzip kann deshalb auch als eine Kongruenztransformation im erweiterten Sinne aufgefasst werden. Kennzeichen ist dabei die Erhaltung der Symmetrie der Massenmatrix.

Beispiel 8.1: Doppelpendel

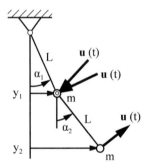

Bild 8.2: Doppelpendel mit Kraftsteuerung

Die linearisierten Bewegungsgleichungen eines angetriebenen Doppelpendels, siehe Bild 8.2, lauten für kleine Winkel

$$mL^2 \begin{bmatrix} 2 & 1 \\ 1 & 1 \end{bmatrix} \cdot \begin{bmatrix} \ddot{\alpha}_1 \\ \ddot{\alpha}_2 \end{bmatrix} + mgL \begin{bmatrix} 2 & 0 \\ 0 & 1 \end{bmatrix} \cdot \begin{bmatrix} \alpha_1 \\ \alpha_2 \end{bmatrix} = \begin{bmatrix} -L \\ L \end{bmatrix} u(t). \tag{8.18}$$

Der Antrieb erfolgt durch drei gleich große Stellkräfte $u(t)$, die senkrecht auf den beiden Stäben des Doppelpendels stehen.

Verwendet man anstelle der Winkel die horizontalen Auslenkungen als verallgemeinerte Koordinaten, so erhält man für kleine Winkel die Transformationsmatrix

$$\mathbf{U} = \frac{1}{L} \begin{bmatrix} 1 & 0 \\ -1 & 1 \end{bmatrix}. \tag{8.19}$$

Damit folgen nach (8.15), (8.16) die kongruent transformierten Bewegungsgleichungen

$$m \begin{bmatrix} 1 & 0 \\ 0 & 1 \end{bmatrix} \cdot \begin{bmatrix} \ddot{y}_1 \\ \ddot{y}_2 \end{bmatrix} + \frac{mg}{L} \begin{bmatrix} 3 & -1 \\ -1 & 1 \end{bmatrix} \cdot \begin{bmatrix} y_1 \\ y_2 \end{bmatrix} = \begin{bmatrix} -2 \\ 1 \end{bmatrix} u(t). \tag{8.20}$$

Man erkennt, dass in (8.18) die Massenkräfte gekoppelt sind, während in (8.20) die Gewichtskräfte eine Kopplung aufweisen. Die Art der Kopplung hängt daher von der Wahl der Koordinaten ab. Es ist also nicht möglich, aus der Art der Kopplung Aussagen über das mechanische Verhalten eines linearen Systems zu gewinnen. Dagegen kann die Erklärung der Terme durch eine geeignete Wahl der Koordinaten erleichtert werden. So entsprechen z. B. die verallgemeinerten Kräfte in der Darstellung (8.20) unmittelbar den wirkenden mechanischen Kräften, siehe Bild 8.2.

Weiterhin sollen die Bewegungsgleichungen (8.18) noch in die Zustandsgleichungen überführt werden. Nach (8.1) lautet der 4×1-Zustandsvektor

$$\mathbf{x}(t) = \begin{bmatrix} \alpha_1 & \alpha_2 & \dot{\alpha}_1 & \dot{\alpha}_2 \end{bmatrix} \tag{8.21}$$

und die Matrizen der Zustandsgleichungen haben die Form

$$\mathbf{A} = \left[\begin{array}{cc|cc} 0 & 0 & 1 & 0 \\ 0 & 0 & 0 & 1 \\ \hline -2\frac{g}{L} & \frac{g}{L} & 0 & 0 \\ 2\frac{g}{L} & -2\frac{g}{L} & 0 & 0 \end{array} \right], \quad \mathbf{B} = \left[\begin{array}{c} 0 \\ 0 \\ \hline -\frac{2}{mL} \\ \frac{3}{mL} \end{array} \right]. \tag{8.22}$$

Man sieht, dass die Submatrizen der Systemmatrix $\mathbf{A}$ im Allgemeinen ihre Symmetrieeigenschaften verlieren.

8.4 Normalformen

Die Wahl der Zustandsgrößen beeinflusst die Koeffizientenmatrizen der Zustandsgleichungen. Es stellt sich deshalb die Frage, ob Zustandsgrößen existieren, welche der Systemmatrix eine möglichst einfache Form geben. Diese Frage wird für das homogene System

$$\dot{\mathbf{x}}(t) = \mathbf{A} \cdot \mathbf{x}(t) \tag{8.23}$$

untersucht, dessen Lösung auch dem entkoppelten System

$$\dot{\mathbf{x}}(t) = \lambda \mathbf{E} \cdot \mathbf{x}(t) \tag{8.24}$$

genügen soll. Aus (8.24) folgt zunächst die partikuläre Lösung

$$\mathbf{x}(t) = e^{\lambda t} \tilde{\mathbf{x}} \tag{8.25}$$

mit dem konstanten $n \times 1$-Vektor $\tilde{\mathbf{x}}$ der Anfangsbedingungen. Eingesetzt in (8.23) erhält man dann die zugehörige Eigenwertaufgabe

$$(\lambda \mathbf{E} - \mathbf{A}) \cdot \tilde{\mathbf{x}} = \mathbf{0}. \tag{8.26}$$

Die Eigenwertaufgabe stellt also ein homogenes algebraisches Gleichungssystem dar, das nur dann eine nichttriviale Lösung aufweist, wenn die charakteristische Matrix $(\lambda \mathbf{E} - \mathbf{A})$ singulär ist. Die Forderung

$$\det(\lambda \mathbf{E} - \mathbf{A}) = 0 \tag{8.27}$$

liefert die Eigenwerte λ_i, $i = 1(1)n$, die für die folgenden Beschreibungen alle verschieden sein sollen. Zu jedem Eigenwert λ_i gehört nach (8.26) ein Eigenvektor $\tilde{\mathbf{x}}_i$, $i = 1(1)n$. Fasst man diese Eigenvektoren zur $n \times n$-Modalmatrix

$$\mathbf{X} = \begin{bmatrix} \tilde{\mathbf{x}}_1 & | & \tilde{\mathbf{x}}_2 & | & \dots & | & \tilde{\mathbf{x}}_n \end{bmatrix} \tag{8.28}$$

zusammen, so hat man eine Transformationsmatrix, welche die Zustandsgleichungen (8.23) in ihre Normalform überführt

$$\dot{\hat{\mathbf{x}}}(t) = \boldsymbol{\Lambda} \cdot \hat{\mathbf{x}}(t). \tag{8.29}$$

Dabei ist

$$\boldsymbol{\Lambda} = \mathbf{diag}\{\lambda_i\}, \qquad i = 1(1)n, \tag{8.30}$$

die $n \times n$-Diagonalmatrix der Eigenwerte. Die ausgezeichneten Zustandsgrößen $\hat{x}_i(t)$, $i = 1(1)n$, heißen Haupt- oder Normalkoordinaten. Sie sind zwar aufgrund der Entkopplung mathematisch schön, doch sie haben wegen (8.28) im Allgemeinen keine mechanisch anschauliche Bedeutung. Die Eigenvektoren $\tilde{\mathbf{x}}_i$ stellen die Eigen- oder Schwingungsformen dar, die sich z. B. im Resonanzfall als Bewegung einstellen.

Im Falle mehrfacher Eigenwerte ist die Diagonalmatrix gegebenenfalls durch die Jordan-Matrix zu ersetzen. Für Definition und Berechnung der Jordan-Matrix sei auf die Literatur, z. B. Müller und Schiehlen [43], verwiesen.

Durch geeignete Wahl der Lagegrößen kann man auch die Koeffizientenmatrizen der Bewegungsgleichungen weiter vereinfachen. Die Lösung des konservativen Systems

$$\mathbf{M} \cdot \ddot{\mathbf{y}}(t) + \mathbf{K} \cdot \mathbf{y}(t) = \mathbf{0} \tag{8.31}$$

soll auch dem vereinfachten System

$$\ddot{\mathbf{y}}(t) + \omega^2 \mathbf{E} \cdot \mathbf{y}(t) = \mathbf{0} \tag{8.32}$$

genügen. Mit der partikulären Lösung

$$\mathbf{y}(t) = \sin \omega t \, \tilde{\mathbf{y}} \tag{8.33}$$

von (8.32) folgt aus (8.31) die Eigenwertaufgabe

$$(-\mathbf{M}\omega^2 + \mathbf{K}) \cdot \tilde{\mathbf{y}} = \mathbf{0}. \tag{8.34}$$

Die charakteristische Gleichung

$$\det(-\mathbf{M}\omega^2 + \mathbf{K}) = 0 \tag{8.35}$$

liefert nun die Eigenfrequenzen $\omega_j, j = 1(1)f$, die wieder alle als verschieden angenommen werden. Mit der normierten $f \times f$-Modalmatrix

$$\hat{\mathbf{Y}} = \mathbf{Y} \cdot (\mathbf{Y}^T \cdot \mathbf{M} \cdot \mathbf{Y})^{-\frac{1}{2}}, \qquad \mathbf{Y} = \begin{bmatrix} \tilde{\mathbf{y}}_1 & | & \tilde{\mathbf{y}}_2 & | & \cdots & | & \tilde{\mathbf{y}}_f \end{bmatrix}, \tag{8.36}$$

werden die Bewegungsgleichungen (8.31) nach (8.16) auf ihre Normalform transformiert

$$\ddot{\hat{\mathbf{y}}}(t) + \boldsymbol{\Omega}^2 \cdot \hat{\mathbf{y}}(t) = \mathbf{0}. \tag{8.37}$$

Dabei findet man die $f \times f$-Diagonalmatrix

$$\boldsymbol{\Omega}^2 = \boldsymbol{\Omega} \cdot \boldsymbol{\Omega} = \mathbf{diag}\{\omega_j^2\}, \qquad j = 1(1)f. \tag{8.38}$$

Wendet man nun die Modaltransformation, (8.16) mit (8.36), auf die Bewegungsgleichungen gewöhnlicher Mehrkörpersysteme (5.60) an, so bleibt

$$\ddot{\hat{\mathbf{y}}}(t) + (\hat{\mathbf{D}} + \hat{\mathbf{G}}) \cdot \dot{\hat{\mathbf{y}}}(t) + \boldsymbol{\Omega}^2 \cdot \hat{\mathbf{y}}(t) + \hat{\mathbf{N}} \cdot \hat{\mathbf{y}}(t) = \hat{\mathbf{h}}(t). \tag{8.39}$$

Dabei ist anzumerken, dass die Matrizen $\hat{\mathbf{D}}$, $\hat{\mathbf{G}}$, $\hat{\mathbf{N}}$ im Allgemeinen keine Diagonalgestalt aufweisen. Dies bedeutet, dass die Kongruenztransformation nur die Entkoppelung konservativer, nichtgyroskopischer Systeme erlaubt. Auf diesen Sachverhalt wurde bereits in Kapitel 7 bei der Modalanalyse kontinuierlicher Systeme hingewiesen.

Auch die verallgemeinerten Koordinaten $\hat{y}_j(t), j = 1(1)f$, heißen Haupt- oder Normalkoordinaten. Diese Koordinaten beschreiben nicht mehr die Bewegung einzelner Punkte oder Körper eines mechanischen Systems, sondern sie stellen eine Linearkombination der mechanischen Koordinaten dar. Dies bedeutet, dass einzelne Normal- oder Hauptkoordinaten auch nicht durch die Messung der Bewegung einzelner Punkte oder Körper ermittelt werden können. Andererseits sind der Vektor $\hat{\mathbf{y}}(t)$ der Normalkoordinaten und der Vektor $\hat{\mathbf{h}}(t)$ der verallgemeinerten Kräfte eng verknüpft. Im Besonderen entsprechen die verallgemeinerten Kräfte $\hat{h}_j, j = 1(1)f$, nicht einzelnen mechanischen Kräften und Momenten, sondern sie sind Linearkombinationen derselben. Damit kann noch einmal ein Unterschied zwischen der Methode der finiten Elemente und den kontinuierlichen Systemen verdeutlicht werden. In Finite-Elemente-Systemen werden als Lagegrößen meist die mechanischen Absolut- oder Relativkoordinaten verwendet, die damit verbundenen verallgemeinerten Kräfte sind mechanische Kräfte und Momente. Die Bewegungsgleichungen von kontinuierlichen Systemen sind dagegen oft auf den Normal- und Hauptkoordinaten aufgebaut, die verallgemeinerten Kräfte sind unendlichdimensionale Linearkombinationen der mechanischen Kräfte. Deshalb eignen sich die kontinuierlichen Systeme weniger zum Aufbau anschaulich gegliederter Berechnungsverfahren und computergerechter Programmsysteme.

Beispiel 8.2: Doppelpendel

Die Normalform der Bewegungsgleichungen (8.20) des Doppelpendels, Bild 8.2, lässt sich mit der normierten Modalmatrix

$$\hat{\mathbf{Y}} = \frac{1}{\sqrt{m}} \begin{bmatrix} \frac{1}{\sqrt{4+2\sqrt{2}}} & \frac{1}{\sqrt{4-2\sqrt{2}}} \\ \frac{1+\sqrt{2}}{\sqrt{4+2\sqrt{2}}} & \frac{1-\sqrt{2}}{\sqrt{4-2\sqrt{2}}} \end{bmatrix} \tag{8.40}$$

aus (8.20) gewinnen. Die Kongruenztransformation ergibt unmittelbar

$$\begin{bmatrix} \ddot{\hat{y}}_1 \\ \ddot{\hat{y}}_2 \end{bmatrix} + \frac{g}{L} \begin{bmatrix} 2-\sqrt{2} & 0 \\ 0 & 2+\sqrt{2} \end{bmatrix} \cdot \begin{bmatrix} \hat{y}_1 \\ \hat{y}_2 \end{bmatrix} = \begin{bmatrix} \frac{-1+\sqrt{2}}{\sqrt{4+2\sqrt{2}}} \\ \frac{-1-\sqrt{2}}{\sqrt{4-2\sqrt{2}}} \end{bmatrix} \frac{1}{\sqrt{m}} u(t). \tag{8.41}$$

Die Normalform (8.41) lässt sich ebenso aus (8.18) gewinnen. Die Eigenvektoren, und damit die Modalmatrix $\hat{\mathbf{Y}}$, hängen von der Wahl der Lagegrößen ab. Dagegen bleiben die Eigenfrequenzen bei Kongruenztransformationen invariant. Die verallgemeinerten Kräfte $\hat{\mathbf{h}}(t)$ in (8.41) haben nichts mehr mit den mechanischen Kräften bzw. Momenten $u(t)$ in (8.20) zu tun. Sogar ihre Dimension wurde durch die Modaltransformation verändert.

Nichtlineare Mehrkörpersysteme können bezüglich der Massenmatrix ebenfalls in eine Normalform gebracht werden, wie in Abschnitt 5.3.2 nachzulesen ist. Da jedoch die Transformationsmatrix im nichtlinearen Fall von den Lagegrößen abhängt, erhält man ein lageabhängiges Eigenwertproblem. Wegen des damit verbundenen Aufwands hat das Konzept der Normalform für nichtlineare Systeme keine Bedeutung erlangt.

9   Numerische Verfahren

Große Bewegungen führen in der Technischen Dynamik auf gekoppelte, nichtlineare Systeme gewöhnlicher Differentialgleichungen, kleine Bewegungen ergeben lineare Differentialgleichungssysteme und die Reaktions- oder Zwangskräfte werden schließlich aus algebraischen Gleichungssystemen bestimmt. Zur Lösung dieser Aufgaben stellt die Numerische Mathematik zahlreiche bewährte Verfahren zur Verfügung, auf welche die Technische Dynamik zurückgreifen kann. Dies war jedoch nicht immer der Fall. So enthält z. B. das klassische Werk von Biezeno und Grammel [8] noch ein ausführliches Kapitel über Lösungsmethoden für Eigenwert- und Randwertprobleme. Im Besonderen hat die Numerische Mathematik durch die Technische Dynamik auch immer wieder starke Impulse für ihre Weiterentwicklung erhalten.

Viele Verfahren der numerischen Mathematik stehen heute in sehr anwenderfreundlicher Form in der Software Matlab zur Verfügung. Zur Lösung der numerischen Aufgaben der Technischen Dynamik lassen sich Matlab-Programme mit großem Nutzen einsetzen. Trotzdem ist es empfehlenswert, sich mit den Grundgedanken der Lösungsmethoden vertraut zu machen.

In diesem Kapitel werden einige für die Technische Dynamik wichtige numerische Verfahren besprochen. Dazu zählen die Integrationsverfahren gewöhnlicher Differentialgleichungssysteme und die lineare Algebra für zeitinvariante Systeme. Abschließend werden noch die behandelten mechanischen Modelle der Mechanik an Hand numerischer Ergebnisse verglichen.

9.1 Integration nichtlinearer Differentialgleichungen

Zur numerischen Integration wird in die Zustandsgleichungen (8.4) zunächst die Zeitfunktion der Eingangsgrößen (8.3) eingesetzt, so dass die $n \times 1$-Vektordifferentialgleichung

$$\dot{\mathbf{x}}(t) = \mathbf{a}(\mathbf{x}, t), \qquad \mathbf{x}(t_0) = \mathbf{x}_0 \tag{9.1}$$

gegeben ist. Dafür stehen dann zahlreiche numerische Integrationsverfahren zur Verfügung, die z. B. von Grigorieff [26] oder Butcher [14] ausführlich beschrieben worden sind. Die Lösung von (9.1) wird durch den Anfangszustand $\mathbf{x}(t_0)$ bestimmt, weshalb man auch von einem Anfangswertproblem spricht, siehe auch Bollhöfer und Meermann [9]. Man kann die Verfahren zur Lösung von Anfangswertproblemen einteilen in Einschrittverfahren, Mehrschrittverfahren und Extrapolationsverfahren. Diese Verfahren, von denen es jeweils mehrere Varianten gibt, sollen nun kurz besprochen werden. Von den Einschrittverfahren sind vor allem die Runge-Kutta-Verfahren bekannt. Dabei wird (9.1) ausgehend vom Anfangszustand schrittweise gelöst. Der Zustand

$$\mathbf{x}(t_{k+1}) = \mathbf{x}(t_k + h) \tag{9.2}$$

an den diskreten Zeitpunkten $t_k = t_0 + kh, k = 1,2,3, \dots$ wird für die Zeitschrittweite h bei den Einschrittverfahren nach einer Näherungsformel bestimmt. Diese lautet z. B. für das bekannte

© Springer Fachmedien Wiesbaden GmbH, ein Teil von Springer Nature 2020
W. Schiehlen und P. Eberhard, *Technische Dynamik*,
https://doi.org/10.1007/978-3-658-31373-9_9

Runge-Kutta-Verfahren 4. Ordnung

$$\mathbf{x}(t_{k+1}) \approx \mathbf{x}(t_k) + \frac{h}{6}[\boldsymbol{\Delta}\mathbf{x}_k^{(1)} + 2\boldsymbol{\Delta}\mathbf{x}_k^{(2)} + 2\boldsymbol{\Delta}\mathbf{x}_k^{(3)} + \boldsymbol{\Delta}\mathbf{x}_k^{(4)}] \tag{9.3}$$

mit den $n \times 1$-Hilfsvektoren

$$\boldsymbol{\Delta}\mathbf{x}_k^{(1)} = \mathbf{a}(\mathbf{x}(t_k), t_k), \tag{9.4}$$

$$\boldsymbol{\Delta}\mathbf{x}_k^{(2)} = \mathbf{a}(\mathbf{x}(t_k) + \frac{1}{2}\boldsymbol{\Delta}\mathbf{x}_k^{(1)}, t_k + \frac{1}{2}h), \tag{9.5}$$

$$\boldsymbol{\Delta}\mathbf{x}_k^{(3)} = \mathbf{a}(\mathbf{x}(t_k) + \frac{1}{2}\boldsymbol{\Delta}\mathbf{x}_k^{(2)}, t_k + \frac{1}{2}h), \tag{9.6}$$

$$\boldsymbol{\Delta}\mathbf{x}_k^{(4)} = \mathbf{a}(\mathbf{x}(t_k) + \boldsymbol{\Delta}\mathbf{x}_k^{(3)}, t_k + h). \tag{9.7}$$

Zum besseren Verständnis dieser Formeln kann man (9.3) und (9.4)-(9.7) auf ein homogenes zeitinvariantes System

$$\dot{\mathbf{x}}(t) = \mathbf{A} \cdot \mathbf{x}(t) \tag{9.8}$$

anwenden. Dann findet man

$$\mathbf{x}(t_{k+1}) \approx \boldsymbol{\phi}(h) \cdot \mathbf{x}(t_k) \tag{9.9}$$

mit

$$\boldsymbol{\phi}(h) = \mathbf{E} + \mathbf{A}h + \frac{1}{2}\mathbf{A} \cdot \mathbf{A}h^2 + \frac{1}{6}\mathbf{A} \cdot \mathbf{A} \cdot \mathbf{A}h^3 + \frac{1}{24}\mathbf{A} \cdot \mathbf{A} \cdot \mathbf{A} \cdot \mathbf{A}h^4. \tag{9.10}$$

Der Fehler eines Integrationsschrittes liegt in der Größenordnung von h^5.

Die wichtigste Größe bei Einschrittverfahren ist die Schrittweite h. Sie hat einen unmittelbaren Einfluss auf den Integrationsfehler. Man kann im Besonderen die Genauigkeit des Ergebnisses durch Rechnen mit kleinerer Schrittweite verbessern, wobei allerdings durch die Rundungsfehler Grenzen gesetzt sind. Die Durchführung solcher Kontrollrechnungen kann durch eine Schrittweitensteuerung automatisiert werden. Bei den automatisierten Verfahren wird dann nicht mehr die Schrittweite, sondern ein zulässiger Diskretisierungsfehler vorgegeben.

Weiterhin kann man die Ordnung des Verfahrens erhöhen. Mit zunehmender Ordnung des Verfahrens nimmt der Fehler ebenfalls ab, doch erhöht sich der Rechenaufwand durch zusätzliche Glieder in den Näherungsformeln. Man kann in einem Verfahren neben der Schrittweite auch die Ordnung während der Rechnung steuern. Als Beispiel sei das Runge-Kutta-Fehlberg-Verfahren 5./6. Ordnung mit Schrittweitensteuerung genannt.

Die Vorteile der Einschrittverfahren liegen in einer einfachen Programmierung und einem unmittelbaren Start der Rechnung vom Anfangszustand aus. Nachteilig ist, dass die Informationen über den bereits berechneten Lösungsverlauf nicht für die weitere Rechnung ausgenutzt werden. Dies führt auf sehr viele Funktionsauswertungen von (9.1). Darüber hinaus ist für genaue Ergebnisse eine Schrittweitensteuerung unabdingbar. Trotzdem hat die Erfahrung gezeigt, dass in der Technischen Dynamik oft schon mit den genannten Runge-Kutta-Fehlberg-Verfahren 5./6. Ordnung gute und sichere Ergebnisse erzielt werden.

Von den Mehrschrittverfahren sind vor allem die Prädiktor-Korrektur-Verfahren zu erwähnen, die auch Informationen aus dem bereits berechneten Lösungsverlauf ausnutzen. Es ist unmittelbar einleuchtend, dass damit der Programmieraufwand erheblich ansteigt. Darüber hinaus können bei Mehrschrittverfahren wie auch bereits bei Einschrittverfahren Instabilitäten auftreten und eine Verkleinerung der Schrittweite muss nicht bei jedem Mehrschrittverfahren zu einer besseren Genauigkeit führen. Ein weiteres Problem liegt im Start der Rechnung, da zum Anfangszeitpunkt nur der Anfangszustand und keine zusätzlichen Informationen vorliegen. Die geschilderten Nachteile von Mehrschrittverfahren können jedoch weitgehend verringert werden, wie z. B. das Shampine-Gordon-Verfahren zeigt. Es verbleibt dann der Vorteil kurzer Rechenzeiten bei hohen Genauigkeiten.

Das Verfahren nach Shampine und Gordon [67] ist ein Mehrschrittverfahren mit Ordnungs- und Schrittweitensteuerung. Es ist selbststartend und zeichnet sich durch sehr wenige Funktionsauswertungen von (9.1) aus. Das Verfahren entdeckt und beherrscht Unstetigkeiten, es kontrolliert bei hohen Genauigkeitsforderungen auch die Rundungsfehler, es meldet überzogene Genauigkeitswünsche und es beherrscht bis zu einem gewissen Grade auch größere Frequenzunterschiede in Differentialgleichungssystemen. Das Shampine-Gordon-Verfahren ist komfortabel und liefert unabhängig von der internen Schrittweite beliebig viele Zwischenwerte für die graphische Darstellung von Lösungskurven, es ist hervorragend begründet, dokumentiert und getestet. Für die Aufgaben der Technischen Dynamik ist das Shampine-Gordon-Verfahren sehr gut geeignet und hat sich ausgezeichnet bewährt.

Die Extrapolationsverfahren arbeiten mit einer Folge von Schrittweiten, die eine Extrapolation auf einen Grenzwert zulassen. Dazu werden Polynomansätze oder rationale Funktionen in Verbindung mit Rekursionsformeln verwendet, woraus sich wieder verhältnismäßig viele Funktionsauswertungen von (9.1) ergeben. Die Vorteile der Extrapolationsverfahren liegen bei sehr guten Genauigkeiten mit vergleichsweise großen Schrittweiten. Ist man an dieser Eigenschaft nicht vorrangig interessiert, so lohnt sich der höhere Rechenzeitaufwand nicht. Ein weit verbreitetes Extrapolationsverfahren ist das Gragg-Bulirsch-Stoer-Verfahren. Es hat sich für Anwendungen in der Himmelsmechanik außerordentlich gut bewährt, wo große Schrittweiten entscheidend sind. Für die Technische Dynamik eignen sich Extrapolationsverfahren meist weniger gut.

9.2 Lineare Algebra zeitinvarianter Systeme

Während sich die nichtlinearen Zustandsgleichungen (9.1) praktisch nur als Anfangswertproblem lösen lassen, können die linearen, zeitinvarianten Zustandsgleichungen

$$\dot{\mathbf{x}}(t) = \mathbf{A} \cdot \mathbf{x}(t) + \mathbf{b}(t), \qquad \mathbf{x}(t_0) = \mathbf{x}_0 \tag{9.11}$$

auch rein algebraisch untersucht werden. Die entsprechenden Lösungsmethoden, die auch für lineare Schwingungssysteme Anwendung finden, sind z. B. in Müller und Schiehlen [43] dargestellt. Hier sollen nur einige Grundgedanken dargestellt werden.

Die allgemeine Lösung von (9.11) lautet

$$\mathbf{x}(t) = \boldsymbol{\phi}(t) \cdot \mathbf{x}_0 + \int_0^t \boldsymbol{\phi}(t - \tau) \cdot \mathbf{b}(\tau) d\tau, \tag{9.12}$$

wobei $\boldsymbol{\phi}(t)$ die $n \times n$-Fundamentalmatrix ist, die über die Eigenwertaufgabe ermittelt werden kann. Mit (8.28) und (8.30) gilt

$$\boldsymbol{\phi}(t) = \mathbf{X} \cdot e^{\boldsymbol{\Lambda} t} \cdot \mathbf{X}^{-1}, \tag{9.13}$$

d. h. die Fundamentalmatrix $\boldsymbol{\phi}$ hängt nur von den Eigenwerten $\boldsymbol{\Lambda}$ und der Modalmatrix $\mathbf{X}$ ab, sie kann ohne numerische Integration bestimmt werden.

Weiterhin findet man in (9.12) das Integral der partikulären Lösung. Dieses Integral kann analytisch gelöst werden, wenn der $n \times 1$-Erregervektor $\mathbf{b}(t)$ entweder zeitlich begrenzt, periodisch oder stochastisch ist. Der Erregervektor $\mathbf{b}(t)$ wird nach (8.5) durch die Eingangsmatrix $\mathbf{B}(t)$ und den Eingangsvektor $\mathbf{u}(t)$ festgelegt.

Eine zeitlich begrenzte Erregung kann durch ein Polynom l-ten Grades approximiert werden,

$$\mathbf{b}(t) = \sum_{k=0}^{l} \mathbf{b}_k \{t - t_A, t_E\}^k, \tag{9.14}$$

wobei die $n \times 1$-Koeffizientenvektoren $\mathbf{b}_k$ und die skalare Fensterfunktion

$$\{t - t_A, t_E\}^k = \begin{cases} 0 & \text{für } t \leq t_A, \\ (t - t_A)^k & \text{für } t_A < t < t_E, \\ 0 & \text{für } t_E \leq t \end{cases} \tag{9.15}$$

verwendet werden. Dann lautet die allgemeine Lösung

$$\mathbf{x}(t) = \boldsymbol{\phi}(t) \cdot \left[\mathbf{x}_0 + \boldsymbol{\phi}(-t_A) \cdot \mathbf{f}_0 \{t - t_A, \infty\}^0 \right. \tag{9.16}$$

$$\left. - \boldsymbol{\phi}(-t_E) \cdot \sum_{k=0}^{l} \mathbf{f}_k (t_E - t_A)^k \{t - t_E, \infty\}^0 \right] - \sum_{k=0}^{l} \mathbf{f}_k \{t_E - t_A, t_E\}^k$$

mit der Abkürzung

$$\mathbf{f}_k = \sum_{m=k}^{l} \frac{m!}{k!} \mathbf{A}^{(k-m-1)} \cdot \mathbf{b}_m. \tag{9.17}$$

Die Antwort (9.16) ist durch drei charakteristische Zeitabschnitte gekennzeichnet. Im ersten Intervall $0 < t < t_A$ findet eine freie Schwingung mit der Anfangsbedingung $\mathbf{x}_0$ statt. Im zweiten Intervall $t_A < t < t_E$ überlagern sich eine freie und eine erzwungene Schwingung, während im dritten Intervall $t_E < t$ eine freie Schwingung mit geänderter Anfangsbedingung auftritt.

Eine periodische Erregung lässt sich durch eine Fourier-Reihe l-ter Ordnung

$$\mathbf{b}(t) = \sum_{k=1}^{l} \left(\mathbf{b}_k^{(1)} \cos k\Omega t + \mathbf{b}_k^{(2)} \sin k\Omega t \right) \tag{9.18}$$

approximieren mit den $n \times 1$-Vektoren $\mathbf{b}_k^{(1)}, \mathbf{b}_k^{(2)}$ der Fourier-Koeffizienten. Die allgemeine

Lösung hat nun die Form

$$\mathbf{x}(t) = \boldsymbol{\phi}(t) \cdot [\mathbf{x}_0 - \sum_{k=1}^{l} \mathbf{g}_k^{(1)}] + \sum_{k=1}^{l} (\mathbf{g}_k^{(1)} \cos k\Omega t + \mathbf{g}_k^2 \sin k\Omega t) \tag{9.19}$$

mit dem komplexen $n \times 1$-Frequenzgangvektor

$$\mathbf{g}_k^{(1)} - i\mathbf{g}_k^{(2)} = (ik\Omega\mathbf{E} - \mathbf{A})^{-1} \cdot (\mathbf{b}_k^{(1)} - i\mathbf{b}_k^{(2)}). \tag{9.20}$$

Die Antwort (9.19) stellt die Überlagerung einer freien Schwingung, die den Einschwingvorgang beschreibt, und einer erzwungenen Schwingung dar.

Für die stochastische Erregung asymptotisch stabiler Systeme wird ein Gaußscher $n \times 1$-Vektorprozess

$$\mathbf{b}(t, \tau) \sim (\mathbf{m}(t), \mathbf{N}_b(t, \tau)) \tag{9.21}$$

mit den Eigenschaften des weißen Rauschens vorausgesetzt. Dann gilt für den $n \times 1$-Mittelwertvektor $\mathbf{m}_b(t) = \mathbf{0}$ und für die $n \times n$-Korrelationsmatrix $\mathbf{N}_b(t, \tau) = \mathbf{Q}\delta(t - \tau)$. Dabei ist $\mathbf{Q}$ die $n \times n$-Intensitätsmatrix des weißen Rauschens und δ beschreibt die durch (7.28) eingeführte Dirac-Funktion. Beachtet man noch, dass bei stochastischen Systemen auch der Anfangszustand durch einen Gaußschen $n \times 1$-Zufallsvektor

$$\mathbf{x}_0 \sim (\mathbf{m}_0, \mathbf{P}_0) \tag{9.22}$$

mit dem $n \times 1$-Mittelwertvektor $\mathbf{m}_0$ und der $n \times n$-Kovarianzmatrix $\mathbf{P}_0$ beschrieben wird, so findet man die allgemeine Lösung ebenfalls als Gaußschen Vektorprozess

$$\mathbf{x}(t, \tau) \sim (\mathbf{m}_x(t), \mathbf{N}_x(t, \tau)). \tag{9.23}$$

Es ist nun äußerst bemerkenswert, dass für den $n \times 1$-Mittelwertvektor $\mathbf{m}_x(t)$ und die aus der $n \times n$-Korrelationsmatrix $\mathbf{N}_x(t, \tau)$ folgende $n \times n$-Kovarianzmatrix $\mathbf{P}_x(t)$ die deterministischen Lösungen

$$\mathbf{m}_x(t) = \boldsymbol{\phi}(t) \cdot \mathbf{m}_0, \tag{9.24}$$

$$\mathbf{P}_x(t) = \boldsymbol{\phi}(t) \cdot (\mathbf{P}_0 - \mathbf{P}) \cdot \boldsymbol{\phi}^T(t) + \mathbf{P} \tag{9.25}$$

gefunden werden können, die sich auf die Fundamentalmatrix (9.13) und die algebraische Ljapunovsche Matrizengleichung

$$\mathbf{A} \cdot \mathbf{P} + \mathbf{P} \cdot \mathbf{A}^T + \mathbf{Q} = \mathbf{0} \tag{9.26}$$

zurückführen lassen. Die Antwort (9.24) beschreibt einen reinen Einschwingvorgang auf den verschwindenden Mittelwert, während die Kovarianzmatrix (9.25) auf einen stationären Wert einschwingt. Für weitere Einzelheiten sei auf Müller und Schiehlen [43] verwiesen.

Die obige Einschränkung auf die Erregung durch weißes Rauschen ist nicht sehr schwerwiegend, da sich farbige Rauschprozesse über so genannte lineare Formfilter erzeugen lassen. Zu diesem Zweck muss gegebenenfalls die Systemordnung der Zustandsgleichung (9.11) geringfügig erhöht werden.

Damit ist gezeigt, dass die Technische Dynamik linearer zeitinvarianter Systeme auf rein algebraische Probleme zurückgeführt werden kann. Es verbleibt noch die Frage, welche Verfahren der linearen Algebra dabei zweckmäßig zum Einsatz kommen.

Die numerische Lösung der Eigenwertaufgabe macht im großen Umfang von wiederholten Ähnlichkeitstransformationen Gebrauch. Zunächst empfiehlt es sich, die gegebene Systemmatrix $\mathbf{A}$ zu balancieren, um ihre Kondition zu verbessern. Dann wird die Reduktion durch Eliminations- oder Householder-Transformationen auf die obere Hessenberg-Form vorgenommen, wodurch eine einfache Gestalt der Matrix erreicht wird. Der nächste, entscheidende Schritt umfasst die eigentliche Lösung, die iterativ gefunden wird, da es sich im Prinzip um die Nullstellenbestimmung handelt. Ein hervorzuhebendes Verfahren zur Bestimmung aller Eigenwerte und Eigenvektoren ist das von Wilkinson [73] ausführlich beschriebene QR-Verfahren, das auch bei mehrfachen Eigenwerten nicht versagt. Werden alle während der Rechnung durchgeführten Ähnlichkeitstransformationen gespeichert und dann wieder rückgängig gemacht, so erhält man auch die Eigenvektoren des Problems.

Die numerische Berechnung von (9.17) erfolgt einfach durch Matrizenmultiplikationen und -additionen. Der komplexe Frequenzgangvektor (9.19) wird durch das lineare Gleichungssystem

$$(ik\Omega\mathbf{E} - \mathbf{A}) \cdot (\mathbf{g}_k^{(1)} - i\mathbf{g}_k^{(2)}) = \mathbf{b}_k^{(1)} - i\mathbf{b}_k^{(2)}, \qquad k = 1(1)n \tag{9.27}$$

bestimmt. Als numerisches Verfahren sei hier z. B. die Gauß-Elimination mit Spaltenpivotsuche erwähnt. Die Lösung von (9.27) ist aber nur dann empfehlenswert, wenn eine feste Erregerfrequenz Ω gegeben ist. Wird bei einer harmonischen Erregung, $l = 1$, der Frequenzgangvektor als Funktion der Erregerfrequenz gesucht, so ist es zweckmäßiger, auf die Elementarfrequenzgänge mit bekannter Lösung zurückzugreifen, wie dies in Müller und Schiehlen [43] dargestellt ist. Die Elementarfrequenzgänge erfordern wiederum die Lösung der Eigenwertaufgabe.

Die Ljapunovsche Matrizengleichung (9.26) kann entweder durch Umschreiben in ein lineares Gleichungssystem erhöhter Ordnung oder iterativ nach dem Smithschen Verfahren [69] gelöst werden. Das Smithsche Verfahren ist wegen der unveränderten Ordnung numerisch günstiger. Die Konvergenz der Iteration ist wegen der vorausgesetzten asymptotischen Stabilität des Systems stets gegeben.

Die Existenz der algebraischen Lösungen der zeitinvarianten Zustandsgleichung (9.11) schließt natürlich nicht aus, auch numerische Integrationsverfahren für lineare Systeme einzusetzen. Dieser Weg wird in der Praxis aus Bequemlichkeit sogar sehr häufig gewählt. Man muss sich dabei aber im Klaren sein, dass das Anfangswertproblem das dynamische Verhalten nur für einen einzigen Anfangszustand beschreiben kann, während das Eigenwertproblem die gesamte Lösungsvielfalt für beliebige Anfangsbedingungen beinhaltet.

9.3 Vergleich der mechanischen Modelle

Zum numerischen Vergleich der Methode der Mehrkörpersysteme, der Finite-Elemente-Systeme und der kontinuierlichen Systeme eignen sich nur einfache Konstruktionen, die einer geschlossenen Lösung zugänglich sind. Es werden deshalb die Längsschwingungen eines Stabes, Bild 9.1, als Beispiel herangezogen. Die Parameter eines einseitig eingespannten, homogenen Stabes sind die Dichte ρ, die Querschnittsfläche A, der Elastizitätsmodul E und die Länge L.

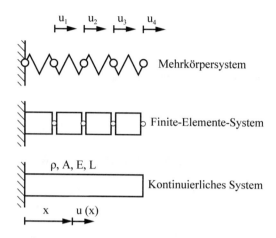

Bild 9.1: Ersatzsysteme für die Längsschwingungen eines Stabes

Nach der Methode der Mehrkörpersysteme wird der Stab im Folgenden durch f Massenpunkte beschrieben, wobei f die Zahl der Freiheitsgrade kennzeichnet. Dann lauten die Bewegungsgleichungen nach (5.60) z. B. für $f = 4$ Massenpunkte

$$\frac{\rho A L}{8} \begin{bmatrix} 2 & 0 & 0 & 0 \\ 0 & 2 & 0 & 0 \\ 0 & 0 & 2 & 0 \\ 0 & 0 & 0 & 1 \end{bmatrix} \cdot \begin{bmatrix} \ddot{u}_1 \\ \ddot{u}_2 \\ \ddot{u}_3 \\ \ddot{u}_4 \end{bmatrix} + \frac{4AE}{L} \begin{bmatrix} 2 & -1 & 0 & 0 \\ -1 & 2 & -1 & 0 \\ 0 & -1 & 2 & -1 \\ 0 & 0 & -1 & 1 \end{bmatrix} \cdot \begin{bmatrix} u_1 \\ u_2 \\ u_3 \\ u_4 \end{bmatrix} = \mathbf{0}. \tag{9.28}$$

Die stetig verteilte Masse des Stabes wird dabei jedem Massenpunkt zur Hälfte zugeschlagen und die Federkonstanten werden nach dem Hookeschen Gesetz bestimmt.
Die Methode der finiten Elemente liefert entsprechend (6.23) und (6.28) für vier Elemente

$$\frac{\rho A L}{24} \begin{bmatrix} 4 & 1 & 0 & 0 \\ 1 & 4 & 1 & 0 \\ 0 & 1 & 4 & 1 \\ 0 & 0 & 1 & 2 \end{bmatrix} \cdot \begin{bmatrix} \ddot{u}_1 \\ \ddot{u}_2 \\ \ddot{u}_3 \\ \ddot{u}_4 \end{bmatrix} + \frac{4AE}{L} \begin{bmatrix} 2 & -1 & 0 & 0 \\ -1 & 2 & -1 & 0 \\ 0 & -1 & 2 & -1 \\ 0 & 0 & -1 & 1 \end{bmatrix} \cdot \begin{bmatrix} u_1 \\ u_2 \\ u_3 \\ u_4 \end{bmatrix} = \mathbf{0}. \tag{9.29}$$

Die kontinuierlichen Systeme führen mit (7.18) bei den gegebenen Randbedingungen auf das Eigenwertproblem

$$\cos \beta L = 0 \tag{9.30}$$

mit den Eigenfrequenzen

$$\omega_f = \frac{(2f-1)\pi}{2} \sqrt{\frac{E}{\rho L^2}}, \qquad f = 1(1)\infty. \tag{9.31}$$

Als erster, gröbster Vergleich sollen die Eigenfrequenzen für $f = 1$ verglichen werden. Der exakte Wert folgt aus (9.31) zu

$$\omega_1 = 1.570\sqrt{\frac{E}{\rho L^2}}. \tag{9.32}$$

Die Methode der Mehrkörpersysteme liefert für einen Massenpunkt

$$\omega_1 = 1.414\sqrt{\frac{E}{\rho L^2}} \tag{9.33}$$

und die Methode der finiten Elemente ergibt für ein finites Element

$$\omega_1 = 1.732\sqrt{\frac{E}{\rho L^2}}. \tag{9.34}$$

Zunächst erkennt man, dass alle Methoden die richtige Abhängigkeit von den Parametern des Stabes zeigen. Lediglich der Zahlenfaktor ist unterschiedlich. Der Frequenzfehler der Methode der Mehrkörpersysteme beträgt -10%, die Methode der finiten Elemente ergibt einen Frequenzfehler von $+10\%$. Für die grobe Näherung $f = 1$ bereits ein erstaunlich gutes Ergebnis!

Man kann nun die Zahl der Freiheitsgrade erhöhen und den jeweils auf die exakten Frequenzen (9.31) bezogenen Frequenzfehler auftragen, Bild 9.2. Die Methode der Mehrkörpersysteme liefert hier grundsätzlich zu kleine, die Methode der finiten Elemente dagegen zu große Frequenzen. Dieser Sachverhalt lässt sich leicht erklären. Durch die Konzentration der verteilten Masse in den Massenpunkten werden die Trägheitswirkungen vergrößert, wodurch die Frequenz sinken muss. Andererseits verringert die lineare Verteilung der Masse nach der Methode der finiten Elemente die Trägheitswirkungen, was zu höheren Frequenzen führt. Weiterhin zeigt Bild 9.2, dass der Fehler mit zunehmender Zahl von Freiheitsgraden abnimmt. Bereits bei drei Freiheitsgraden beträgt der Fehler der ersten Eigenfrequenz nur noch $\pm 1\%$. Diese Tatsache begründet neben anderen Aspekten den großen Erfolg, den die Methode der Mehrkörpersysteme und die Methode der finiten Elemente errungen haben. Allgemein lässt sich feststellen, dass bei linearen Systemen die Methode der finiten Elemente zu genaueren Ergebnissen führt, wie auch Bild 9.2 zeigt. Bei einer hinreichenden Anzahl von Freiheitsgraden lässt sich mit der Methode der Mehrkörpersysteme hier auch die Genauigkeit der Methode der finiten Elemente erreichen. Sie ist darüber hinaus auch für große, nichtlineare Bewegungen hervorragend geeignet.

Die wesentlichen Anwendungsgebiete der Methode der finiten Elemente liegen in der Strukturdynamik, während die Methode der Mehrkörpersysteme in der Maschinendynamik bevorzugt eingesetzt wird. Die kontinuierlichen Systeme finden in der theoretischen Dynamik breite Anwendung.

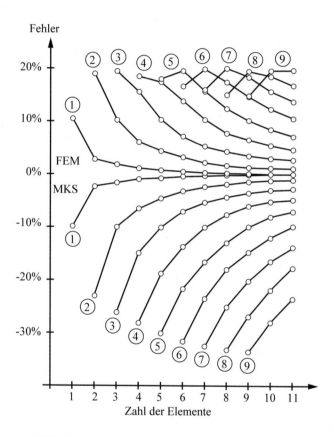

Bild 9.2: Frequenzfehler als Funktion der Elementanzahl

Anhang

© Springer Fachmedien Wiesbaden GmbH, ein Teil von Springer Nature 2020
W. Schiehlen und P. Eberhard, *Technische Dynamik*,
https://doi.org/10.1007/978-3-658-31373-9

A   Mathematische Hilfsmittel

In diesem Anhang werden einige häufig verwendete Beziehungen und Definitionen zusammengestellt.

A.1 Darstellung von Funktionen

Zur Darstellung von Funktionen wird eine vereinfachte Schreibweise benutzt. Diese wird im Folgenden am Beispiel des Ortsvektors eines Massenpunktes erläutert. Die freie Bewegung eines Massenpunktes erfolgt im dreidimensionalen Euklidischen Raum R^3. Seine Lage wird dann durch einen 3×1-Ortsvektor $\mathbf{r}$ beschrieben,

$$\mathbf{r} \in R^3. \tag{A.1}$$

Wird die Bewegung durch eine holonome Bindung an eine Fläche eingeschränkt, so reicht ein Lagevektor $\mathbf{y} \in R^2$ der verallgemeinerten Koordinaten aus, um seine Lage eindeutig zu beschreiben. Damit kann der Ortsvektor als Funktion des Vektors $\mathbf{y}$ aufgefasst werden

$$\mathbf{r} = \mathbf{f}(\mathbf{y}), \qquad \mathbf{f} : R^2 \to R^3. \tag{A.2}$$

Dies bedeutet für den allgemeinen Fall, dass jedem Element $\mathbf{y}$ des Konfigurationsraumes R^2 durch die Abbildung $\mathbf{f}$ genau ein Element $\mathbf{r}$ des Anschauungsraumes R^3 zugeordnet wird. Aus den Grundgleichungen der Kinetik ergibt sich zusammen mit einer Anfangsbedingung

$$\mathbf{y}_0 \in R^f, \qquad \dot{\mathbf{y}}_0 \in R^f \tag{A.3}$$

der Lagevektor $\mathbf{y}$ als Funktion der Zeit t

$$\mathbf{y} = \mathbf{g}(t), \qquad \mathbf{g} : R \to R^f. \tag{A.4}$$

Damit folgt aus (A.2) die Abhängigkeit des Ortsvektors von der Zeit

$$\mathbf{r} = \mathbf{f}(\mathbf{y}) = \mathbf{f}(\mathbf{g}(t)) = \mathbf{h}(t). \tag{A.5}$$

Wie man sieht, sind also bereits zur exakten Beschreibung des einfachsten mechanischen Modells mehrere Abbildungsschritte notwendig. Die daraus resultierende aufwendige Schreibweise wird deshalb durch eine vereinfachte Beschreibung ersetzt. Dazu werden (A.1) bis (A.5) in einer einzigen Beziehung zusammengefasst

$$\mathbf{r}(t) = \mathbf{r}(\mathbf{y}(t)) = \mathbf{r}(\mathbf{y}). \tag{A.6}$$

Zugunsten einer knappen Schreibweise wird also die Tatsache, dass $\mathbf{f}$ und $\mathbf{h}$ zwei verschiedene Abbildungen sind, bewusst außer Acht gelassen. Die dadurch erzielte Entlastung des Textes

© Springer Fachmedien Wiesbaden GmbH, ein Teil von Springer Nature 2020
W. Schiehlen und P. Eberhard, *Technische Dynamik*,
https://doi.org/10.1007/978-3-658-31373-9

rechtfertigt die Ungenauigkeiten, die durch die verkürzte Schreibweise entstehen.

A.2 Matrizenalgebra

Die rechteckige $m \times n$-Matrix $\mathbf{A}$ wird durch das Schema ihrer Elemente $A_{\alpha\beta}$ gebildet

$$\mathbf{A} = \left[A_{\alpha\beta} \right], \qquad \alpha = 1(1)m, \qquad \beta = 1(1)n. \tag{A.7}$$

Die Matrizenaddition zweier $m \times n$-Matrizen $\mathbf{A}$ und $\mathbf{B}$ erfolgt elementweise

$$\mathbf{A} + \mathbf{B} = \left[A_{\alpha\beta} + B_{\alpha\beta} \right] = \left[C_{\alpha\beta} \right] = \mathbf{C}. \tag{A.8}$$

Die Matrizenmultiplikation einer $m \times p$-Matrix $\mathbf{A}$ und einer $p \times n$-Matrix $\mathbf{B}$ ist

$$\mathbf{A} \cdot \mathbf{B} = \left[\sum_{\gamma=1}^{p} A_{\alpha\gamma} B_{\gamma\beta} \right] = [C_{\alpha\beta}] = \mathbf{C}. \tag{A.9}$$

Nach der Einsteinschen Summationskonvention kann das Summenzeichen entfallen. Es ist dann stets über die in einem Term doppelt auftretenden Indizes zu summieren.
Die transponierte $n \times m$-Matrix

$$\mathbf{A}^T = \left[A_{\beta\alpha} \right] \tag{A.10}$$

erhält man durch Vertauschung von Spalten und Zeilen. Die quadratische $n \times n$-Matrix $\mathbf{A}$ kann regulär

$$\det \mathbf{A} \neq 0 \tag{A.11}$$

oder singulär

$$\det \mathbf{A} = 0 \tag{A.12}$$

sein. Zu jeder regulären Matrix existiert die $n \times n$-Kehrmatrix $\mathbf{A}^{-1}$, die der Bedingung

$$\mathbf{A} \cdot \mathbf{A}^{-1} = \mathbf{E} \tag{A.13}$$

genügt. Die reguläre $n \times n$-Matrix $\mathbf{A}$ heißt orthogonal, wenn sie die Bedingung

$$\mathbf{A}^T = \mathbf{A}^{-1}, \qquad \det \mathbf{A} = \pm 1, \tag{A.14}$$

erfüllt. Für

$$\det \mathbf{A} = 1 \tag{A.15}$$

ist die $n \times n$-Matrix $\mathbf{A}$ darüber hinaus eigentlich orthogonal.
Jede quadratische $n \times n$-Matrix lässt sich in eindeutiger Weise additiv in eine symmetrische und

eine schiefsymmetrische Matrix zerlegen

$$\mathbf{A} = \frac{1}{2}(\mathbf{A} + \mathbf{A}^T) + \frac{1}{2}(\mathbf{A} - \mathbf{A}^T) = \mathbf{B} + \mathbf{C}. \tag{A.16}$$

Die symmetrische $n \times n$-Matrix $\mathbf{B}$ erfüllt die Bedingung

$$\mathbf{B} = \mathbf{B}^T \tag{A.17}$$

und die schiefsymmetrische $n \times n$-Matrix $\mathbf{C}$ ist durch die Beziehungen

$$\mathbf{C} = -\mathbf{C}^T, \qquad C_{\alpha\alpha} = 0, \qquad \alpha = 1(1)n \tag{A.18}$$

gekennzeichnet. Eine symmetrische Matrix hat $\frac{n}{2}(n+1)$ wesentliche Elemente, während eine schiefsymmetrische Matrix nur $\frac{n}{2}(n-1)$ wesentliche Elemente aufweist. Es ist manchmal zweckmäßig, die wesentlichen Elemente in einem Vektor entsprechender Dimension zusammenzufassen.

Die symmetrische $n \times n$-Matrix $\mathbf{A}$ heißt positiv definit, wenn

$$\mathbf{x} \cdot \mathbf{A} \cdot \mathbf{x} > 0 \qquad \forall \mathbf{x} \neq \mathbf{0} \tag{A.19}$$

und sie heißt positiv semidefinit für

$$\mathbf{x} \cdot \mathbf{A} \cdot \mathbf{x} \geq 0 \qquad \forall \mathbf{x}. \tag{A.20}$$

Zur rechnerischen Überprüfung der Definitheit eignen sich auch die Hauptabschnittsdeterminanten H_α. Die Matrix $\mathbf{A}$ ist positiv definit für $H_\alpha > 0$ und positiv semidefinit für $H_\alpha \geq 0$, $\alpha = 1(1)n$.
Die $n \times n$-Diagonalmatrix

$$\mathbf{A} = \mathbf{diag}\{A_{\alpha\alpha}\}, \qquad A_{\alpha\beta} = 0 \qquad \text{für } \alpha \neq \beta \tag{A.21}$$

ist nur auf der Hauptdiagonalen besetzt. Die wesentlichen Elemente einer $n \times n$-Diagonalmatrix können leicht in einem $n \times 1$-Vektor angeschrieben werden.
Die $n \times n$-Einheitsmatrix

$$\mathbf{E} = \mathbf{diag}\{E_{\alpha\alpha}\}, \qquad E_{\alpha\beta} = \begin{cases} 1 & \text{für } \alpha = \beta \\ 0 & \text{sonst} \end{cases} \tag{A.22}$$

ist eine eigentlich orthogonale, positiv definite Diagonalmatrix.
Jede quadratische 3×3-Matrix $\mathbf{A}$ lässt sich polar in eine eigentlich orthogonale Matrix $\mathbf{B}$ und positiv definite Matrizen $\mathbf{C}$, $\mathbf{D}$ zerlegen

$$\mathbf{A} = \mathbf{B} \cdot \mathbf{C} = \mathbf{D} \cdot \mathbf{B} \tag{A.23}$$

mit

$$\mathbf{C} = (\mathbf{A}^T \cdot \mathbf{A})^{\frac{1}{2}}, \qquad \mathbf{D} = (\mathbf{A} \cdot \mathbf{A}^T)^{\frac{1}{2}} \tag{A.24}$$

und

$$\mathbf{B} = \mathbf{A} \cdot \mathbf{C}^{-1} = \mathbf{D}^{-1} \cdot \mathbf{A}. \tag{A.25}$$

Es soll angemerkt werden, dass zu jeder positiv definiten 3×3-Matrix $\mathbf{C}$ eine ebenfalls positiv definite 3×3-Matrix $\mathbf{C}^{1/2}$ gefunden werden kann. Ihre Berechnung erfolgt durch eine Hauptachsentransformation, siehe Zurmühl und Falk [78] oder Golub und van Loan [25].
Die schiefsymmetrische 3×3-Matrix

$$\tilde{\mathbf{a}} = [\tilde{a}_{\alpha\beta\gamma}] = \left[\sum_{\beta=1}^{3} \varepsilon_{\alpha\beta\gamma} a_\beta \right], \qquad \alpha, \gamma = 1(1)3 \tag{A.26}$$

ist durch den 3×1-Vektor

$$\mathbf{a} = \left[\, a_\alpha \, \right], \qquad \alpha = 1(1)3 \tag{A.27}$$

eindeutig bestimmt. Das Permutationssymbol $\varepsilon_{\alpha\beta\gamma}$ hat die Eigenschaften

$$\varepsilon_{\alpha\beta\gamma} = \varepsilon_{\beta\gamma\alpha} = \varepsilon_{\gamma\alpha\beta} = 1,$$
$$\varepsilon_{\beta\alpha\gamma} = \varepsilon_{\gamma\beta\alpha} = \varepsilon_{\alpha\gamma\beta} = -1,$$
$$\varepsilon_{\alpha\beta\gamma} = 0 \qquad \text{für } \alpha = \beta, \beta = \gamma \text{ oder } \gamma = \alpha. \tag{A.28}$$

Die schiefsymmetrische 3×3-Matrix vermittelt im Besonderen das Vektorprodukt zweier Vektoren

$$\mathbf{a} \times \mathbf{b} = \tilde{\mathbf{a}} \cdot \mathbf{b} = [\sum_{\beta,\gamma=1}^{3} \varepsilon_{\alpha\beta\gamma} a_\beta b_\gamma] = \begin{bmatrix} a_2 b_3 - a_3 b_2 \\ -a_1 b_3 + a_3 b_1 \\ a_1 b_2 - a_2 b_1 \end{bmatrix} = [c_\alpha] = \mathbf{c}. \tag{A.29}$$

Weiterhin gelten die Beziehungen

$$\tilde{\mathbf{a}} \cdot \tilde{\mathbf{b}} = \mathbf{b}\mathbf{a} - (\mathbf{a} \cdot \mathbf{b})\mathbf{E}, \tag{A.30}$$
$$\widetilde{(\tilde{\mathbf{a}} \cdot \mathbf{b})} = \mathbf{b}\mathbf{a} - \mathbf{a}\mathbf{b}, \tag{A.31}$$

welche die mehrfachen Vektorprodukte in Matrizenschreibweise ausdrücken.
Dabei ist $\mathbf{b}\mathbf{a}$ das dyadische Produkt zweier Vektoren, welches auf die symmetrische Matrix $\mathbf{C}$ führt

$$\mathbf{C} = [C_{\alpha\beta}] = [b_\alpha a_\beta] = [a_\beta b_\alpha] = [C_{\beta\alpha}] = \mathbf{C}^T. \tag{A.32}$$

Weiterhin gilt das Skalarprodukt zweier 3×1-Vektoren

$$\mathbf{a} \cdot \mathbf{b} = \sum_{i=1}^{3} a_i b_i = c. \tag{A.33}$$

Das Symbol '·' vermittelt also sowohl das Matrizenprodukt (A.9) als auch das Skalarprodukt. Grundsätzlich werden in diesem Buch Spalten- und Zeilenvektoren nicht unterschieden. Bei der Verwendung von Subvektoren wird meist die Zeilenschreibweise verwendet, z. B.

$$\mathbf{a} = [\mathbf{b} \quad \mathbf{c}] = [b_1 \quad b_2 \quad b_3 \quad \dots \quad c_1 \quad c_2 \quad c_3 \quad \dots]. \tag{A.34}$$

Die für 3×1-Vektoren und 3×3-Matrizen geltenden Beziehungen können direkt auf Tensoren 1. und 2. Stufe übertragen werden.

A.3 Matrizenanalysis

Die Differentiation und Integration einer rechteckigen $m \times n$-Matrix $\mathbf{A}$ nach einer skalaren Größe t wird elementweise durchgeführt

$$\frac{d\mathbf{A}}{dt} = [\frac{dA_{\alpha\beta}}{dt}], \qquad \alpha = 1(1)m, \qquad \beta = 1(1)n. \tag{A.35}$$

Die partielle Differentiation eines $m \times 1$-Vektors $\mathbf{a}(\mathbf{b})$ nach einem $n \times 1$-Vektor $\mathbf{b}$ führt auf eine $m \times n$-Funktional- oder Jacobi-Matrix

$$\frac{\partial \mathbf{a}}{\partial \mathbf{b}} = [\frac{\partial a_\alpha}{\partial b_\beta}] = [C_{\alpha\beta}] = \mathbf{C}, \qquad \alpha = 1(1)m, \qquad \beta = 1(1)n. \tag{A.36}$$

In Matrizenschreibweise wird der $m \times 1$-Vektor $\mathbf{a}$ der abhängigen Veränderlichen nach dem $n \times 1$-Vektor $\mathbf{b}$ der unabhängigen Veränderlichen differenziert wie in (A.36) dargestellt. Einige Beispiele für die obige Definition sind in (2.9) zu finden.
Nach der Kettenregel können die Differentiationen auch mehrfach angewandt werden, was zu einer entsprechenden Multiplikation der Jacobi-Matrizen führt, siehe (2.10) und (2.11).
Mit einem 3×1-Ortsvektor $\mathbf{x}$ lassen sich nach (A.36) auch die Notationen der Vektoranalysis ausschreiben

$$\text{grad}\,\mathbf{a} = \frac{\partial \mathbf{a}}{\partial \mathbf{x}}, \qquad \text{div}\,\mathbf{a} = \text{Sp}\,\frac{\partial \mathbf{a}}{\partial \mathbf{x}}. \tag{A.37}$$

Damit sind die für die Technische Dynamik wesentlichen Definitionen der Matrizenanalysis zusammengestellt.

A.4 Liste wichtiger Formelzeichen

Viele Formelzeichen haben in den einzelnen Kapiteln unterschiedliche Bedeutungen, was auf dem interdisziplinären Charakter der Technischen Dynamik beruht. Deshalb wird in der Klammer stets die Formelnummer hinzugefügt, in der das Formelzeichen zum ersten Mal erscheint.

a	Konstante (6.44)
$\mathbf{a}$	3×1-Beschleunigungsvektor (2.12)
$\mathbf{a}$	$n \times 1$-Vektorfunktion (8.4)
b	Konstante (6.44)
b	Abstand (2.22)
$\mathbf{b}$	$n \times 1$-Erregerfunktion (9.11)
$\mathbf{b}$	6×1-Vektor der Beschleunigungsgrößen (5.167)
c	Federkonstante (4.22)
d	Dämpferkonstante (5.92)
$\mathbf{d}$	3×1-Vektor der Drehachse (2.36)
e	Zahl der Freiheitsgrade (1.1)
$\mathbf{e}$	Einsvektor (2.1)
$\mathbf{e}$	6×1-Verzerrungsvektor (2.141)
$\mathbf{e}$	8×1-Positionsvektor elastischer Balken (6.59)
f	Zahl der Lagefreiheitsgrade (2.174)
$\mathbf{f}$	3×1-Kraftvektor (3.1)
$\mathbf{f}$	3×1-Vektor der Massenkraftdichte (3.61)
$\mathbf{f}$	$f \times 1$-Vektorfunktion (5.39)
g	Zahl der Geschwindigkeitsfreiheitsgrade (2.218)
g	Erdbeschleunigung (3.17)
$\mathbf{g}$	$q \times 1$-Vektor der verallgemeinerten Reaktionskräfte (3.8)
$\mathbf{g}$	$n \times 1$-Frequenzgangvektor (9.20)
h	Zahl der Kraftgrößen (3.12)
$\mathbf{h}$	$f \times 1$-Erregervektor (5.59)
k	Trägheitsparameter (3.54)
$\mathbf{k}$	$f \times 1$-Vektor der verallg. Coriolis-, Zentrifugal- bzw. Kreiselkräfte (5.28)
l	Ordnung einer Reihenentwicklung (9.14)
$\mathbf{l}$	3×1-Momentenvektor (3.23)
m	Masse (3.1)
$\mathbf{m}$	$n \times 1$-Mittelwertvektor (9.21)
n	Streckenlast auf Stab (7.7)
$\mathbf{n}$	3×1-Normalenvektor (3.62)
p	Zahl der Punkte, Elemente, Körper (2.24)
q	Quaternionen (2.44)
q	Zahl der holonomen Bindungen (2.174)
q	Streckenlast auf Balken (7.10)
$\mathbf{q}$	$f \times 1$-Vektor der verallgemeinerten eingeprägten Kräfte (5.28)
$\bar{\mathbf{q}}$	globaler $e \times 1$-Kraftvektor (5.23)
R	Kugelkoordinate (2.14)
r	Zahl der nichtholonomen Bindungen (2.218)

r	Zahl der Eingangsgrößen (8.3)
$\mathbf{r}$	3×1-Ortsvektor (2.1)
$d\mathbf{s}$	3×1-Vektor der infinitesimalen Drehung (2.85)
t	Zeit (2.1)
$\mathbf{t}$	3×1-Spannungsvektor (3.33)
u	Längsverschiebung des Balken (6.12)
u	eingeprägte Stellkraft (8.18)
$\mathbf{u}$	3×1-Abstandsvektor (3.34)
$\mathbf{u}$	$r \times 1$-Eingangsvektor (8.3)
v	Durchbiegung des Balkens in 2-Richtung (6.12)
$\mathbf{v}$	3×1-Geschwindigkeitsvektor (2.5)
w	Durchbiegung des Balkens in 3-Richtung (6.12)
$\mathbf{w}$	3×1-Verschiebungsvektor (2.134)
$\mathbf{w}$	$h \times 1$-Vektor der Kraftgrößen (3.12)
$\mathbf{w}$	6×1-Bewegungswinder (5.166)
x	Koordinate der Balkenachse (6.20)
$\mathbf{x}$	$e \times 1$-Lagevektor des freien Systems (2.3)
$\mathbf{x}$	$n \times 1$-Zustandsvektor (8.1)
$\mathbf{y}$	$f \times 1$-Lagevektor des holonomen Systems (2.177)
$\mathbf{z}$	$g \times 1$-Geschwindigkeitsvektor des nichtholonomen Systems (2.221)
A	Fläche, Oberfläche, Querschnittsfläche (3.33), (6.23)
$\mathbf{A}$	$3 \times f$-Matrix der relativen Ansatzfunktionen (2.148)
$\mathbf{A}$	$n \times n$-Systemmatrix (8.5)
$\mathbf{B}$	$6 \times f$-Matrix der Verzerrungsfunktionen (2.149)
$\mathbf{B}$	$n \times r$-Eingangsmatrix (8.5)
$\mathbf{C}$	$3 \times f$-Matrix der absoluten Ansatzfunktionen (2.151)
$\mathbf{D}$	3×3-Verzerrungsgeschwindigkeitstensor (2.156)
$\mathbf{D}$	$f \times f$-Dämpfungsmatrix (5.60)
$\mathscr{D}$	3×3-Differentialoperatorenmatrix der Drehung (2.146)
E	Elastizitätsmodul (3.69)
$\mathbf{E}$	Einheitsmatrix (2.9)
$\mathbf{F}$	3×3-Deformationsgradient (2.28)
$\mathbf{F}$	$3 \times q$-Verteilungsmatrix der Reaktionskräfte (3.9)
G	Schubmodul (6.32)
$\mathbf{G}$	Greenscher 3×3-Verzerrungstensor (2.126)
$\mathbf{G}$	$f \times f$-Matrix der gyroskopischen Kräfte (5.60)
$\mathbf{G}$	$e \times q$-Funktionalmatrix (4.13)
$\mathbf{G}$	$6 \times 6p$-Summationsmatrix (5.141)
$\mathbf{H}$	Hookesche 6×6-Matrix (3.68)
$\overline{\mathbf{H}}$	globale $e \times e$-Jacobi-Matrix (5.21)
$\mathbf{H}_{T,R}$	$3 \times e$-Jacobi-Matrix (2.6)
$\mathbf{I}$	$e \times f$-Funktionalmatrix (2.189)
$\mathbf{I}$	3×3-Trägheitstensor (3.29)
J	Flächenträgheitsmoment (5.128)
$\overline{\mathbf{J}}$	globale $e \times f$-Jacobi-Matrix (5.18)

$\mathbf{J}_{T,R}$ $3 \times f$-Jacobi-Matrix (2.184)

$\mathbf{K}$ $f \times g$-Funktionalmatrix (2.233)

$\mathbf{K}$ $f \times f$-Steifigkeitsmatrix (5.60)

L Länge (6.23)

L Lagrange-Funktion (4.51)

$\mathbf{L}$ 3×3-Geschwindigkeitsgradient (2.155)

$\mathbf{L}$ $3 \times q$-Verteilungsmatrix der Reaktionsmomente (3.41)

$\overline{\mathbf{L}}$ globale $e \times g$-Jacobi-Matrix (5.21)

$\mathbf{L}_{T,R}$ $3 \times g$-Jacobi-Matrix (2.229)

M Biegemoment (6.37)

$\mathbf{M}$ Massenmatrix (5.29)

N Normalkraft am Stab (7.9)

$\mathbf{N}$ 6×3-Matrix zum Normalenvektor(4.35)

$\mathbf{N}$ $f \times f$-Matrix der zirkulatorischen Kräfte (5.60)

$\mathbf{N}$ Reaktionsmatrix (5.107)

$\mathbf{N}$ $n \times n$-Korrelationsmatrix (9.23)

$\mathbf{O}$ Nullmatrix (2.178)

$\mathbf{P}$ $f \times f$-Matrix der Geschwindigkeitskräfte (5.59)

$\mathbf{P}$ $n \times n$-Kovarianzmatrix (9.25)

Q Querkraft (6.37)

$\mathbf{Q}$ 4×4-Koeffizientenmatrix (2.92)

$\mathbf{Q}$ $f \times f$-Matrix der Lagekräfte (5.59)

$\mathbf{Q}$ $n \times n$-Intensitätsmatrix (9.21)

$\overline{\mathbf{Q}}$ globale $e \times q$-Verteilungsmatrix (5.18)

R Rayleigh-Funktion (5.61)

$\mathbf{S}$ 3×3-Drehtensor (2.33)

$\overline{\mathbf{S}}$ 3×3-Drehtensor (2.123)

T kinetische Energie (4.51)

$\mathbf{T}$ 3×3-Spannungstensor (3.62)

$\mathbf{T}$ $n \times n$-Transformationsmatrix (8.7)

U potentielle Energie (4.37)

U Eigenfunktion eines Stabes (7.18)

$\mathbf{U}$ 3×3-Rechts-Streck-Tensor (2.123)

$\mathbf{U}$ $f \times f$-Transformationsmatrix (8.13)

V Volumen (3.18)

$\mathcal{V}$ 6×3-Verzerrungsoperatorenmatrix (2.142)

W Arbeit (4.1)

$\mathbf{W}$ 3×3-Drehgeschwindigkeitstensor (2.156)

$\mathcal{W}$ 3×6-Differentialoperatorenmatrix (7.5)

$\mathbf{X}$ $n \times n$-Modalmatrix (8.28)

$\mathbf{Y}$ $f \times f$-Modalmatrix (8.36)

α Kardan-Winkel (2.55)

$\boldsymbol{\alpha}$ 3×1-Drehbeschleunigungsvektor (2.118)

β Kardan-Winkel (2.56)

β Frequenz (7.20)

γ	Kardan-Winkel (2.57)
γ	Gleitung (2.140)
γ	Neigung des Balkens (6.56)
γ	Frequenz (7.30)
δ	virtuelle Größe (2.186)
δ	Drehwinkel (6.75)
δ	Dirac-Funktion (7.28)
ε	Integrationsfehler (2.106)
ε	Dehnung (2.140)
ε	Permutationssymbol (A.28)
ζ	6×1-Vektor verallgemeinerter Funktionen (7.5)
η	kleiner $f \times 1$-Lagevektor (2.278)
ϑ	Kugelkoordinate, Euler-Winkel (2.14), (2.58)
λ	Eigenwert (2.50)
ν	Querdehnzahl (3.69)
ν	Eigenfrequenz (5.49)
ρ	Dichte (3.18)
$\boldsymbol{\rho}$	3×1-Ortsvektor (2.25)
σ	Winkel zwischen Achsen (2.34)
σ	Normalspannung (3.65)
$\boldsymbol{\sigma}$	6×1-Spannungsvektor (3.66)
τ	Schubspannung (3.65)
φ	Drehwinkel (2.36)
φ	Euler-Winkel (2.58)
$\boldsymbol{\phi}$	$q \times 1$-Vektor holonomer Bindungen (2.175)
ψ	Kugelkoordinate, Euler-Winkel (2.14), (2.58)
$\boldsymbol{\psi}$	$r \times 1$-Vektor nichtholonomer Bindungen (2.219)
$\boldsymbol{\omega}, \tilde{\boldsymbol{\omega}}$	3×1-Drehgeschwindigkeitsvektor, -tensor (2.85)
$\boldsymbol{\phi}$	$n \times n$-Fundamentalmatrix (9.12)
Ω	Drehgeschwindigkeit (2.270)
Ω	Erregerfrequenz (5.134)
$\boldsymbol{\omega}$	$f \times f$-Frequenzmatrix (7.37)

Die Formelzeichen sind mit folgenden häufig wiederkehrenden Indizes versehen.

a	äußere Kraft (3.5)
c	Coriolis-Kraft (5.1)
e	eingeprägte Kraft (3.5)
e	elastische Verschiebung (6.72)
i	innere Kraft (3.5)
i	Nummer des Elements, $i = 1(1)p$, (2.24)
j	Nummer des Elements, Referenzsystems, $j = 1(1)n$ (2.260)
n	Nummer des Quaternions, $n = 0(1)3$, (2.44)
p	partikuläre Lösung (5.50)
r	Reaktionskraft (3.5)
s	Starrkörperverschiebung (6.72)

w	lineare Verschiebung (2.136)
H	Hauptachsensystem (3.51)
I	Inertialsystem (2.248)
K	starrer Körper (2.249)
O	Referenzkonfiguration (2.25)
P	materieller Punkt (2.79)
P	polares Flächenträgheitsmoment (5.128)
R	Referenzsystem (2.247)
R	Rotation (2.100)
S	Soll-Bewegung (2.278)
T	transponierte Matrix (2.79)
T	Translation (2.7)
α	Richtung des Basisvektors, $\alpha = 1(1)3$, (2.1)
β	Richtung des Basisvektors, $\beta = 1(1)3$, (2.34)
γ	Nummer der verallgemeinerten Koordinate, $\gamma = 1(1)3$, (2.3)

Einige mehrfach auftretende Abkürzungen werden im Folgenden aufgeführt.

ACNF	Absolute Nodal Coordinate Formulation
EMKS	Elastisches Mehrkörpersystem
FEM	Finite Elemente Methode
FMKS	Flexibles Mehrkörpersystem
FFRF	Floating Frame of Reference Formulation
MKS	Mehrkörpersystem
Morembs	Software: Model Reduction for Multibody Systems
Neweul-M^2	Software: Newton-Eulersche Gleichungen mit Maple und Matlab
SVD	Singular Value Decomposition

Literaturverzeichnis

[1] ARNOLD, M.; SCHIEHLEN, W. (EDS.): *Simulation Techniques for Applied Dynamics*. Wien: Springer, 2008.

[2] ARNOLD, V.I.: *Mathematical Methods of Classical Mechanics*. New York: Springer, 1989.

[3] BAE, D.S.; HAUG, E.J.: A recursive formulation for constrained mechanical system dynamics: Part I, open loop systems, *Mechanics of Structures and Machines*, Vol. 15, pp. 359-382, 1987.

[4] BAE, D.S.; HAUG, E.J.: A recursive formulation for constrained mechanical system dynamics: Part II, closed loop systems, *Mechanics of Structures and Machines*, Vol. 15, pp. 481-506, 1987.

[5] BAUCHAU, O.A.: *Flexible Multibody Dynamics*. Dordrecht: Springer, 2010.

[6] BAUCHAU, O.; BOTTASSO, C.; NIKISHKOV, Y.: Modelling Rotorcraft Dynamics with Finite Element Multibody Procedures, *Mathematical and Computer Modeling*, Vol. 33, pp. 1113-1137, 2001.

[7] BECKER, E.; BÜRGER, W.: *Kontinuumsmechanik*. Stuttgart: Teubner, 1975.

[8] BIEZENO, C.B.; GRAMMEL, R.: *Technische Dynamik, 2 volumes*. Berlin: Springer 1971.

[9] BOLLHÖFER, M., MEHRMANN, V. *Numerische Mathematik*. Wiesbaden: Vieweg+Teubner, 2004

[10] BRANDL, H.; JOHANNI, R.; OTTER, M.: A very efficient algorithm for the simulation of robots and similar multibody systems without inversion of the mass matrix, *Theory of Robots*, Kopacek, P., Troch, I. and Desoyer, K. (eds.), Oxford, Pergamon Press, pp. 95-100, 1988.

[11] BREMER, H.: *Elastic Multibody Dynamics*. Dordrecht: Springer, 2009.

[12] BRONSTEIN, I.N.; SEMENDJAJEW, K.A.; MUSIOL, G.; MÜHLIG, H.: *Taschenbuch der Mathematik*. Frankfurt a.M.: Harri Deutsch, 2013.

[13] BUDO, A.: *Theoretische Mechanik*. Berlin: Deutscher Verlag der Wissenschaften, 1990.

[14] BUTCHER, J.C.: *Numerical Methods for Ordinary Differential Equations*. Hoboken: Wiley-Blackwell, 2008.

[15] CHAPELLE, D., BATHE, K.J.: *The Finite Element Analysis of Shells - Fundamentals*. Berlin: Springer, 2003.

[16] CZICHOS, H.: *Mechatronik - Grundlagen und Anwendungen technischer Systeme*. Wiesbaden: Springer Vieweg, 2019.

[17] DEMETER, G.F.: *Mechanical and Structural Vibrations*. Hoboken: John Wiley & Sons, 1995.

[18] DRESIG, H.; HOLZWEISSIG, F.: *Maschinendynamik*. Berlin: Springer, 2016.

© Springer Fachmedien Wiesbaden GmbH, ein Teil von Springer Nature 2020
W. Schiehlen und P. Eberhard, *Technische Dynamik*,
https://doi.org/10.1007/978-3-658-31373-9

[19] EBERHARD, P.: *Kontaktuntersuchungen durch hybride Mehrkörpersystem/ Finite Elemente Simulationen*. Aachen: Shaker Verlag, 2000.

[20] EICH-SOELLNER, E.; FÜHRER, C.: *Numerical Methods in Multibody Dynamics*. Wiesbaden: Vieweg Teubner, 2013.

[21] ESCALONA, J.; HUSSIEN, H.; SHABANA, A.: Application of the absolute nodal coordinate formulation to multibody system dynamics, *Journal of Sound and Vibration*, Vol. 214, No. 5, pp. 833-851, 1998.

[22] EULER, L.: *Novi commentarii academiae scientiarum petropolitanae*. Petersburg: Academia Scientarum, 1775.

[23] FEHR, J.; EBERHARD, P.: Simulation Process of Flexible Multibody Systems with Advanced Model Order Reduction Techniques. *Multibody System Dynamics*, Vol. 25, No. 3, pp. 313-334, 2011.

[24] GERARDIN, M.; CARDONA, A.: *Flexible Multibody Dynamics - A Finite Element Approach*. Chichester: Wiley, 2001.

[25] GOLUB, G.; VAN LOAN, C.: *Matrix Computations*. Baltimore: John Hopkins University Press, 2013.

[26] GRIGORIEFF, R.D.: *Numerik gewöhnlicher Differentialgleichungen, 2 volumes*. Stuttgart: Teubner, 1972 and 1977.

[27] HAMEL, G.: *Theoretische Mechanik*. Berlin: Springer, 2013.

[28] HAUG, E.J.: *Computer Aided Kinematics and Dynamics of Mechanical Systems: Basic Methods* Boston: Allyn and Bacon, 1989.

[29] HAUG, E.J.: *Computer-Aided Kinematics and Dynamics of Mechanical Systems, Volume II: Modern Methods*. online verfügbar unter www.researchgate.net, 2020.

[30] HILLER, M.: *Mechanische Systeme*. Berlin: Springer, 1983.

[31] HOLLERBACH, J.M.: A recursive Lagrangian formulation of manipulator dynamics and comparative study of dynamics formulation complexity, *IEEE Transactions Syst. Man. Cybern.*, Vol. 11, pp. 730-736, 1980.

[32] IRRETIER, H.: *Grundlagen der Schwingungstechnik 1/2*. Braunschweig: Vieweg, 2000.

[33] KNOTHE, K.; WESSELS, H.: *Finite Elemente - Eine Einführung für Ingenieure*. Wiesbaden: Springer Vieweg, 2017.

[34] KREUZER, E.: *Symbolische Berechnung der Bewegungsgleichungen von Mehrkörpersystemen*. Düsseldorf: VDI Verlag, 1979.

[35] KREUZER, E.; SCHIEHLEN, W.: Computerized Generation of Symbolic Equations of Motion for Spacecraft. *Journal of Guidance, Control and Dynamics*, Vol. 8, No. 2, pp. 284-287, 1985.

[36] KURZ, T.; EBERHARD, P.; HENNINGER, C.; SCHIEHLEN, W.: From Neweul to Neweul-M^2: Symbolical Equations of Motion for Multibody System Analysis and Synthesis. *Multibody System Dynamics*, Vol. 24, No. 1, pp. 25-41, 2010.

[37] LAI, W.; RUBIN, D.; KREMPL, E.: *Introduction to Continuum Mechanics*. Oxford: Butterworth Heinemann, 2009.

[38] LEHNER, M.; EBERHARD, P.: On the Use of Moment Matching to Build Reduced Order Models in Flexible Multibody Dynamics. *Multibody System Dynamics*, Vol. 16, No. 2, pp. 191-211, 2006.

[39] LINK, M.: *Finite Elemente in der Statik und Dynamik*. Wiesbaden: Springer Vieweg, 2014.

[40] LURIE, A.I.: *Analytical Mechanics*. Berlin: Springer, 2002.

[41] MAGNUS, K.: *Kreisel - Theorie und Anwendungen*. Berlin: Springer, 1971.

[42] MAGNUS, K.; MÜLLER-SLANY, H.H.: *Grundlagen der Technischen Mechanik*. Stuttgart: Teubner, 2005.

[43] MÜLLER, P.C.; SCHIEHLEN, W.O.: *Linear Vibrations*. Dordrecht: Springer, Nachdruck 2013.

[44] NAYFEH, A.; MOOK, D.: *Nonlinear Oscillations*. Hoboken: Wiley, 1995.

[45] NEWTON, I.: *Philosophia Naturalis Principia Mathematica*. London: Royal Society, 1686.

[46] PAPASTAVRIDIS, J.G.: *Analytical Mechanics*. Oxford: Oxford University Press, 2002.

[47] PÄSLER, M.: *Prinzipe der Mechanik*. Berlin: de Gruyter, 1968.

[48] PFEIFFER, F.; GLOCKER, C.: *Multibody Dynamics with Unilateral Contacts*. New York: Wiley, 1996.

[49] POPOV, V.: *Contact Mechanics and Friction*. Berlin: Springer, 2015.

[50] POPP, K., SCHIEHLEN, W.: *Ground Vehicle Dynamics*. Berlin: Springer, 2010.

[51] PRZEMIENIECKI, J.S.: *Theory of Matrix Structural Analysis*. New York: Dover, 1985.

[52] RICHARD, H., KULLMER, G.: *Biomechanik - Grundlagen und Anwendungen auf den menschlichen Bewegungsapparat*. Wiesbaden: Springer Vieweg, 2019.

[53] RUBIN, M.: *Cosserat Theories: Shells, Rods and Points*. Dordrecht: Springer, 2010.

[54] RILL, G.: *Road Vehicle Dynamics: Fundamentals and Modeling*. Boca Raton: CRC Press, 2011.

[55] RILL, G.; SCHAEFFER, T.: *Grundlagen und Methodik der Mehrkörpersimulation mit Anwendungsbeispielen*. Wiesbaden: Vieweg+Teubner, 2014.

[56] SAHA, S.K.; SCHIEHLEN, W.: Recursive kinematics and dynamics for parallel structural closed-loop multibody systems, *Mechanics of Structures and Machines*, Vol. 29, pp. 143-175, 2001.

[57] SCHÄFER, H.: Das Cosserat-Kontinuum, *ZAMM*, Vol. 47, No. 5, pp. 485-495, 1967.

[58] SCHIEHLEN, W.: Computational aspects in multibody system dynamics, *Computational Methods in Applied Mechanical Engineering*, Vol. 90, pp. 569-582, 1991.

[59] SCHIEHLEN, W.: Multibody System Dynamics: Roots and Perspectives. *Multibody System Dynamics*, Vol. 1, pp. 149-188, 1997.

[60] SCHWERTASSEK, R.; WALLRAPP, O.: *Dynamik flexibler Mehrkörpersysteme*. Wiesbaden: Vieweg, 1999.

[61] SEIFRIED, R.: *Dynamics of Underactuated Multibody Systems: Modeling, Control and Optimal Design*. Heidelberg: Springer, 2013.

[62] SEXTRO, W.; POPP, K.; MAGNUS, K.: *Schwingungen: Eine Einführung in physikalische Grundlagen und die theoretische Behandlung von Schwingungsproblemen*. Wiesbaden: Springer Vieweg, 2013.

[63] SHABANA, A.A.: Finite element incremental approach and exact rigid body inertia, *ASME Journal of Mechanical Design*, Vol. 118, No. 2, pp. 171-178, 1996.

[64] SHABANA, A.A.: Flexible multibody dynamics: Review of past and recent developments, *Multibody System Dynamics*, Vol. 1, No. 2, pp. 189-222, 1997.

[65] SHABANA, A.A.: *Dynamics of Multibody Systems*. Cambridge: Cambridge University Press, 2020.

[66] SHABANA, A.A.: *Computational Dynamics*. Chichester: Wiley, 2010.

[67] SHAMPINE, L.F.; GORDON, M.K.: *Computer Solution of Ordinary Differential Equations*. San Francisco: Freeman, 1975.

[68] SIMEON, B.: *Computational Flexible Multibody Dynamics: A Differential-Algebraic Approach*. Heidelberg: Springer, 2013.

[69] SMITH, R.A.: Matrix Equation XA+BX=C, *SIAM Journal of Applied Mathematics*, Vol. 16, pp. 198-201, 1968.

[70] STEINKE, P.: *Finite Elemente Methode: Rechnergestützte Einführung*. Berlin: Springer, 2015.

[71] SZABO, I.: *Geschichte der mechanischen Prinzipien*. Basel: Birkhäuser, 1996.

[72] TAYLOR, J.R.: *Klassische Mechanik*. Halbergmoos: Pearson, 2014.

[73] WILKINSON, J.H.: *The Algebraic Eigenvalue Problem*. Oxford: Oxford University Press, 2004.

[74] WITTENBURG, J.: *Dynamics of Multibody Systems*. Berlin: Springer, 2008.

[75] WOERNLE, C.: *Mehrkörpersysteme*. Berlin: Springer, 2016.

[76] WRIGGERS, P.: *Nonlinear Finite Element Methods*. Berlin: Springer, 2008.

[77] ZIENKIEWICZ, O.C.; TAYLOR, R.L.: *The Finite Element Method*. Oxford: Butterworth Heinemann, 2013.

[78] ZURMÜHL, R.; FALK, S.: *Matrizen und ihre Anwendungen*. Berlin: Springer, 2011.

Stichwortverzeichnis

© Springer Fachmedien Wiesbaden GmbH, ein Teil von Springer Nature 2020
W. Schiehlen und P. Eberhard, *Technische Dynamik*,
https://doi.org/10.1007/978-3-658-31373-9

Printed in the United States
By Bookmasters